全国建设行业中等职业教育推荐教材

建 筑 材 料

（建筑经济管理专业）

主编 秦永高
主审 范文昭

中国建筑工业出版社

图书在版编目（CIP）数据

建筑材料/秦永高主编. —北京：中国建筑工业出版社，2004

全国建设行业中等职业教育推荐教材. 建筑经济管理专业

ISBN 978-7-112-06183-9

Ⅰ. 建… Ⅱ. 秦… Ⅲ. 建筑材料-专业学校-教材 Ⅳ. TU5

中国版本图书馆CIP数据核字（2004）第031110号

全国建设行业中等职业教育推荐教材

建 筑 材 料

（建筑经济管理专业）

主编 秦永高

主审 范文昭

*

中国建筑工业出版社出版、发行（北京西郊百万庄）

各地新华书店、建筑书店经销

北京市密东印刷有限公司印刷

*

开本：787×1092毫米 1/16 印张：11½ 字数：277千字

2004年8月第一版 2012年8月第七次印刷

定价：**21.00**元

ISBN 978-7-112-06183-9

（21034）

本教材共分为12章，主要介绍建筑材料的基本性质、无机胶凝材料、普通混凝土、建筑砂浆、墙体材料、建筑钢材、防水材料、天然石材、建筑木材、塑料建材、建筑陶瓷、建筑装饰材料等常用建筑材料的品种、技术性质、质量标准、试验方法、应用及保管等基本知识。为了便于教学和复习，每章均有提要、小结和复习思考题。

本书采用了最新的标准和规范，力求内容新颖。除供中等职业学校“建筑经济管理”专业学生使用外，也可供中职相关专业的教学及从事建筑施工的技术人员使用和参考。

* * *

责任编辑：向建国　杨　虹
责任设计：崔兰萍
责任校对：黄　燕

出 版 说 明

为贯彻落实《国务院关于大力推进职业教育改革与发展的决定》精神，加快实施建设行业技能型紧缺人才培养培训工程，满足全国建设类中等职业学校建筑经济管理专业的教学需要，由建设部中等职业学校建筑与房地产经济管理专业指导委员会组织编写、评审、推荐出版了“中等职业教育建筑经济管理专业”教材一套，即《建筑力学与结构基础》、《预算电算化操作》、《会计电算化操作》、《建筑施工技术》、《建筑企业会计》、《建筑装饰工程预算》、《建筑材料》、《建筑施工项目管理》、《建筑企业财务》、《水电安装工程预算》共10册。

这套教材的编写采用了国家颁发的现行法规和有关文件，内容符合《中等职业学校建筑经济管理专业教育标准》和《中等职业学校建筑经济管理专业培养方案》的要求，理论联系实际，取材适当，反映了当前建筑经济管理的先进水平。

这套教材本着深化中等职业教育教学改革的要求，注重能力的培养，具有可读性和可操作性等特点。适用于中等职业学校建筑经济管理专业的教学，也能满足自学考试、职业资格培训等各类中等职业教育与培训相应专业的使用要求。

建设部中等职业学校专业指导委员会

二〇〇四年五月

前　言

本教材根据教育部下达的《面向21世纪中等职业教育建筑经济管理专业整体教学改革方案》课题成果，以及该专业《建筑材料教学大纲》编写。根据大纲和方案的要求，重在培养学生对常用建筑材料选择和应用的能力，突出实用性和可读性。

根据上述要求，本书主要讲述常用建筑材料品种、规格、技术性质、质量标准、试验方法、应用及保管等基本知识。在突出中等职业学校教学特点的同时，力求使教材理论联系实际，精练、实用、新颖，语言简洁、通俗易懂、重点突出。

全书教学分为基础模块、选用模块和实践性教学模块。基础模块包括绪论、建筑材料的基本性质、无机胶凝材料、普通混凝土、建筑砂浆、墙体材料、建筑钢材、防水材料等八个部分；选用模块包括天然石材、建筑木材、塑料建材、建筑陶瓷、建筑装饰材料等五个部分；实践性教学模块包括常用建筑材料的八个试验。

本书由四川建筑职业技术学院编写。参加编写的有：四川建筑职业技术学院王陵茜讲师（绪论、第1章、第2章、第4章、第8章）、刘长坤高级讲师（第5章、第7章、第9章、第10章、第11章、第12章）、秦永高高级讲师（第3章、第6章、建筑材料试验）。全书由秦永高主编，山西建筑职业技术学院范文昭副教授主审。

本书在编写过程中参考了部分大中专教材和有关手册，同时也得到了建设部中职建筑与房地产经济管理专业指导委员会的帮助，在此一并表示感谢。

由于时间仓促，加之水平所限，书中错漏之处在所难免。恳请专家和广大读者在使用过程中批评指正，并提出宝贵意见。

编　者

2003年4月

目　录

绪论

一、建筑材料的定义与分类

建筑材料是用于建筑工程中的所有材料的总称。按材料所使用的不同工程部位，一般可分为建筑材料和建筑装饰装修材料。通常所指的建筑材料是用于建筑工程且构成建筑物组成部分的材料，是建筑工程的物质基础。建筑装饰装修材料主要指用于装饰工程的材料。本书主要讨论应用于建筑工程的建筑材料。

建筑材料的种类繁多，且性能和组分各异，用途不同，可按多种方法进行分类。通常有以下几种分类方法。

（一）按化学成分分类

按建筑材料的化学成分，可分为有机材料、无机材料以及复合材料三大类。见表0-1。

建筑材料按化学成分分类 **表0－1**

分类			实例
非金属材料	无机材料	天然石材	砂、石及石材制品等
		烧土制品	烧结砖瓦、陶瓷制品等
		胶凝材料及制品	石灰、石膏及制品、水泥及混凝土制品、硅酸盐制品等
		玻璃	普通平板玻璃、装饰玻璃、特种玻璃等
		无机纤维材料	玻璃纤维、矿棉纤维、岩棉纤维等
	有机材料	植物材料	木材、竹、植物纤维及制品等
		沥青类材料	石油沥青、煤沥青及制品等
		有机合成高分子材料	塑料、涂料等
金属材料	黑色金属		铁、钢及合金等
	有色金属		铜、铝及合金等
复合材料	有机与无机非金属材料复合		聚合物混凝土、玻璃纤维增强塑料等
	金属与无机非金属材料复合		钢筋混凝土、钢纤维混凝土等
	金属与有机材料复合		PVC钢板、有机涂层铝合金板等

（二）按用途分类

建筑材料按用途可分为结构材料、墙体材料、屋面材料、地面材料以及其他用途的材料等。

1. 结构材料

结构材料是构成建筑物受力构件和结构所用的材料，如梁、板、柱、基础、框架及其他受力构件和结构等所用的材料。对这类材料的主要技术性质要求是强度和耐久性。常用的主要结构材料有砖、石、水泥、钢材、钢筋混凝土和预应力混凝土。随着工业的发展，轻钢结构和铝合金结构所占的比例将会逐渐加大。

2. 墙体材料

墙体材料是建筑物内、外及分隔墙体所用的材料。由于墙体在建筑物中占有很大比例，因此正确选择墙体材料，对降低建筑物成本、节能和提高建筑物安全性有着重要的实际意义。目前，我国大量采用的墙体材料有砌墙砖、混凝土砌块、加气混凝土砌块以及品种繁多的各类墙用板材，特别是轻质多功能的复合墙板。复合轻质多功能墙板具有强度高、刚度大、保温隔热性能好、装饰性能好、施工方便、效率高等优点，是墙体材料的发展方向。

3. 屋面材料

屋面材料是用于建筑物屋面的材料的总称。已由过去较单一的烧结瓦，向多种材质的大型水泥类瓦材和高分子复合类瓦材发展，同时屋面承重结构也由过去的预应力混凝土大型屋面板向承重、保温、防水三合一的轻型钢板结构转变。屋面防水材料由传统的沥青及其制品，向高聚物改性沥青防水卷材、合成高分子防水卷材等新型防水卷材发展。

4. 地面材料

地面材料是指用于铺砌地面的各类材料。这类材料品种繁多，不同地面材料铺砌出来的效果相差也很大。

二、建筑材料的发展概况和发展方向

建筑材料的发展是随着社会生产力的发展而发展的。

在上古时期，人类居住在天然的山洞或巢穴中，以后逐步采用黏土、岩石、木材等天然材料建造房屋。18000年前的北京周口店山顶洞人，就居住在天然岩洞中。而在距今约6000年的西安半坡遗址，却已是采用木骨泥墙建房，并发现有制陶窑场。建于公元前7世纪的万里长城，所用的砖石材料就达一亿多立方米。战国时期（公元前475年～公元前221年），筒瓦、板瓦已广泛使用，并出现了大块空心砖和墙壁装修用砖。

在欧洲，公元前2世纪已有采用天然火山灰、石灰、碎石拌制天然混凝土用于建筑。1824年，英国人Joseph Aspdin发明了水泥，称为波特兰水泥（即我国的硅酸盐水泥）。钢材在建筑工程中的应用也是出现在19世纪中叶，1850年法国人制造了第一只钢筋混凝土小船，1872年在纽约出现了第一所钢筋混凝土房屋。水泥和钢材这两种材料的问世，为后来建造高层建筑和大跨度桥梁提供了物质基础。

解放前我国建筑材料工业发展缓慢，19世纪60年代在上海、汉阳等地建成炼铁厂，1867年建成上海砖瓦锯木厂，1882年建成中国玻璃厂，1890年建成我国生产水泥的第一家工厂——唐山水泥厂。

解放后，为适应大规模经济建设的需要，我国的建材工业得到了长足而迅速的发展，成为建材生产大国。

随着建筑材料生产和应用的发展，建筑材料科学也已成为一门独立的新学科。为了适应我国经济建设的发展需要，建筑材料工业的发展趋势是研制和开发高性能建筑材料和绿色建筑材料等新型建筑材料。高性能建筑材料是指比现有材料的性能更为优异的建筑材料，例如：轻质、高强、高耐久性、优异装饰性和多功能的材料。

绿色建筑材料又称生态建筑材料或健康建筑材料，它是指生产建筑材料的原料尽可能少用天然资源，大量使用工业废料，采用低能耗制造工艺和不污染环境的生产技术，产品配制和生产过程中不使用有害和有毒物质，产品设计是以改善生活环境、提高生活质量为宗旨，产品可循环再利用，且使用过程无有毒、有害物质释放。绿色建筑材料是既能满足可持续发展之需，又做到了发展与环保的统一；既满足现代人的需要（安居乐业、健康长寿），又不损害后代人利益的一种材料。

三、建筑材料的产品标准

产品标准化是现代工业发展的产物，是组织现代化大生产的重要手段，也是科学管理的重要组成部分。世界各国对材料的标准化都很重视，均制定了各自的标准。

目前，我国绝大多数的建筑材料都制定有产品的技术标准，这些标准一般包括：产品规格、分类、技术要求、检验方法、验收规则、标志、运输和储存等方面的内容。

各级标准代号 **表 0-2**

<table>
<tr><th colspan="2">标准种类</th><th colspan="2">代　号</th><th>表示方法（例）</th></tr>
<tr><td rowspan="2">1</td><td rowspan="2">国家标准</td><td>GB</td><td>国家强制性标准</td><td rowspan="12">由标准名称、部门代号、标准编号、颁布年份等组成。例如，国家强制性标准《硅酸盐水泥、普通硅酸盐水泥》GB175—1999；国家推荐性标准《建筑用卵石、碎石》GB/T14685—2001；建设部行业标准《普通混凝土配合比设计规程》JGJ55—2000</td></tr>
<tr><td>GB/T</td><td>国家推荐性标准</td></tr>
<tr><td rowspan="6">2</td><td rowspan="5">行业标准</td><td>JC</td><td>建材行业标准</td></tr>
<tr><td>JGJ</td><td>建设部行业标准</td></tr>
<tr><td>YB</td><td>冶金行业标准</td></tr>
<tr><td>JT</td><td>交通标准</td></tr>
<tr><td>SD</td><td>水电标准</td></tr>
<tr><td>专业标准</td><td>ZB</td><td>国家级专业标准</td></tr>
<tr><td rowspan="2">3</td><td rowspan="2">地方标准</td><td>DB</td><td>地方强制性标准</td></tr>
<tr><td>DB/T</td><td>地方推荐性标准</td></tr>
<tr><td>4</td><td>企业标准</td><td>QB</td><td>企业标准指导本企业的生产</td></tr>
</table>

建筑材料的技术标准，是产品质量的技术依据。对于生产企业，必须按标准生产合格的产品，同时，它可促进企业改进管理水平，提高生产率，进而实现生产过程合理化。对于使用部门，则应当按标准选用材料，可使设计和施工标准化，从而可加速施工进度，降低建筑造价。技术标准又是供需双方对产品质量进行验收的依据。

我国建筑材料的技术标准分为国家标准、行业标准、地方标准和企业标准四级。各级标准都有各自的代号，见表 0-2。

建筑材料的标准内容大致包括材料的质量要求和检验两大方面。由于有些标准的分工细，且相互渗透、联系，有时一种材料的检验要涉及多个标准和规范。

四、本课程的内容和任务

建筑材料是一门实用性很强的专业基础课。主要内容包括：常用建筑材料的原材料、生产、组成、性质、技术标准（质量要求和检验）、特点与应用、运输与储存等方面。材料的基本性质、水泥、混凝土、防水材料、建筑钢材为重点章节，学生在学习过程中应引起足够重视。

本课程的主要任务是使学员通过学习，获得建筑材料的基本知识，掌握建筑材料的技术性质和应用技术及试验检测技能，同时对建筑材料的储运和保管也有相应了解，以便在今后的工作中能正确选择和合理使用建筑材料。也为学习建筑、结构、施工等后续专业课打下基础。

第一章　建筑材料的基本性质

建筑物是由各种建筑材料建筑而成的，这些材料在建筑物的各个部位均要承受各种各样的作用，因此要求建筑材料必须具备相应的性质。如结构材料必须具备良好的力学性质；墙体材料应具备良好的保温隔热性能、隔声吸声性能；屋面材料应具备良好的抗渗防水性能；地面材料应具备良好的耐磨损性能等等。总之，一种建筑材料要具备哪些性质，这要根据材料在建筑物中的功用和所处环境来决定。一般而言，建筑材料的基本性质包括物理性质、化学性质、力学性质和耐久性。

第一节　材料的物理性质

一、材料的基本物理性质

（一）密度

材料在绝对密实状态下，单位体积的质量称为密度。用公式表示如下：

$$\rho = \frac{m}{V}$$

式中　ρ——材料的密度，g/cm^3；

m——材料在干燥状态下的质量，g；

V——干燥材料在绝对密实状态下的体积，cm^3。

材料在绝对密实状态下的体积是指不包括孔隙在内的固体物质部分的体积，也称实体积。在自然界中，绝大多数固体材料内部都存在孔隙，因此固体材料的总体积（V_0）应由固体物质部分体积（V）和孔隙体积（V_P）两部分组成，而材料内部的孔隙又根据是否与外界相连通被分为开口孔隙（浸渍时能被液体填充，其体积用 V_k 表示）和封闭孔隙（与外界不相连通，其体积用 V_b 表示）。固体材料的体积构成如图 1-1 所示。

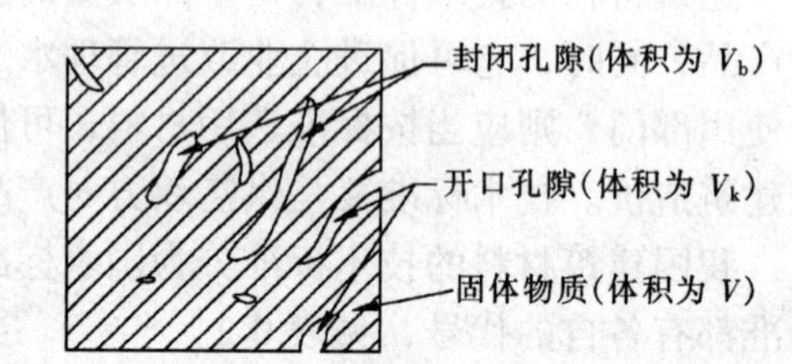

图 1-1　固体材料的体积构成

测定固体材料的密度时，需将材料磨成细粉（粒径小于 0.2mm），经干燥后采用排开液体法测得固体物质部分体积。材料磨得越细，测得的密度值越精确。工程所使用的材料绝大部分是固体材料，但需要测定其密度的并不多。大多数材料，如拌制混凝土的砂、石等，一般直接采用排开液体的方法测定其体积——固体物质体积与封闭孔隙体积之和，此时测定的密度为材料的近似密度（又称为颗粒的表观密度）。

（二）体积密度

整体多孔材料在自然状态下，单位体积的质量称为体积密度。用公式表示如下：

$$\rho_0 = \frac{m}{V_0}$$

式中　ρ_0——材料的体积密度，kg/m³；

m——材料的质量，kg；

V_0——材料在自然状态下的体积，m³。

整体多孔材料在自然状态下的体积是指材料的固体物质部分体积与材料内部所含全部孔隙体积之和，即 $V_0 = V + V_p$。对于外形规则的材料，其体积密度的测定只需测定其外形尺寸。对于外形不规则的材料，要采用排开液体法测定，但在测定前，材料表面应用薄蜡密封，以防液体进入材料内部孔隙而影响测定值。

一定质量的材料，孔隙越多，则体积密度值越小；材料体积密度大小还与材料含水多少有关，含水越多，其值越大。通常所指的体积密度，是指干燥状态下的体积密度。

（三）堆积密度

散粒状（粉状、粒状、纤维状）材料在自然堆积状态下，单位体积的质量称为堆积密度。用公式表示如下：

$$\rho'_0 = \frac{m}{V'_0}$$

式中　ρ'_0——材料的堆积密度，kg/m³；

m——散粒材料的质量，kg；

V'_0——散粒材料在自然堆积状态下的体积，又称堆积体积，m³。

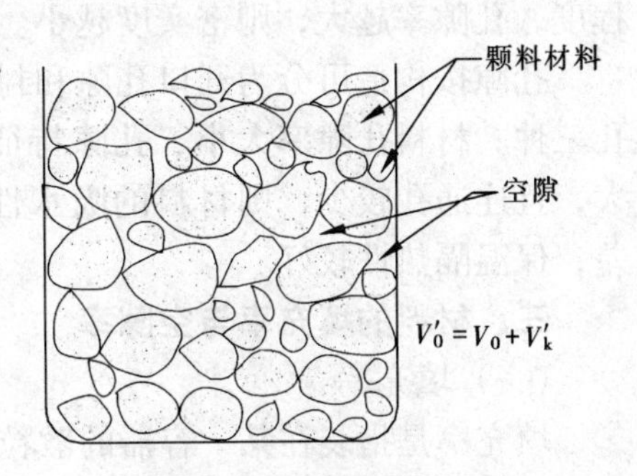

图 1-2　堆积体积示意图

V'_0——堆积体积（m³）；V_0——材料在自然状态下的体积（m³）；V'_k——颗粒之间空隙体积（m³）。

散粒状材料在自然堆积状态下的体积（V'_0），是指含有孔隙在内的颗粒材料的总体积（V_0）与颗粒之间空隙体积（V'_k）之和。测定堆积密度时，采用一定容积的容器，将散粒状材料按规定方法装入容器中，测定材料质量，容器的容积即为材料的堆积体积，如图 1-2 所示。

在建筑工程中，计算材料的用量、构件的自重、配料计算、确定材料堆放空间，以及确定材料运输车辆时，需要用到材料的密度。常用建筑材料的密度参数见表 1-1。

常用建筑材料的密度、体积密度、堆积密度　　**表 1-1**

材　料	密度（g/cm³）	体积密度（kg/m³）	堆积密度（kg/m³）
钢　材	7.8～7.9	7850	—
花岗石	2.7～3.0	2500～2900	—
石灰石	2.4～2.6	1600～2400	—
砂	2.5～2.6	—	1400～1700
黏　土	2.5～2.7	—	1600～1800
水　泥	2.6～3.1	—	1100～1300
烧结普通砖	2.6～2.7	1600～1900	—
烧结多孔砖	2.6～2.7	800～1480	—
玻　璃	2.5～2.6	2500～2600	—
木　材	1.5～1.8	400～600	—
泡沫塑料	—	20～50	—

二、材料的密实度与孔隙率

（一）密实度

密实度是指材料内部固体物质填充的程度。用公式表示如下：

$$D = \frac{V}{V_0} \times 100\% = \frac{\rho_0}{\rho} \times 100\%$$

（二）孔隙率

孔隙率是指材料内部孔隙体积占自然状态下总体积的百分率。用公式表示如下：

$$P = \frac{V_0 - V}{V_0} \times 100\% = \left(1 - \frac{V}{V_0}\right) \times 100\% = \left(1 - \frac{\rho_0}{\rho}\right) \times 100\%$$

孔隙率一般是通过试验确定的材料密度和体积密度而求得。

材料的孔隙率与密实度的关系为：$P + D = 1$。

材料的孔隙率与密实度是相互关联的性质，材料孔隙率的大小可直接反映材料的密实程度，孔隙率越大，则密实度越小。

孔隙按构造可分为开口孔隙和封闭孔隙两种；按尺寸的大小又可分为微孔、细孔和大孔三种。材料孔隙率大小、孔隙特征对材料的许多性质会产生影响，如材料的孔隙率较大，且连通孔较少，则材料的吸水性较小，强度较高，抗冻性和抗渗性较好，导热性较差，保温隔热性较好。

三、材料的填充率与空隙率

（一）填充率

填充率是指装在某一容器的散粒材料，其颗粒填充该容器的程度。用公式表示如下：

$$D' = \frac{V_0}{V'_0} \times 100\% = \frac{\rho'_0}{\rho_0} \times 100\%$$

（二）空隙率

空隙率是指散粒材料（如砂、石等）颗粒之间的空隙体积占材料堆积体积的百分率。用公式表示如下：

$$P' = \frac{V'_0 - V_0}{V'_0} \times 100\% = \left(1 - \frac{V_0}{V'_0}\right) \times 100\% = \left(1 - \frac{\rho'_0}{\rho_0}\right) \times 100\%$$

式中　ρ_0——颗粒状材料的表观密度，kg/m^3；

ρ'_0——颗粒状材料的堆积密度，kg/m^3。

散粒材料的空隙率与填充率的关系为：$P' + D' = 1$。

空隙率与填充率也是相互关联的两个性质，空隙率的大小可直接反映散粒材料的颗粒之间相互填充的程度。散粒状材料，空隙率越大，则填充率越小。在配制混凝土时，砂、石的空隙率是做为控制骨料级配与计算混凝土砂率的重要依据。

四、材料与水有关的性质

（一）亲水性与憎水性

材料与水接触时，根据材料表面是否能被水润湿，可将其分为亲水性和憎水性两类。亲水性是指材料表面能被水润湿的性质；憎水性是指材料表面不能被水润湿的性质。

当材料与水在空气中接触时，将出现如图 1-3 所示的两种情况。在材料、水、空气三相交点处，沿水滴的表面作切线，切线与水和材料接触面所成的夹角称为润湿角（用θ表示)。当 θ 越小，表明材料越易被水润湿。一般认为，当 θ 不大于90°时，如图1-3（*a*）所示，材料表面吸附水分，能被水润湿，材料表现出亲水性；当 θ 大于90°时，如图1-3（*b*）所示，则材料表面不易吸附水分，不能被水润湿，材料表现出憎水性。

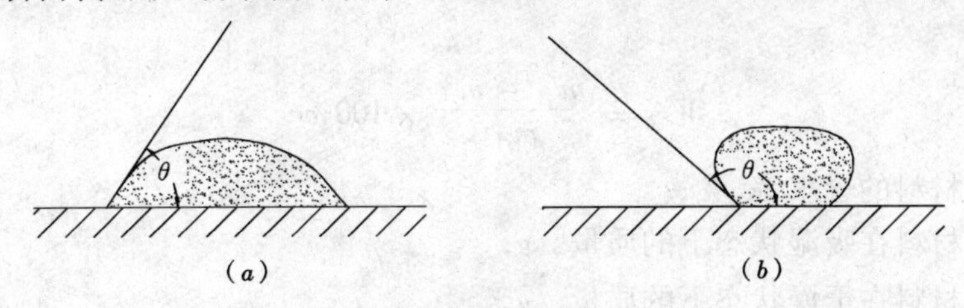

图 1-3　材料被水润湿示意图

（*a*）亲水性材料；（*b*）憎水性材料

亲水性材料易被水润湿，且水能通过毛细管作用而被吸入材料内部。憎水性材料则能阻止水分渗入毛细管中，从而降低材料的吸水性。建筑材料大多数为亲水性材料，如水泥、混凝土、砂、石、砖、木材等，只有少数材料为憎水性材料，如沥青、石蜡、某些塑料等。建筑工程中憎水性材料常被用做防水材料，或做为亲水性材料的覆面层，以提高其防水、防潮性能。

（二）吸水性与吸湿性

1. 吸水性

材料在水中吸收水分的性质称为吸水性。吸水性的大小用吸水率表示。吸水率有两种表示方法：质量吸水率和体积吸水率。

（1）质量吸水率　材料在吸水饱和时，所吸收水分的质量占材料干质量的百分率。用公式表示如下：

$$W_m = \frac{m_{湿} - m_{干}}{m_{干}} \times 100\%$$

式中　W_m——材料的质量吸水率，%；

$m_{湿}$——材料在饱和水状态下的质量，g；

$m_{干}$——材料在干燥状态下的质量，g。

（2）体积吸水率　材料在吸水饱和时，所吸收水分的体积占干燥材料总体积的百分率。用公式表示如下：

$$W_v = \frac{m_{湿} - m_{干}}{V_0} \cdot \frac{1}{\rho_{水}} \times 100\%$$

式中　W_v——材料的体积吸水率，%；

V_0——干燥材料的总体积，cm^3；

$\rho_{水}$——水的密度，g/cm^3。

常用的建筑材料，其吸水率一般采用质量吸水率表示。对于某些轻质材料，如加气混凝土、木材等，由于其质量吸水率往往超过100%，一般采用体积吸水率表示。

材料吸水率的大小，不仅与材料的亲水性或憎水性有关，而且与材料的孔隙率和孔隙特征有关。材料所吸收的水分是通过开口孔隙吸入的。一般而言，孔隙率越大，开口孔隙越多，则材料的吸水率越大；但如果开口孔隙粗大，则不易存留水分，即使孔隙率较大，材料的吸水率也较小。另外，封闭孔隙水分不能进入，吸水率也较小。

2. 吸湿性

材料在潮湿空气中吸收水分的性质称为吸湿性。吸湿性的大小用含水率表示。用公式表示如下：

$$W_{含} = \frac{m_{含} - m_{干}}{m_{干}} \times 100\%$$

式中 $W_{含}$——材料的含水率，%；

$m_{含}$——材料在吸湿状态下的质量，g；

$m_{干}$——材料在干燥状态下的质量，g。

材料的含水率随空气的温度、湿度变化而改变。材料既能在空气中吸收水分，又能向外界释放水分。当材料中的水分与空气的湿度达到平衡，此时的含水率就称为平衡含水率。一般情况下，材料的含水率多指平衡含水率。当材料内部孔隙吸水达到饱和时，此时材料的含水率等于吸水率。材料吸水后，会导致自重增加、保温隔热性能降低、强度和耐久性产生不同程度的下降。材料含水率的变化会引起体积的变化，影响使用。

（三）耐水性

材料长期在饱和水作用下不被破坏，强度也不显著降低的性质称为耐水性。材料耐水性用软化系数表示。用公式表示如下：

$$K_{软} = \frac{f_{饱}}{f_{干}}$$

式中 $K_{软}$——材料的软化系数；

$f_{饱}$——材料在饱和水状态下的抗压强度，MPa；

$f_{干}$——材料在干燥状态下的抗压强度，MPa。

软化系数的大小反映材料在浸水饱和后强度降低的程度。材料被水浸湿后，强度一般会有所下降，因此软化系数在0～1之间。软化系数越小，说明材料吸水饱和后的强度降低越多，其耐水性越差。工程中将 $K_{软}$ 大于0.85的材料称为耐水性材料。对于经常位于水中或潮湿环境中的重要结构的材料，必须选用 $K_{软}$ 大于0.85耐水性材料；对于用于受潮较轻或次要结构的材料，其软化系数不宜小于0.75。

（四）抗渗性

材料抵抗压力水渗透的性质称为抗渗性。材料的抗渗性通常采用渗透系数表示。渗透系数是指一定厚度的材料，在单位压力水头作用下，单位时间内透过单位面积的水量，用公式表示如下：

$$K = \frac{Wd}{Ath}$$

式中 K——材料的渗透系数，cm/h；

W——透过材料试件的水量，cm^3；

d——材料试件的厚度，cm；

A——透水面积，cm^2；

t——透水时间，h；

h——静水压力水头，cm。

渗透系数反映了材料抵抗压力水渗透的能力，渗透系数越大，则材料的抗渗性越差。

对于混凝土和砂浆，其抗渗性常采用抗渗等级表示。抗渗等级是以规定的试件，采用标准的试验方法测定试件所能承受的最大水压力来确定，以“Pn”表示，其中 n 为该材料所能承受的最大水压力（MPa）的10倍值。

材料抗渗性的大小与其孔隙率和孔隙特征有关。材料中存在连通的孔隙，且孔隙率较大，水分容易渗入，故这种材料的抗渗性较差。孔隙率小的材料具有较好的抗渗性。封闭孔隙水分不能渗入，因此对于孔隙率虽然较大，但以封闭孔隙为主的材料，其抗渗性也较好。对于地下建筑、压力管道、水工构筑物等工程部位，因经常受到压力水的作用，要选择具有良好抗渗性的材料。做为防水材料，则要求其具有更高的抗渗性。

（五）抗冻性

材料在饱和水状态下，能经受多次冻融循环作用而不破坏，且强度也不显著降低的性质，称为抗冻性。材料的抗冻性用抗冻等级表示。抗冻等级是以规定的试件，采用标准试验方法，测得其强度降低不超过规定值，并无明显损害和剥落时所能经受的最大冻融循环次数来确定，以“Fn”表示，其中 n 为最大冻融循环次数。

材料经受冻融循环作用而破坏，主要是因为材料内部孔隙中的水结冰所致。水结冰时体积要增大，若材料内部孔隙充满了水，则结冰产生的膨胀会对孔隙壁产生很大的应力，当此应力超过材料的抗拉强度时，孔壁将产生局部开裂，随着冻融循环次数的增加，材料逐渐被破坏。

材料抗冻性的好坏，取决于材料的孔隙率、孔隙的特征、吸水饱和程度和自身的抗拉强度。材料的变形能力大、强度高、软化系数大，则抗冻性较高。一般认为，软化系数小于0.80的材料，其抗冻性较差。在寒冷地区及寒冷环境中的建筑物或构筑物，必须要考虑所选择材料的抗冻性。

五、材料的热工性质

为保证建筑物具有良好的室内小气候，降低建筑物的使用能耗，因此要求材料具有良好的热工性质。通常考虑的热工性质有导热性、热容量。

（一）导热性

当材料两侧存在温差时，热量将从温度高的一侧通过材料传递到温度低的一侧，材料这种传导热量的能力称为导热性。材料导热性的大小用导热系数表示。导热系数是指厚度为1m的材料，当两侧温差为1K时，在1s时间内通过1m^{2}面积的热量。用公式表示如下：

$$\lambda = \frac{Q\alpha}{At(T_2 - T_1)}$$

式中 λ——材料的导热系数，W/（m·K）；

Q——传递的热量，J；

α——材料的厚度，m；

A——材料的传热面积，m^2；

t——传热时间，s；

$T_2 - T_1$——材料两侧的温差，K。

材料的导热性与孔隙率大小、孔隙特征等因素有关。孔隙率较大的材料，内部空气较多，由于密闭空气的导热系数很小［$\lambda=0.023$W/（m·K）］，其导热性较差。但如果孔隙粗大，空气会形成对流，材料的导热性反而会增大。材料受潮以后，水分进入孔隙，水的导热系数比空气的导热系数高很多［$\lambda=0.58$W/（m·K）］，从而使材料的导热性大大增加；材料若受冻，水结成冰，冰的导热系数是水导热系数的4倍，为$\lambda=2.3$W/（m·K），材料的导热性将进一步增加。常用建筑材料的导热系数见表1-2。

几种典型材料的热工性质指标 **表1-2**

材料	导热系数［W/（m·K）］	比热［J/（g·K）］	材料	导热系数［W/（m·K）］	比热［J/（g·K）］
铜	370	0.38	松木（横纹）	0.15	1.63
钢	55	0.46	泡沫塑料	0.03	1.30
花岗石	2.9	0.80	冰	2.3	2.05
普通混凝土	1.8	0.88	水	0.58	4.18
烧结普通砖	0.55	0.84	静止空气	0.023	1.00

建筑物要求具有良好的保温隔热性能。保温隔热性和导热性都是指材料传递热量的能力，在工程中常把$1/\lambda$称为材料的热阻，用R表示。材料的导热系数越小，其热阻越大，则材料的导热性能越差，其保温隔热性能越好。

（二）热容量

材料容纳热量的能力称为热容量，其大小用比热表示。比热是指单位质量的材料，温度每升高或降低1K时所吸收或放出的热量。用公式表示如下：

$$c=\frac{Q}{m(T_2-T_1)}$$

式中 c——材料的比热，J/（kg·K）；

Q——材料吸收或放出的热量，J；

m——材料的质量，kg；

T_2-T_1——材料加热或冷却前后的温差，K。

比热的大小直接反映出材料吸热或放热能力的大小。比热大的材料，能在热流变动或采暖设备供热不均匀时，缓和室内的温度波动。不同的材料其比热不同，即使是同种材料，由于物态不同，其比热也不同。常用建筑材料的比热见表1-2。

第二节 材料的力学性质

材料的力学性质是指材料在外力作用下的变形性和抵抗破坏的性质。它是选用建筑材料时首先要考虑的基本性质。

一、材料的强度

材料在荷载（外力）作用下抵抗破坏的能力称为材料的强度。

当材料受到外力作用时，其内部就产生应力，荷载增加，所产生的应力也相应增大，直至材料内部质点间结合力不足以抵抗所作用的外力时，材料即发生破坏。材料破坏时，达到应力极限，这个极限应力值就是材料的强度，又称极限强度。

强度的大小直接反映材料承受荷载能力的大小。由于荷载作用形式不同，材料的强度主要有抗压强度、抗拉强度、抗弯（抗折）强度及抗剪强度等。见表1-3。

材料受力作用示意图及计算公式 **表1-3**

强度（MPa）	受力示意图	计算公式	附　注
抗压强度 f_c	F / F	$f_c=\frac{F}{A}$	F——破坏荷载（N） A——受荷面积（mm^2） l——跨度（mm） b——试件宽度（mm） h——试件高度（mm）
抗拉强度 f_t	F F	$f_t=\frac{F}{A}$	
抗剪强度 f_v	F / F	$f_v=\frac{F}{A}$	
抗弯强度 f_m	l/2 F l h b	$f_m=\frac{3Fl}{2bh^2}$	

试验测定的强度值除受材料本身的组成、结构、孔隙率大小等内在因素的影响外，还与试验条件有着密切关系，如试件形状、尺寸、表面状态、含水率、环境温度及试验时加荷速度等。为了使测定的强度值准确且具有可比性，必须按规定的标准试验方法测定材料的强度。

材料的强度等级是按照材料的主要强度指标划分的级别。掌握材料的强度等级，对于合理选择材料，控制工程质量是十分重要的。

对不同材料要进行强度大小的比较可采用比强度。比强度是指材料的强度与其体积密度之比。它是衡量材料轻质高强的一个主要指标。以钢材、木材和混凝土为例，见表1-4。

钢材、木材和混凝土的强度比较 **表1-4**

材　料	体积密度（kg/m^3）	抗压强度 f_c（MPa）	比强度 f_c/ρ_0
低碳钢	7860	415	0.053
松　木	500	34.3（顺纹）	0.069
普通混凝土	2400	29.4	0.012

由表数值可见，松木的比强度最大，是轻质高强材料。混凝土的比强度最小，是质量大而强度较低的材料。

二、材料变形性质

（一）弹性与塑性

材料在外力作用下产生变形，当外力取消后，能够完全恢复原来形状的性质称为弹性，这种变形称为弹性变形，其值的大小与外力成正比；不能自动恢复原来形状的性质称

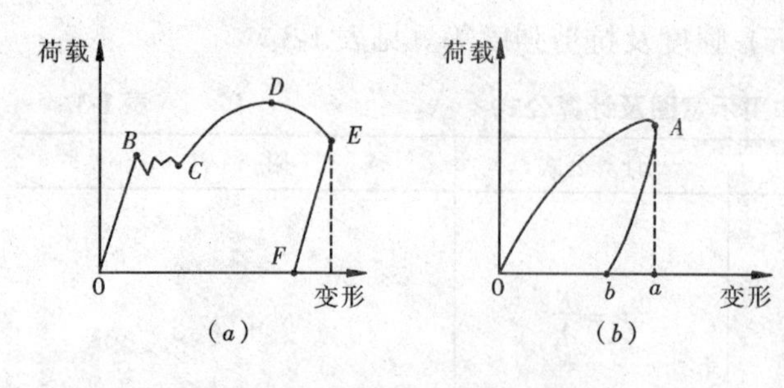

图 1-4 弹性材料的变形曲线

为塑性，这种不能恢复的变形称为塑性变形，塑性变形属永久性变形。

完全弹性材料是没有的。一些材料在受力不大时只产生弹性变形，而当外力达到一定限度后，即产生塑性变形，如低碳钢，其变形曲线如图 1-4（*a*）所示。很多材料在受力时，弹性变形和塑性变形同时产生，如普通混凝土，其变形曲线如图 1-4（*b*）所示。

（二）脆性与韧性

材料受外力作用，当外力达到一定限度时，材料发生突然破坏，且破坏时无明显塑性变形，这种性质称为脆性。具有脆性的材料称为脆性材料。脆性材料的抗压强度远大于其抗拉强度，因此其抵抗冲击荷载或震动作用的能力很差。建筑材料中大部分无机非金属材料均为脆性材料，如混凝土、玻璃、天然岩石、砖瓦、陶瓷等。

材料在冲击荷载或震动荷载作用下，能吸收较大的能量，同时产生较大的变形而不破坏的性质称为韧性。材料的韧性用冲击韧性指标表示。

在建筑工程中，对于要求承受冲击荷载和有抗震要求的结构，如吊车梁、桥梁、路面等所用材料，均应具有较高的韧性。

第三节 材料的耐久性

材料在使用过程中能长久保持其原有性质的能力，称为耐久性。

材料在使用过程中，除受到各种外力作用外，还长期受到周围环境因素和各种自然因素的破坏作用。这些破坏作用主要有以下几个方面：

物理作用。包括环境温度、湿度的交替变化，即冷热、干湿、冻融等循环作用。材料经受这些作用后，将发生膨胀、收缩或产生应力，长期的反复作用，将使材料逐渐被破坏。

化学作用。包括大气和环境水中的酸、碱、盐等溶液或其他有害物质对材料的侵蚀作用，以及日光、紫外线等对材料的作用。

生物作用。包括菌类、昆虫等的侵害作用，导致材料发生腐朽、虫蛀等而破坏。

机械作用。包括荷载的持续作用，交变荷载对材料引起的疲劳、冲击、磨损等。

耐久性是对材料综合性质的一种评述，它包括如抗冻性、抗渗性、抗风化性、抗老化性、耐化学腐蚀性等内容。对材料耐久性进行可靠的判断，需要很长的时间。一般采用快速检验法，这种方法是模拟实际使用条件，将材料在试验室进行有关的快速试验，根据实验结果对材料的耐久性做出判定。在试验室进行快速试验的项目主要有：冻融循环，干湿循环，碳化等。

提高材料的耐久性，对节约建筑材料、保证建筑物长期正常使用、减少维修费用、延长建筑物使用寿命等，具有十分重要的意义。为了提高材料的耐久性，可根据使用情况和材料特点，采取相应措施，如设法减轻大气或周围环境介质对材料的破坏作用（降低湿度，排除腐蚀性介质等）；提高材料本身对外界作用的抵抗能力（提高材料的密实程度，采取防腐措施等）；或用其他材料保护主体材料免受破坏（如抹灰、刷涂料等）。

本章小结

1. 材料的物理性质分为基本物理性质及与各种物理过程有关的性质。这些性质是学习建筑材料的基础，正确合理选用建筑材料的依据。

（1）基本物理性质主要包括：实际密度、近似密度、体积密度、堆积密度、材料的体积构成、孔隙率、空隙率、孔隙特征。

（2）与水和热有关的性质主要包括：亲水性与憎水性、吸水性与吸湿性、耐水性、抗冻性、抗渗性、导热性与保温隔热性、热容量。

2. 材料的力学性质主要包括材料的强度和变形性能两个方面。材料强度主要反映材料承载能力的大小，变形性能主要包括弹性和塑性、脆性和韧性等。

3. 材料的耐久性是决定材料应用的非常重要的技术性质。建筑材料必须具有一定的耐久性。

复习思考题

1. 试解释以下名词：密度，体积密度，堆积密度，孔隙率，空隙率，吸水率，含水率。

2. 破碎的岩石试样，经烘干后称量质量为482g，将它放入盛有水的量筒中，经一昼夜后，水平面由452cm^3升至630cm^3，取出试样称量质量为487g。试求该岩石的体积密度和开口孔隙率。

3. 建筑材料的亲水性和憎水性在建筑工程中有什么实际意义？

4. 思考材料的孔隙特征对材料的密度、体积密度、吸水性、吸湿性、抗冻性、抗渗性、强度及保温隔热性的影响。

5. 当某一材料的孔隙率增大时，下表内的其他性质将如何变化（用符号填写）？

孔隙率	密　度	体积密度	耐水性	强　度	吸水率	抗冻性	导热性
↑							

6. 材料的含水率、质量吸水率和体积吸水率有何不同？什么情况下采用体积吸水率来反映材料的吸水性？什么情况下材料的含水率等于其质量吸水率？

7. 软化系数是反映什么性质的指标？什么情况下须控制这个指标？

8. 什么是材料的强度？根据外力作用方式的不同，各种强度的计算公式如何表达？

9. 弹性材料与塑性材料有何不同？

10. 何谓材料的耐久性？它包含哪些内容？

第二章　无机胶凝材料

能将散粒状材料（如砂、石等）或块状材料（如砖、石块、混凝土砌块等）粘结成为整体的材料，称为胶凝材料。

胶凝材料按其化学成分可分为无机胶凝材料和有机胶凝材料两大类，无机胶凝材料按其硬化条件的不同，可分为气硬性胶凝材料和水硬性胶凝材料，主要有石灰、石膏、水泥等。这类胶凝材料在建筑工程中的应用最广泛。有机胶凝材料有沥青、树脂等。

气硬性胶凝材料是指只能在空气中凝结硬化的胶凝材料，如石灰、石膏、水玻璃和菱苦土等。水硬性胶凝材料是指不仅能在空气中凝结硬化，而且能更好地在水中硬化，保持和发展其强度的胶凝材料，如各种水泥。因此，气硬性胶凝材料只适用于干燥环境中的工程部位；水硬性胶凝材料既适用于干燥环境，又适用于潮湿环境及水中的工程部位。

第一节　气硬性胶凝材料

一、石灰

石灰是最早使用的矿物胶凝材料之一。石灰是不同化学成分和物理形态的生石灰、消石灰、水硬性石灰的统称。水硬性石灰是以泥质石灰石为原料，经高温煅烧后所得的产品，除含氧化钙以外，还含有一定量的氧化镁、硅酸二钙、铝酸一钙等而具有水硬性。建筑工程中的石灰通常指气硬性石灰。由于原材料资源丰富，生产工艺简单，成本低廉，故石灰在建筑工程中的应用很广。

（一）生石灰的生产

生石灰是以碳酸钙为主要成分的石灰石、白垩等为原料，在低于烧结温度下煅烧所得的产物，其主要成分是氧化钙。煅烧反应如下：

$$\begin{matrix} CaCO_3 \\ MgCO_3 \end{matrix} \xrightarrow[800\sim1000^\circ C]{\text{高温煅烧}} \begin{matrix} CaO + CO_2\uparrow \\ MgO + CO_2\uparrow \end{matrix}$$

石灰生产中为了使 $CaCO_3$ 能充分分解生成 CaO，必须提高温度，但煅烧温度过高过低，或煅烧时间过长过短都会影响烧成生石灰的质量。由于煅烧的不均匀性，在所烧成的正火石灰中，或多或少都存在少量的欠火石灰（煅烧温度过低或煅烧时间过短而生成）和过火石灰（煅烧温度过高或煅烧时间过长而生成）。欠火石灰中 CaO 的含量低，会降低石灰的质量等级和利用率；过火石灰结构密实，熟化极其缓慢，当这种未充分熟化的石灰抹灰后，会吸收空气中大量的水蒸气，继续熟化，体积膨胀，致使墙面砂浆隆起、开裂，严重影响工程质量。

（二）生石灰的熟化

生石灰的熟化（又称消化或消解）是指生石灰与水发生化学反应生成熟石灰的过程。其反应式如下：

$$CaO + H_2O = Ca(OH)_2 + 64.9kJ$$

$$MgO + H_2O = Mg(OH)_2$$

生石灰遇水反应剧烈，同时放出大量的热。生石灰的熟化反应为放热反应，在最初1h所放出的热量几乎是硅酸盐水泥1d放热量的9倍。

生石灰熟化后体积膨胀1~2.5倍。块状生石灰熟化后体积膨胀，产生的膨胀压力会致使石灰块自动分散成为粉末，应用此法可将块状生石灰加工成为消石灰粉。

熟化后的石灰在使用前必须进行“陈伏”。这是因为生石灰中存在着过火石灰。过火石灰结构密实，熟化极其缓慢，当这种未充分熟化的石灰抹灰后，会吸收空气中大量的水蒸气，继续熟化，体积膨胀，致使墙面砂浆隆起、开裂，严重影响工程质量。为了消除过火石灰的危害，生石灰在使用前应提前化灰，使石灰浆在灰坑中储存两周以上，以使生石灰得到充分熟化，这一过程称为“陈伏”。陈伏期间，为了防止石灰碳化，应在其表面保留一定厚度的水层，以隔绝空气。

（三）石灰的硬化

石灰的硬化速度很缓慢，且硬化体强度很低。石灰浆体在空气中逐渐硬化，主要是干燥结晶和碳化这两个过程同时进行完成的。

1. 结晶作用

石灰浆体中的游离水分逐渐蒸发，Ca（OH）$_2$ 逐渐从饱和溶液中结晶析出，形成结晶结构网，从而获得一定的强度。

2. 碳化作用

Ca（OH）$_2$ 与空气中的 CO_2 和 H_2O 发生化学反应，生成碳酸钙，并释放出水分，使强度提高。其反应式如下：

$$Ca(OH)_2 + CO_2 + nH_2O = CaCO_3 + (n+1)H_2O$$

石灰的硬化主要依靠结晶作用，而结晶作用又主要依靠水分蒸发速度。由于自然界中水分的蒸发速度是有限的，因此石灰的硬化速度很缓慢。

（四）石灰的品种及技术性质

石灰的品种很多，通常有以下两种分类方法：

1. 按石灰中氧化镁的含量分类

（1）生石灰可分为钙质生石灰（MgO 含量不大于5%）和镁质生石灰（MgO 含量大于5%）。镁质生石灰的熟化速度较慢，但硬化后其强度较高。根据建材行业标准，建筑生石灰可划分为优等品、一等品和合格品共三个质量等级，见表2-1。

建筑生石灰技术指标（JC/T 479） **表2-1**

项目	钙质生石灰			镁质生石灰		
	优等品	一等品	合格品	优等品	一等品	合格品
CaO + MgO 含量不小于，%	90	85	80	85	80	75
未消化残渣含量（5mm 圆孔筛筛余）不大于，%	5	10	15	5	10	15
CO_2 含量不大于，%	5	7	9	6	8	10
产浆量不小于，L/kg	2.8	2.3	2.0	2.8	2.3	2.0

（2）熟石灰分为钙质消石灰粉（MgO 含量不大于4%）、镁质消石灰粉（MgO 含量为

4%～24%）和白云石质消石灰粉（MgO 含量为 24%～30%）。其技术性质见表 2-2。

建筑消石灰粉的技术指标（JC/T 481）　　**表 2-2**

项　目	钙质消石灰粉			镁质消石灰粉			白云石质消石灰粉		
	优等品	一等品	合格品	优等品	一等品	合格品	优等品	一等品	合格品
CaO + MgO 含量不小于，%	70	65	60	65	60	55	65	60	55
游离水，%	0.4～2	0.4～2	0.4～2	0.4～2	0.4～2	0.4～2	0.4～2	0.4～2	0.4～2
体积安定性	合格	合格		合格	合格		合格	合格	
细度　0.90mm 筛筛余不大于，%	0	0	0.5	0	0	0.5	0	0	0.5
细度　0.125mm 筛筛余不大于，%	3	10	15	3	10	15	3	10	15

2. 按石灰加工方法不同分类

（1）块灰　直接高温煅烧所得的块状生石灰，其主要成分是 CaO。块灰是所有石灰品种中最传统的一个品种。

（2）磨细生石灰粉　将块灰破碎、磨细并包装成袋的生石灰粉。它克服了一般生石灰熟化时间较长，且在使用前必须陈伏等缺点，在使用前不用提前熟化，直接加水即可使用，不须进行陈伏。使用磨细生石灰粉不仅能提高施工效率，节约场地，改善施工环境，加快硬化速度，而且还可以提高石灰的利用率；但其缺点是成本高，且不易储存。其技术指标见表 2-3。

建筑生石灰粉技术指标（JC/T 480）　　**表 2-3**

项　目	钙质生石灰粉			镁质生石灰粉		
	优等品	一等品	合格品	优等品	一等品	合格品
CaO + MgO 含量不小于，%	85	80	75	80	75	70
CO_2 含量不大于，%	7	9	11	8	9	12
细度　0.90mm 筛筛余不大于，%	0.2	0.5	1.5	0.2	0.5	1.5
细度　0.125mm 筛筛余不大于，%	7.0	12.0	18.0	7.0	12.0	18.0

（3）消石灰粉　由生石灰加适量水充分消化所得的粉末，主要成分是 $Ca(OH)_2$。其技术指标见表 2-2。

（4）石灰膏　消石灰和一定量的水组成的具有一定稠度的膏状物，其主要成分是 $Ca(OH)_2$和 H_2O。

（5）石灰乳　生石灰加入大量水熟化而成的一种乳状液，主要成分是 $Ca(OH)_2$ 和 H_2O。

（五）石灰的特性、应用及储存

1. 石灰的特性

（1）凝结硬化缓慢，强度低。石灰浆在空气中的碳化过程很缓慢，且结晶速度主要依赖于浆体中水分蒸发的速度，因此，石灰的凝结硬化速度是很缓慢的。生石灰熟化时的理论需水量较小，为了使石灰浆具有良好的可塑性，实际熟化的水量是很大的，多余水分在硬化后蒸发，会留下大量孔隙，使硬化石灰的密实度较小，强度低。

（2）可塑性好，保水性好。生石灰熟化为石灰浆时，能形成颗粒极细（粒径为

0.001mm）呈胶体分散状态的氢氧化钙粒子，表面吸附一层厚厚的水膜，使颗粒间的摩擦力减小，因而具有良好的可塑性。

(3) 硬化后体积收缩较大。石灰浆中存在大量的游离水，硬化后大量水分蒸发，导致石灰内部毛细管失水收缩，引起显著的体积收缩变形。这种收缩变形使得硬化石灰体产生开裂，因此，石灰浆不宜单独使用。通常工程施工中要掺入一定量的骨料（砂子）或纤维材料（麻刀、纸筋等）。

(4) 吸湿性强，耐水性差。生石灰具有很强的吸湿性，传统的干燥剂常采用这类材料。生石灰水化后的产物其主要成分是 $Ca(OH)_2$ 能溶解在水中，若长期受潮或被水侵蚀，会使硬化的石灰溃散，因此它是一种气硬性胶凝材料，不宜用于潮湿的环境中，更不能用于水中。

2. 石灰的应用

石灰是建筑工程中面广量大的建筑材料之一，其常见的用途如下：

(1) 广泛用于建筑室内粉刷。石灰乳是一种廉价的涂料，且施工方便，颜色洁白，能为室内增白添亮，因此在建筑中应用十分广泛。

(2) 用于配制建筑砂浆。石灰和砂或麻刀、纸筋配制成石灰砂浆、麻刀灰、纸筋灰，主要用于内墙、顶棚的抹面。石灰与水泥和砂可配制成混合砂浆，主要用于墙体砌筑或抹面。

(3) 配制三合土和灰土。三合土是采用生石灰粉（或消石灰粉）、黏土和砂子按1:2:3的比例，再加水拌和，经夯实后而成的。灰土是用生石灰粉和黏土按 1:2～4 的比例加水拌和，经夯实后而成的。经夯实后的三合土和灰土广泛应用于建筑物的基础、路面或地面垫层。三合土和灰土经强力夯打后，其密实度大大提高，且黏土颗粒表面少量的活性 SiO_2 和 Al_2O_3 与石灰发生化学反应，生成水化硅酸钙和水化铝酸钙等不溶于水的水化产物，因而具有一定的抗压强度、耐水性和相当高的抗渗能力。

(4) 制作碳化石灰板。碳化石灰板是将磨细生石灰、纤维状填料（如玻璃纤维等）或轻质骨料（如矿渣等）经搅拌、成型，然后人工碳化而成的一种轻质板材。这种板材能锯、刨、钉，适宜做非承重内墙板、顶棚等。

(5) 生产硅酸盐制品。以石灰和硅质材料（如石英砂、粉煤灰等）为原料，加水拌合，经成型，蒸养或蒸压处理等工序而制成的建筑材料，统称为硅酸盐制品。如粉煤灰砖、灰砂砖、加气混凝土砌块等。

(6) 配制无熟料水泥。将具有一定活性的混合材料，按适当比例与石灰配合，经共同磨细，可得到水硬性的胶凝材料，即为无熟料水泥。

3. 石灰的储存

生石灰具有很强的吸湿性，在空气中放置太久，会吸收空气中的水分而消化成消石灰粉而失去胶凝能力。因此储存生石灰时，一定要注意防潮防水，而且存期不宜过长。另外，生石灰熟化时会释放大量的热且体积膨胀，故在储存和运输生石灰时，还应注意将生石灰与易燃、易爆物品分开保管，以免引起火灾和爆炸。

二、石膏

我国的石膏资源极其丰富，分布很广，自然界存在的石膏主要有天然二水石膏（$CaSO_4 \cdot 2H_2O$，又称生石膏或软石膏）、天然无水石膏（$CaSO_4$，又称硬石膏）和各种工业废石膏（化学石膏）。以这些石膏为原料可制成多种石膏胶凝材料，建筑中使用最多的石膏胶凝材料是建筑石膏，其次是高强石膏。建筑石膏及其制品具有许多优良性能，如轻质、耐火、隔声、绝热等，是一种比较理想的高效节能的材料。

（一）石膏的生产

生产建筑石膏的原料主要是天然二水石膏，也可采用化学石膏。原料经过煅烧（在不同温度和压力条件下）、脱水，再经磨细而成。由于煅烧条件不同，烧成产品的结构、性质、用途各不相同，具体情况如图 2-1 所示。

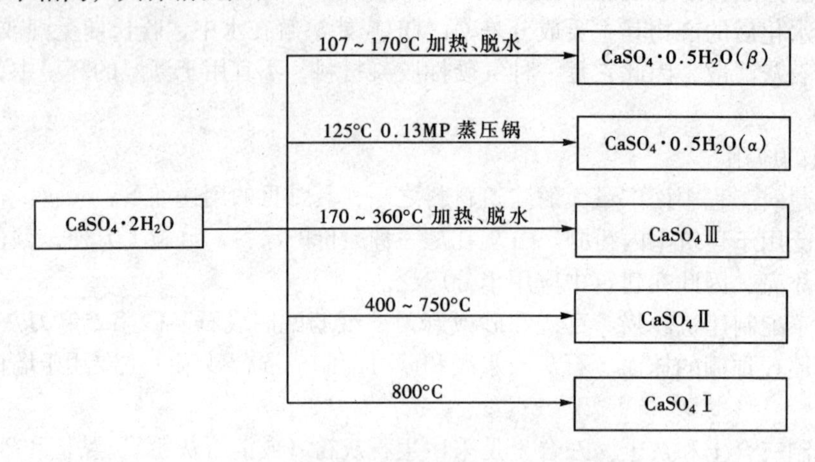

图 2-1　石膏加工条件及相应产品示意图

β 型的半水硫酸钙磨细制成的白色粉末即为建筑石膏（又称 β 型半水石膏），其晶体细小，将它调制成一定稠度的浆体的需水量较大，因而其制品的孔隙率较大，强度较低。α 型的半水硫酸钙磨细制成的白色粉末即为高强石膏（又称 α 型半水石膏），其晶体粗大，表面积较小，拌和时所需水量较小，因而其制品的孔隙率较小、密实度大、强度较高，在建筑中可用于抹灰、制作石膏制品，还可仿制大理石。Ⅰ、Ⅱ、Ⅲ型无水硫酸钙（又称无水石膏），在建筑中应用较少。

（二）建筑石膏的凝结硬化

建筑石膏与适量的水相混合，最初形成具有良好可塑性的浆体，但很快就失去可塑性而发展成为具有一定强度的固体，这个过程就称为石膏的凝结硬化。其原因是由于浆体内部发生了一系列的物理化学变化，主要的化学反应式如下：

$$CaSO_4 \cdot 0.5H_2O\ (\beta) + 1.5H_2O = CaSO_4 \cdot 2H_2O$$

首先是 β 型的半水石膏溶解于水中，很快形成饱和溶液，溶液中的 β 型半水石膏与水反应生成了二水石膏，由于二水石膏在水中的溶解度比 β 型半水石膏小很多，因此 β 型半水石膏的饱和溶液对于二水石膏就成为过饱和溶液，二水石膏逐渐的结晶析出，致使液相中原有的平衡浓度被破坏，β 型半水石膏进一步溶解、水化，如此循环进行，直至完全变成二水石膏为止。随着水化反应不断进行且水分不断蒸发，浆体失去可塑性，这一过程称为凝结。其后，晶体颗粒逐渐长大、连生、相互交错，使得强度不断增长，直到剩余水分完全蒸发，这一过程称为硬化。

（三）建筑石膏的技术性质

建筑石膏为白色粉末状材料，其密度约为 2.6～2.75g/cm^3，堆积密度约为 800～

1100kg/m^3。建筑石膏技术性质主要有：强度、细度、凝结时间。建筑石膏按其强度、细度的不同可划分为优等品、一等品和合格品三个质量等级。具体情况见表 2-4。

建筑石膏等级标准（GB9776） **表 2-4**

技术指标		优等品	一等品	合格品
强度（MPa）	抗折强度，不小于	2.5	2.1	1.8
	抗压强度，不小于	4.9	3.9	2.9
细度	0.2mm 方孔筛筛余（%），不大于	5.0	10.0	15.0
凝结时间（min）	初凝时间，不小于	6		
	终凝时间，不大于	30		

建筑石膏是在高温条件下煅烧而成的一种白色粉末状材料，本身易吸湿受潮，而且其凝结硬化速度很快，因此在储存和运输过程中，一定要注意防潮防水。同时，石膏若长期存放，强度也会降低，一般储存三个月后强度会下降 30%左右。因此，建筑石膏储存时间不宜过长，一般不超过三个月。若超过三个月，应重新检验并确定其质量等级。

（四）建筑石膏及其制品的特性

1. 凝结硬化很快，强度较低

由于凝结快，在实际工程中使用时往往需要掺入适量的缓凝剂，如动物胶、亚硫酸盐酒精溶液、硼砂等。建筑石膏的强度较低，其抗压强度仅为 3.0～5.0MPa，只能满足做为隔墙和饰面的要求。

2. 硬化时体积略微膨胀

建筑石膏在凝结硬化时具有微膨胀性，其体积一般膨胀 0.05%～0.15%。这种特性可使硬化成型的石膏制品表面光滑饱满，干燥时不开裂，且能使制品造型棱角清晰，尺寸准确，有利于制造复杂花纹图案的石膏装饰制品。

3. 孔隙率大，体积密度小，保温隔热性能好，吸声性能好等

建筑石膏水化时的理论需水量仅为其质量的 18.6%，但施工中为了保证浆体具有足够的流动性，其实际加水量常常达到 60%～80%左右，大量的水分会逐渐蒸发出来，而在硬化体内留下大量的孔隙，其孔隙率可达 50%～60%。由于孔隙率大，因此石膏制品的体积密度小，属于轻质材料，而且具有良好的保温隔热性能和吸声性能。

4. 耐水性差，抗冻性差

石膏是气硬性胶凝材料，水会削弱其晶体粒子间的结合力，从而导致破坏，因此在使用时应注意所处环境的条件。

5. 防火性能良好

建筑石膏硬化后的主要成分是二水石膏，当其遇火时，二水石膏释放出部分结晶水，而水的热容量很大，蒸发时会吸收大量的热，并在制品表面形成蒸汽幕，可有效的防止火势的蔓延。

6. 具有一定的调温调湿性能

由于石膏制品具有多孔结构，且其热容量较大，吸湿性强。当室内温度、湿度发生变化时，石膏制品能吸入水分或呼出水分，吸收热量或放出热量，可使环境的温度和湿度得到一定的调节。

7. 石膏制品具有良好的可加工性，且装饰性能好

石膏制品可锯、可钉、可刨，便于施工操作，并且其表面细腻平整，色泽洁白，具有典雅的装饰效果。

（五）石膏的应用

了解了石膏的特性后，对于石膏的应用就可做出如下的归纳：

1. 用做室内粉刷和抹灰

石膏洁白细腻，用于室内粉刷、抹灰，具有良好的装饰效果。经石膏抹灰后的内墙面、顶棚，还可直接涂刷涂料、粘贴壁纸。但在施工时应注意，由于建筑石膏凝结很快，施工时应掺入适量的缓凝剂，以保证施工质量。

2. 制作石膏制品

建筑石膏制品的种类较多，我国生产的石膏制品主要有纸面石膏板、空心石膏条板、纤维石膏板、石膏砌块和其他石膏装饰板等。建筑石膏配以纤维增强材料、粘结剂等，还可以制作各种石膏角线、线板、角花、雕塑艺术装饰制品等。

3. 生石膏可做为水泥生产的原料

水泥生产过程中必须掺入适量的石膏做为缓凝剂，不掺、少掺或多掺都会导致水泥无法正常使用或根本无法使用。

三、水玻璃

水玻璃俗称泡花碱，是由碱金属氧化物和二氧化硅结合而成的能溶于水的一种水溶性硅酸盐物质。根据碱金属氧化物种类的不同，水玻璃又主要分为硅酸钠水玻璃（简称钠水玻璃，$Na_2O \cdot nSiO_2$）、硅酸钾水玻璃（简称钾水玻璃，$K_2O \cdot nSiO_2$）。在工程中最常用的是钠水玻璃，以液态供应使用。

（一）水玻璃的生产

水玻璃的生产方法有湿法生产和干法生产两种。湿法生产是将石英砂和氢氧化钠水溶液在压蒸锅内用蒸汽加热溶解而制成的水玻璃溶液。干法生产是将石英砂和碳酸钠磨细搅拌均匀，然后在熔炉中于1300～1400℃温度下熔融。其反应式如下：

$$Na_2CO_3 + nSiO_2 = Na_2O \cdot nSiO_2 + CO_2$$

熔融的水玻璃冷却后得到固态水玻璃，然后在0.3～0.8MPa的蒸压釜内加热溶解成为胶状玻璃溶液。

水玻璃分子式 n 称为水玻璃的模数。建筑工程中常用水玻璃的模数一般为2.5～2.8。水玻璃模数越大，越难溶解于水中，当 n 为1时能溶解于常温水中，模数增大则只能在热水中溶解，当 n 大于3时则需要在0.4MPa以上的蒸汽中才能溶解。

（二）水玻璃的凝结硬化

液体水玻璃在空气中吸收二氧化碳，形成无定形的硅酸凝胶，并逐渐干燥而硬化，其反应式如下：

$$Na_2O \cdot nSiO_2 + CO_2 + mH_2O = Na_2CO_3 + nSiO_2 \cdot mH_2O$$

上式的反应过程进行的很缓慢。为了加速硬化过程，需加热或掺入促硬剂氟硅酸钠（Na_2SiF_6），促使硅酸凝胶加速析出。氟硅酸钠的掺量一般为水玻璃质量的12%～15%。如掺量太少，不但硬化慢、强度低，而且未经反应的水玻璃易溶于水，导致耐水性差；但掺量过多，又会引起凝结过速，使施工困难，而且渗透性增大，强度较低。

(三) 水玻璃的特性

1. 粘结力强，强度较高

水玻璃具有良好的胶结能力，且硬化后强度较高。如水玻璃胶泥的抗拉强度大于2.5MPa，水玻璃混凝土的抗压强度在15～40MPa之间。此外，水玻璃硬化析出的硅酸凝胶还可堵塞毛细孔隙，从而起到防止水渗透的作用。对于同一模数的液体水玻璃，其浓度越稠，则粘结力越强。而不同模数的液体水玻璃，模数越大，其胶体组分越多，粘结力也随之增加。

2. 耐酸性好

硬化后的水玻璃，因其主要成分是 SiO_2，所以能抵抗大多数无机酸和有机酸的作用。但水玻璃不耐碱性介质的侵蚀。

3. 耐热性高

水玻璃硬化后形成 SiO_2 空间网状骨架，具有良好的耐热性能。

(四) 水玻璃的应用

根据水玻璃的特性，在建筑工程中水玻璃的应用主要有以下几个方面：

1. 配制耐酸、耐热砂浆和混凝土

水玻璃具有很高的耐酸性和耐热性，以水玻璃为胶结材料，加入促硬剂和耐酸、耐热粗细骨料，可配制成耐酸、耐热砂浆或混凝土。

2. 做为灌浆材料，加固地基

使用时将模数为2.5～3的液体水玻璃和氯化钙溶液交替灌入地下，两种溶液发生化学反应，析出硅酸凝胶，将土壤包裹并填充其孔隙，使土壤固结，从而大大提高地基的承载能力，而且还可以增强地基的不透水性。

3. 做为涂刷或浸渍材料

将液体水玻璃直接涂刷在建筑物的表面，可提高其抗风化能力和耐久性。而用水玻璃浸渍多孔材料后，可使其密实度、强度、抗渗性均得到提高。

四、镁质胶凝材料

镁质胶凝材料是以 MgO 为主要成分的气硬性胶凝材料，主要产品有菱苦土（又叫苛性苦土，主要化学成分是 MgO）、苛性白云石（主要化学成分是 MgO 和 $CaCO_3$）等。

菱苦土用水拌和时，能生成 $Mg(OH)_2$，其结构疏松，胶结能力较差。工程中使用时，通常加入 $MgCl_2$、$MgSO_4$、$FeCl_3$、$FeSO_4$ 等盐类水溶液拌合，以改善其性能。

菱苦土能与木质材料很好的粘结，而且其碱性较弱，不会腐蚀有机纤维；但对铝、铁等金属有腐蚀作用，因此不能让菱苦土直接与金属接触。在建筑上常用菱苦土来制造木屑地板、木丝板、刨花板等板材。菱苦土木屑地面具有一定弹性，能防爆（碰撞时不发出火星）、防火，导热性小，表面光洁，不产生噪声与尘土。宜用于纺织车间、办公室、教室、住宅等地面。菱苦土木丝板、刨花板则可用于内墙、顶棚、楼梯扶手等。目前，这两种板材主要用做机械设备的包装构件，可大量节约木材。

第二节 水　泥

一、水泥概述

水泥是水硬性胶凝材料的通称。水泥加水拌合成具有良好可塑性的浆体后，经一系列物理化学作用，不仅能在空气中凝结硬化，而且能更好地在潮湿环境及水中硬化，保持和发展其强度。

水泥是建筑工程中最重要的建筑材料之一。随着我国现代化建设的高速发展，水泥的应用越来越广泛。不仅大量应用于工业与民用建筑，而且广泛应用于公路、铁路、水利电力、海港和国防等工程中。

目前水泥的品种多达130多种。按主要水硬性物质，水泥可分为硅酸盐水泥、铝酸盐水泥、硫铝酸盐水泥、铁铝酸盐水泥、氟铝酸盐水泥等系列，其中以硅酸盐系列水泥的应用最广。按用途和性能，又可将其划分为通用水泥、专用水泥和特性水泥三大类。

通用水泥是指用于一般土木工程的水泥，主要包括硅酸盐水泥、普通硅酸盐水泥、矿渣硅酸盐水泥、火山灰质硅酸盐水泥、粉煤灰质硅酸盐水泥、复合硅酸盐水泥和石灰石硅酸盐水泥等七大品种。专用水泥是指具有专门用途的水泥，如道路水泥、大坝水泥、砌筑水泥等。特性水泥是指在某方面具有突出性能的水泥，如膨胀硅酸盐水泥、快硬硅酸盐水泥、白色硅酸盐水泥、低热硅酸盐水泥和抗硫酸盐硅酸盐水泥等。

二、硅酸盐水泥

（一）硅酸盐水泥的定义、类型及代号

按国家标准《硅酸盐水泥、普通硅酸盐水泥》（GB175—1999）规定：凡由硅酸盐水泥熟料、0～5%石灰石或粒化高炉矿渣、适量石膏磨细制成的水硬性胶凝材料，称为硅酸盐水泥（即国外通称的波特兰水泥）。硅酸盐水泥分两种类型，不掺混合材料的称为Ⅰ型硅酸盐水泥，其代号为P·Ⅰ。在硅酸盐水泥粉磨时掺加不超过水泥质量5%的石灰石或粒化高炉矿渣混合材料的称为Ⅱ型硅酸盐水泥，其代号为P·Ⅱ。

（二）硅酸盐水泥生产及其矿物组成

1．硅酸盐水泥生产

硅酸盐水泥的原料主要是石灰质原料和黏土质原料。石灰质原料主要提供为CaO，它可以采用石灰石、白垩、石灰质凝灰岩等。黏土质原料主要提供SiO_2、Al_2O_3及少量Fe_2O_3，它可以采用黏土、黄土、页岩、泥岩及河泥等。为了弥补黏土中Fe_2O_3含量之不足，需加入铁矿粉、黄铁矿渣等。

硅酸盐水泥生产工艺可概括为“两磨一烧”。即：原材料按比例混合磨细而得到生料；生料煅烧成为熟料；熟料加石膏、混合材料经磨细而制成，如图2-2所示。

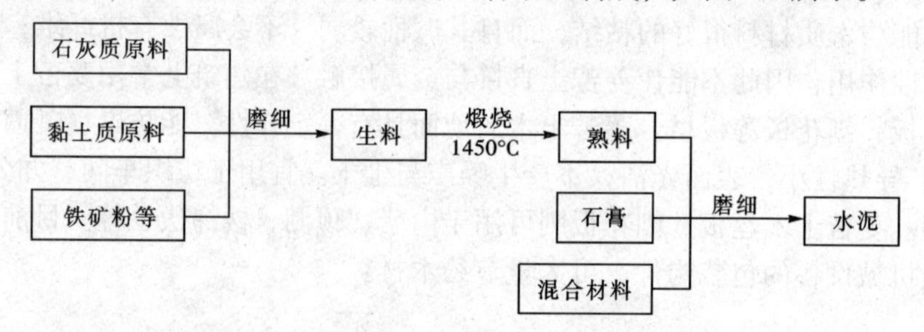

图2-2　硅酸盐水泥生产的主要工艺流程

2．硅酸盐水泥熟料的矿物组成

硅酸盐水泥熟料主要有四种矿物组成，其名称、分子式、简写代号和含量范围如下：

硅酸三钙　$3CaO \cdot SiO_2$，简写为 C_3S，含量 37%～60%；

硅酸二钙　$2CaO \cdot SiO_2$，简写为 C_2S，含量 15%～37%；

铝酸三钙　$3CaO \cdot Al_2O_3$，简写为 C_3A，含量 7%～15%；

铁铝酸四钙　$4CaO \cdot Al_2O_3 \cdot Fe_2O_3$，简写为 C_4AF，含量 10%～18%。

以上主要四种熟料矿物中，硅酸三钙和硅酸二钙的总含量在 70%以上，铝酸三钙与铁铝酸四钙的含量在 25%左右，故称为硅酸盐水泥。除主要熟料矿物外，水泥中还含有少量游离氧化钙、游离氧化镁和碱，但其总含量一般不超过水泥量的 10%，这些矿物质含量虽少，但对水泥性能的影响却很大，若游离氧化钙、氧化镁含量过高，会导致水泥体积安定性不良，不能用于工程中；若碱含量过高，当遇到活性骨料时，容易产生碱—骨料反应，这是一种膨胀性的化学反应，会导致水泥石开裂。

硅酸盐水泥熟料中主要矿物磨细后均能单独与水发生化学反应——水化反应。不同熟料矿物组成与水作用所表现出来的性能是不同的。如 C_3A 的凝结硬化速度是最快的，它是影响水泥凝结时间的最主要因素，在无石膏存在时，它能使水泥瞬间产生凝结。C_3A 的凝结硬化速度必须通过掺入适量石膏来加以控制。各矿物单独与水作用时的特性，见表 2-5。

各种熟料矿物组成单独与水作用时表现出的特性　　表 2-5

名　称	硅酸三钙	硅酸二钙	铝酸三钙	铁铝酸四钙
凝结硬化速度	快	慢	最快	快
28d 水化放热量	多	少	最多	中
强　度	高	早期低、后期高	低	低

水泥是几种熟料矿物组成的混合物，改变矿物组成相对比例，水泥的性能即发生相应的变化。例如提高硅酸三钙的含量，可以制得高强度水泥；又如降低铝酸三钙和硅酸三钙含量，提高硅酸二钙含量，可制得水化热低的水泥，如大坝水泥。

（三）硅酸盐水泥的凝结硬化

水泥加水拌和后，成为具有良好可塑性的水泥浆，水泥浆逐渐变稠失去可塑性，但尚不具有强度的过程，称为水泥的“凝结”。随后水泥浆的可塑性完全失去，开始产生明显的强度并逐渐发展而成为坚硬的人造石材——水泥石，这一过程称为水泥的“硬化”。

1. 凝结硬化过程

水泥的凝结硬化过程，是由于发生了一系列的化学反应（水化反应）和物理变化。其水化反应如下：

$$2(3CaO \cdot SiO_2) + 6H_2O = 3CaO \cdot 2SiO_2 \cdot 3H_2O + 3Ca(OH)_2$$

$$2(2CaO \cdot SiO_2) + 4H_2O = 3CaO \cdot 2SiO_2 \cdot 3H_2O + Ca(OH)_2$$

$$3CaO \cdot Al_2O_3 + 6H_2O = 3CaO \cdot Al_2O_3 \cdot 6H_2O$$

$$4CaO \cdot Al_2O_3 \cdot Fe_2O_3 + 7H_2O = 3CaO \cdot Al_2O_3 \cdot 6H_2O + CaO \cdot Fe_2O_3 \cdot H_2O$$

$$3CaO \cdot Al_2O \cdot 6H_2O + 3(CaSO_4 \cdot 2H_2O) + 19H_2O = 3CaO \cdot Al_2O_3 \cdot 3CaSO_4 \cdot 31H_2O$$

水和水泥接触后，水泥颗粒表面的水泥熟料先溶解于水，然后与水反应，或水泥熟料在固态直接与水反应，生成相应的水化产物，水化产物先溶解于水。由于各种水化产物的溶解度很小，而其生成的速度大于其向溶液中扩散的速度，一般在几分钟内，水泥颗粒周围的溶液就成为水化产物的过饱和溶液，并析出水化硅酸钙凝胶、水化硫铝酸钙、氢氧化钙和水化铝酸钙晶体等水化产物。在水化初期，水化产物不多，水泥颗粒之间还是分离着的，水泥浆具有可塑性。随着时间的推移，水泥颗粒不断水化，新生水化产物不断增多，使水泥颗粒间的空隙逐渐缩小，并逐渐接近，以至相互接触，形成凝聚结构。凝聚结构的形成，使水泥浆开始失去可塑性，这就是水泥的“初凝”。

随着以上过程的不断进行，固态的水化产物不断增多，颗粒间的接触点数目增加，结晶体和凝胶体互相贯穿形成的凝聚—结晶网状结构不断加强。而固相颗粒之间的空隙（毛细孔）不断减小，结构逐渐紧密，使水泥浆体完全失去可塑性，水泥表现为“终凝”。随后水泥石进入硬化阶段。进入硬化阶段后，水泥的水化速度逐渐减慢，水化产物随时间的增长而逐渐增加，扩展到毛细孔中，使结构更趋致密，强度逐渐提高。

硅酸盐水泥加水后，铝酸三钙立即发生反应，硅酸三钙和铁铝酸四钙也很快水化，而硅酸二钙则水化较慢。一般认为硅酸盐水泥与水作用后，生成的主要水化物有：水化硅酸钙凝胶（分子式简写为 C—S—H）、水化铁酸钙凝胶、氢氧化钙、水化铝酸钙和水化硫铝酸钙晶体。在充分水化的水泥石中，C—S—H 凝胶约占 70%，$Ca(OH)_2$ 约占 20%，钙矾石和单硫型水化硫铝酸钙约占 7%。

2. 凝结过程中的快凝现象

水泥在使用中，有时会发生不正常的快凝现象，有假凝和瞬凝两种。假凝是指水泥与水拌合几分钟后就发生的、没有明显放热的凝固现象。而瞬凝是指水泥与水拌合后立刻出现的、有明显放热的快凝现象。

假凝出现后可不再加水，而是将已凝固的水泥浆继续搅拌，便可恢复塑性，对强度无明显影响，水泥可继续使用。而瞬凝出现后，水泥浆体在大量放热的情况下很快凝结成为一种很粗糙的且和易性差的拌合物，严重降低水泥的强度，影响水泥的正常使用。

产生快凝现象的原因主要是水泥中的石膏在磨细过程中脱水造成假凝，或者水泥中未掺石膏或石膏掺量不足导致水泥产生瞬凝。

3. 影响水泥凝结硬化的因素

影响水泥凝结硬化的因素很多，除了矿物组成外，还与水泥的细度、养护温度与湿度、加水量等因素有关。

（四）硅酸盐水泥的技术性质

根据国家标准《硅酸盐水泥、普通硅酸盐水泥》（GB175—1999），对硅酸盐水泥的技术性质要求如下：

1. 细度

细度是指水泥颗粒总体的粗细程度。水泥颗粒越细，与水发生反应的表面积越大，因而水化反应速度较快，而且较完全，早期强度也越高，但在空气中硬化收缩性较大，成本也较高。如水泥颗粒过粗则不利于水泥活性的发挥。一般认为水泥颗粒小于 40μm（0.04mm）时，才具有较高的活性，大于 100μm（0.1mm）活性就很小了。

硅酸盐水泥细度用比表面积表示。比表面积是水泥单位质量的总表面积（m^2/kg）。国家标准（GB175—1999）规定，硅酸盐水泥比表面积应大于 $300m^2/kg$。

2. 凝结时间

凝结时间分为初凝时间和终凝时间。初凝时间是指从水泥全部加入水中开始至水泥净浆开始失去可塑性的时间；终凝时间是指从水泥全部加入水中开始至水泥净浆完全失去可塑性的时间。为使混凝土和砂浆有充分的时间进行搅拌、运输、浇捣和砌筑，水泥初凝时间不能过短。当施工完毕，则要求尽快硬化，具有强度，故终凝时间不能太长。

水泥凝结时间是以标准稠度的水泥净浆，在规定温度及湿度环境下用水泥净浆凝结时间测定仪测定的。国家标准规定：硅酸盐水泥初凝不得早于45min，终凝不得迟于6.5h。

3. 体积安定性

水泥体积安定性是指水泥在凝结硬化过程中体积变化的均匀性。如果水泥硬化后产生不均匀的体积变化，即为体积安定性不良，安定性不良会使水泥制品或混凝土构件产生膨胀性裂缝，降低建筑物质量，甚至引起严重事故。

引起水泥安定性不良的原因有很多，主要有以下三种：熟料中所含的游离氧化钙过多、熟料中所含的游离氧化镁过多或掺入的石膏过多。熟料中所含的游离氧化钙或氧化镁都是过烧的，熟化很慢，在水泥硬化后才进行熟化，这是一个体积膨胀的化学反应，会引起不均匀的体积变化，使水泥石开裂。当石膏掺量过多时，在水泥硬化后，它还会继续与固态的水化铝酸钙反应生成高硫型水化硫铝酸钙，体积约增大1.5倍，也会引起水泥石开裂。

国家标准规定：水泥安定性经沸煮法检验必须合格；水泥中氧化镁（MgO）含量不得超过5.0%，如果水泥经压蒸安定性试验合格，则水泥中氧化镁的含量允许放宽到6.0%；水泥中三氧化硫（SO_3）的含量不得超过3.5%。

安定性不合格的水泥应做废品处理，不能用于工程中。

4. 标准稠度用水量

测定水泥标准稠度用水量是为了使测定的水泥凝结时间、体积安定性等性质具有准确可比性。在测定这些技术性质时，必须将水泥拌合为标准稠度水泥净浆。

标准稠度水泥净浆是指采用标准稠度测定仪测得试杆在水泥净浆中下沉至距底板6mm±1mm时的水泥净浆。标准稠度用水量，用拌合标准稠度水泥净浆的水量除以水泥质量的百分数表示。测定方法见试验一。

5. 水泥的强度与强度等级

根据国家标准《硅酸盐水泥、普通硅酸盐水泥》（GB175—1999）和《水泥胶砂强度检验方法（ISO法）》（GB/T17671—1999）的规定，测定水泥强度，应按规定制作试件，养护，并测定在规定龄期的抗折强度和抗压强度值，来评定水泥强度等级。

硅酸盐水泥按规定龄期的抗压强度和抗折强度划分为42.5、42.5R、52.5、52.5R、62.5、62.5R六个强度等级。水泥的各龄期的强度值不得低于表2-6的数值。

硅酸盐水泥的强度要求（GB175—1999）　　**表2-6**

强度等级	抗压强度（MPa）		抗折强度（MPa）	
	3d	28d	3d	28d
42.5	17.0	42.5	3.5	6.5
42.5R	22.0	42.5	4.0	6.5
52.5	23.0	52.5	4.0	7.0
52.5R	27.0	52.5	5.0	7.0
62.5	28.0	62.5	5.0	8.0
62.5R	32.0	62.5	5.5	8.0

注：R——早强型（主要是3d强度较同强度等级水泥高）。

6. 实际密度、堆积密度

硅酸盐水泥的实际密度主要取决于其熟料矿物组成，一般为 3.05～3.20g/cm^3。硅酸盐水泥的堆积密度除与矿物组成及细度有关，主要取决于水泥堆积时的紧密程度，一般为1000～1600kg/m^3。

7. 碱及不溶物含量

国家标准规定：水泥中碱含量按 $Na_2O+0.658K_2O$ 计算值来表示。若使用活性骨料，用户要求提供低碱水泥时，水泥中碱含量不得大于0.60%或由供需双方商定。Ⅰ型硅酸盐水泥中不溶物不得超过0.75%；Ⅱ型硅酸盐水泥中不溶物不得超过1.50%。

水泥中的碱含量过高，在混凝土中遇到活性骨料，易产生碱—骨料反应，引起开裂现象，对工程造成危害。

8. 烧失量

烧失量是指水泥在一定灼烧温度和时间内，烧失的量占水泥原质量的百分数。国家标准规定：Ⅰ型硅酸盐水泥中烧失量不得大于3.0%，Ⅱ型硅酸盐水泥中烧失量不得大于3.5%。

9. 水化热

水泥在水化过程中放出的热称为水化热。水化放热量和放热速度不仅取决于水泥的矿物组成，而且还与水泥细度、水泥中掺混合材料及外加剂的品种、数量等有关。硅酸盐水泥水化放热量大部分在早期放出，以后逐渐减少。

大型基础、水坝、桥墩等大体积混凝土构筑物，由于水化热聚集在内部不易散热，内部温度常上升到50～60℃以上，内外温度差引起的应力，可使混凝土产生裂缝，因此水化热对大体积混凝土是有害因素。在大体积混凝土工程中，不宜采用硅酸盐水泥这类水化热较高的水泥品种。

（五）水泥石的腐蚀与防止

硅酸盐水泥硬化后，在通常使用条件下具有较好的耐久性。但在某些腐蚀性液体或气体介质中，会逐渐受到腐蚀而导致破坏，强度下降以致全部崩溃，这种现象就称为水泥石的腐蚀。

1. 水泥石的腐蚀

(1) 软水侵蚀（溶出性侵蚀）。当水泥石长期处于软水中，最先溶出的是氢氧化钙。在静水及无水压的情况下，由于周围的水易被溶出的氢氧化钙所饱和，使溶解作用中止，所以溶出仅限于表层，影响不大。但在流水及压力水作用下，氢氧化钙会不断溶解流失，而且，由于氢氧化钙浓度的继续降低，还会引起其他水化产物的分解溶蚀，使水泥石结构遭受进一步的破坏。

(2) 盐类腐蚀。1) 硫酸盐腐蚀　硫酸盐腐蚀为膨胀性化学腐蚀。在海水、湖水、沼泽水、地下水、某些工业污水中常含钠、钾、铵等硫酸盐，它们与水泥石中的氢氧化钙起化学反应生成硫酸钙，硫酸钙又继续与水泥石中的水化铝酸钙作用，生成比原来体积增加1.5倍的高硫型水化硫铝酸钙（即钙矾石），而产生较大体积膨胀，对水泥石起极大的破坏作用。高硫型水化硫铝酸钙呈针状晶体，通常称为“水泥杆菌”。2) 镁盐腐蚀　在海水及地下水中，常含大量的镁盐，主要是硫酸镁和氯化镁。它们与水泥石中的氢氧化钙发生化学反应，生成的氢氧化镁松软而且无胶凝能力，氯化钙易溶于水，二水石膏则引起硫酸盐的破坏作用。

(3) 酸类腐蚀。1) 碳酸腐蚀　在工业污水、地下水中常溶解有较多的二氧化碳，对水泥石会产生腐蚀作用，二氧化碳与水泥石中的氢氧化钙作用生成碳酸钙；碳酸钙再与含碳酸的水作用转变成重碳酸钙而易溶于水，该水化反应是可逆反应。当水中含有较多的碳酸，并超过平衡浓度，则反应向正反应方向进行。因此水泥石中的氢氧化钙，通过转变为易溶的重碳酸钙而溶失，从而使水泥石结构破坏。2) 一般酸性腐蚀　在工业废水、地下水、沼泽水中常含无机酸和有机酸，工业窑炉中的烟气常含有氧化硫，遇水后即生成亚硫酸。各种酸类对水泥石都有不同程度的腐蚀作用。它们与水泥石中的氢氧化钙作用后生成的化合物，或者易溶于水，或者体积膨胀，导致水泥石破坏。腐蚀作用最快的是无机酸中的盐酸、氢氟酸、硝酸、硫酸和有机酸中的醋酸、蚁酸和乳酸。

(4) 强碱腐蚀。碱类溶液如浓度不大时一般对水泥石是无害的。但铝酸盐含量较高的硅酸盐水泥遇到强碱（如氢氧化钠）作用后也会破坏。氢氧化钠与水泥熟料中未水化的铝酸盐作用，生成易溶的铝酸钠。当水泥石被氢氧化钠浸透后又在空气中干燥，与空气中的二氧化碳作用而生成碳酸钠，碳酸钠在水泥石毛细孔中结晶沉积，而使水泥石胀裂。

除上述腐蚀类型外，对水泥石有腐蚀作用的还有一些其他物质，如糖、氨盐、动物脂肪、含环烷酸的石油产品等。

综上所述，引起水泥石腐蚀的原因主要有两方面：一是外因，即有腐蚀性介质存在的外界环境因素；二是内因，即水泥石中存在的易腐蚀物质，如氢氧化钙、水化铝酸钙等。水泥石本身不密实，存在毛细孔通道，侵蚀性介质会进入其内部，从而产生破坏。

2. 防止水泥石腐蚀的措施

根据以上对腐蚀原因的分析，在工程中要防止水泥石的腐蚀，可采用下列措施：

(1) 根据所处环境的侵蚀性介质的特点，合理选用水泥品种。对处于软水中的建筑部位，应选用水化产物中氢氧化钙含量较少的水泥，这样可提高其对软水等侵蚀作用的抵抗能力；而对处于有硫酸盐腐蚀的建筑部位，则应选用铝酸三钙含量低于5%的抗硫酸盐水泥。水泥中掺入活性混合材料，可大大提高其对多种腐蚀性介质的抵抗作用。

(2) 提高水泥石的密实程度。提高水泥石的密实程度，可大大减少侵蚀性介质渗入内部。在实际工程中，提高混凝土或砂浆密实度有各种措施，如合理设计混凝土配合比，降低水灰比，选择质量符合要求的集料或掺入外加剂，以及改善施工方法等，另外在混凝土或砂浆表面进行碳化或氟硅酸处理，生成难溶的碳酸钙外壳，或氟化钙及硅胶薄膜，也可以起到减少腐蚀性介质渗入，提高水泥石抵抗腐蚀的能力。

(3) 加做保护层。当侵蚀作用较强时，可在混凝土及砂浆表面加做耐腐蚀性高且不透水的保护层，一般可用耐酸石料、耐酸陶瓷、玻璃、塑料、沥青等材料，以避免腐蚀性介质与水泥石直接接触。

三、掺混合材料的硅酸盐水泥

(一) 混合材料

在生产水泥时，为改善水泥性能、调节强度等级、提高产量、降低生产成本、扩大其应用范围，而加到水泥中去的人工的或天然的矿物材料，称为水泥混合材料。水泥混合材料按其活性的大小可分为：活性混合材料和非活性混合材料两大类。

1. 活性混合材料

活性混合材料是指具有火山灰特性或潜在水硬性的矿物材料。

火山灰特性是指材料与水拌合成浆体后，随时间的延长浆体不发生任何变化，但将其与石灰或石膏混合磨细后再与水拌合成浆体，将逐渐产生凝结硬化的性质。活性混合材料的主要成分是活性 SiO_2、Al_2O_3，在遇到石灰质材料（CaO）时，会与之发生化学反应而生成水硬性凝胶。

在水泥生产中，常用的这类材料主要有粒化高炉矿渣、火山灰质混合材料和粉煤灰。它们与水调和后，本身不会硬化或硬化极为缓慢，强度很低。但在氢氧化钙溶液中，就会发生显著的水化，而且在饱和氢氧化钙溶液中水化更快。

（1）粒化高炉矿渣　炼铁高炉的熔融矿渣，经急速冷却而成的松软颗粒即为粒化高炉矿渣。急冷一般采用水淬的方法进行，故又称水淬高炉矿渣。颗粒直径一般为 0.5～5mm。粒化高炉矿渣中的活性成分主要为 CaO、Al_2O_3、SiO_2，通常约占总量的 90%以上，另外还有少量的 MgO、FeO 和一些硫化物等，本身具有弱水硬性。

（2）火山灰质混合材料　主要成分为活性 SiO_2、Al_2O_3，一般是以玻璃体形式存在，当遇到石灰质材料（CaO）时，会与之发生化学反应生成水硬性凝胶。具有这种特性的材料除火山灰外，还有其他天然的矿物材料（如凝灰岩、浮石、硅藻土等）和人工的矿物材料（如烧黏土、煤矸石灰渣、粉煤灰及硅灰等）。

（3）粉煤灰　从主要的化学活性成分来看，粉煤灰属于火山灰质混合材料。粉煤灰是火力发电厂的废料。煤粉燃烧以后形成质量很轻的煤灰，如果煤灰随着尾气被排放到空气中，会造成严重污染，因此尾气在排放之前须经过一个水洗的过程，洗下来的煤灰就称为粉煤灰。粉煤灰经骤然冷却而成，它的颗粒直径一般为 0.001～0.05mm，呈玻璃态实心或空心的球状颗粒。粉煤灰的主要化学成分是活性 SiO_2、Al_2O_3。

2. 非活性混合材料

磨细的石英砂、石灰石、黏土、慢冷矿渣及各种废渣等属于非活性混合材料。它们与水泥成分不起化学作用或化学作用很小，非活性混合材料掺入硅酸盐水泥中仅起提高水泥产量和降低水泥强度、减少水化热等作用。当采用高强度等级水泥拌制强度较低的砂浆或混凝土时，可掺入非活性混合材料以代替部分水泥，起到降低成本及改善砂浆或混凝土和易性的作用。

（二）掺混合材料的硅酸盐水泥

掺混合材料的硅酸盐水泥品种很多，主要有：普通硅酸盐水泥、矿渣硅酸盐水泥、火山灰质硅酸盐水泥、粉煤灰硅酸盐水泥、复合硅酸盐水泥、石灰石硅酸盐水泥等。

1. 普通硅酸盐水泥

凡由硅酸盐水泥熟料、6%～15%混合材料、适量石膏磨细制成的水硬性胶凝材料，称为普通硅酸盐水泥（简称普通水泥），代号 P·O。掺活性混合材料时，最大掺量不得超过 15%，其中允许用不超过水泥质量 5%的窑灰或不超过水泥质量 10%的非活性混合材料来代替。掺非活性混合材料时，最大掺量不得超过水泥质量的 10%。

普通水泥按照国家标准《硅酸盐水泥、普通硅酸盐水泥》（GB175—1999）的规定：普通水泥按规定龄期的抗压强度和抗折强度划分为 32.5、32.5R、42.5、42.5R、52.5、52.5R 六个强度等级，各强度等级水泥的各龄期强度不得低于表 2-7 中的数值。普通水泥的初凝不得早于 45min，终凝时间不得迟于 10h。在 80μm 方孔筛上的筛余不得超过

10.0%。安定性用沸煮法检验必须合格。其他如氧化镁、三氧化硫、碱含量等均与硅酸盐水泥的规定相同。

普通硅酸盐水泥的组成与硅酸盐水泥非常相似，因此其性能也与硅酸盐水泥相近。但由于掺入的混合材料量相对较多，与硅酸盐水泥相比，其早期硬化速度稍慢，3d的抗压强度稍低，抗冻性与耐磨性能也稍差。在应用范围方面，与硅酸盐水泥也相同，广泛用于各种混凝土或钢筋混凝土工程，是我国主要水泥品种之一。

普通硅酸盐水泥各龄期的强度要求（GB175—1999） **表 2-7**

强度等级	抗压强度（MPa）		抗折强度（MPa）	
	3d	28d	3d	28d
32.5	11.0	32.5	2.5	5.5
32.5R	16.0	32.5	3.5	5.5
42.5	16.0	42.5	3.5	6.5
42.5R	21.0	42.5	4.0	6.5
52.5	22.0	52.5	4.0	7.0
52.5R	26.0	52.5	5.0	7.0

2. 矿渣硅酸盐水泥、火山灰质硅酸盐水泥、粉煤灰硅酸盐水泥

凡由硅酸盐水泥熟料和粒化高炉矿渣、适量石膏磨细制成的水硬性胶凝材料称为矿渣硅酸盐水泥（简称矿渣水泥），代号P·S。水泥中粒化高炉矿渣掺加量按质量百分比计为20%~70%。允许用石灰石、窑灰、粉煤灰和火山灰质混合材料中的一种材料代替矿渣，代替数量不得超过水泥质量的8%，替代后水泥中粒化高炉矿渣不得少于20%。

凡由硅酸盐水泥熟料和火山灰质混合材料、适量石膏磨细制成的水硬性胶凝材料称为火山灰质硅酸盐水泥（简称火山灰水泥）。代号P·P。水泥中火山灰质混合材料掺加量按质量百分比计为20%~50%。

凡由硅酸盐水泥熟料和粉煤灰、适量石膏磨细制成的水硬性胶凝材料称为粉煤灰硅酸盐水泥（简称粉煤灰水泥）。代号P·F。水泥中粉煤灰掺加量按质量百分比计为20%~40%。

按国家标准《矿渣硅酸盐水泥、火山灰质硅酸盐水泥及粉煤灰硅酸盐水泥》（GB1344—1999）规定：矿渣水泥中三氧化硫含量不得超过4.0%，火山灰水泥和粉煤灰水泥中三氧化硫含量不得超过3.5%。而其他技术性质，这三种水泥的要求与普通水泥的要求一样：氧化镁含量不宜超过5.0%，如果水泥经压蒸安定性试验合格，则熟料中氧化镁的含量允许放宽到6.0%。水泥细度以80μm方孔筛上的筛余计不得超过10.0%。初凝不得早于45min，终凝不得迟于10h。水泥安定性经沸煮法检验必须合格。这三种水泥按规定龄期的抗压强度和抗折强度划分为32.5、32.5R、42.5、42.5R、52.5、52.5R六个强度等级，各强度等级水泥的各龄期强度不得低于表2-8中的数值。

矿渣水泥、火山灰水泥及粉煤灰水泥的强度要求（GB1344—1999） **表 2-8**

强度等级	抗压强度（MPa）		抗折强度（MPa）	
	3d	28d	3d	28d
32.5	10.0	32.5	2.5	5.5
32.5R	15.0	32.5	3.5	5.5

续表

强度等级	抗压强度（MPa）		抗折强度（MPa）	
	3d	28d	3d	28d
42.5	15.0	42.5	3.5	6.5
42.5R	19.0	42.5	4.0	6.5
52.5	21.0	52.5	4.0	7.0
52.5R	23.0	52.5	4.5	7.0

与硅酸盐水泥和普通水泥相比，三种水泥的共同特性和各自特性如下：

（1）三种水泥的共同特性为：凝结硬化速度较慢，早期强度较低，后期强度增长较快，水化热较低，对湿热敏感性较高，适合蒸汽养护，抗硫酸盐腐蚀能力较强，抗冻性、耐磨性较差等等。

（2）三种水泥各自特性为：矿渣水泥和火山灰水泥的干缩值较大，矿渣水泥耐热性较好，粉煤灰水泥的干缩值较小，抗裂性较好。

3. 复合硅酸盐水泥

凡由硅酸盐水泥、两种或两种以上规定的混合材料、适量石膏磨细制成的水硬性胶凝材料，称为复合硅酸盐水泥（简称复合水泥），代号 P·C。水泥中混合材料总掺加量按质量百分比应大于15%，不超过50%。允许用不超过8%的窑灰代替部分混合材料，掺矿渣时混合材料掺量不得与矿渣硅酸盐水泥重复。

根据国家标准《复合硅酸盐水泥》（GB12958—1999）的规定，复合硅酸盐水泥中氧化镁含量、三氧化硫含量、安定性、细度、凝结时间、强度等级及各龄期的强度要求均与普通硅酸盐水泥相同。各强度等级水泥的各龄期强度不得低于表 2-7 中的规定。

复合硅酸盐水泥的特性取决于所掺混合材料的种类、掺量及相对比例，与矿渣水泥、火山灰水泥、粉煤灰水泥有不同程度的相似。由于复合水泥中掺入了两种或两种以上的混合材料，其水化热较低，而早期强度高，使用效果更好，适用于一般混凝土工程。

4. 石灰石硅酸盐水泥

凡由硅酸盐水泥熟料和石灰石、适量石膏，经磨细制成的水硬性胶凝材料，称为石灰石硅酸盐水泥，代号 P·L。水泥中石灰石的掺量按质量百分比计应大于 10%，不超过25%，要求所掺的石灰石含 $CaCO_3 \geq 75\%$，$Al_2O_3 \leq 2.0\%$。

按照标准《石灰石硅酸盐水泥》（JC600—2002）规定：石灰石硅酸盐水泥中氧化镁、三氧化硫含量、凝结时间、体积安定性的要求与普通水泥的要求相同。石灰石硅酸盐水泥细度以 80μm 方孔筛上的筛余计不得超过 10.0%，且水泥比表面积应大于 $350m^2/kg$。该水泥分为 32.5、42.5、42.5R、52.5、52.5R 五个强度等级，水泥的强度要求不能低于表 2-9 所示数值。

石灰石硅酸盐水泥的强度要求 **表 2-9**

强度等级	抗压强度（MPa）		抗折强度（MPa）	
	3d	28d	3d	28d
32.5	11.0	32.5	2.5	5.5
42.5	16.0	42.5	3.5	6.5
42.5R	21.0	42.5	4.0	6.5
52.5	22.0	52.5	4.0	7.0
52.5R	26.0	52.5	5.0	7.0

四、通用水泥的应用、验收与保管

(一) 通用水泥特性与应用

通用水泥是建筑工程中用途最广，用量最大的水泥种类。通用水泥的成分、特性、应用范围见表 2-10、表 2-11。

通用水泥的成分及特性 表 2-10

水泥品种	主要成分	特性	
		优点	缺点
硅酸盐水泥	以硅酸盐水泥熟料为主，0～5%的石灰石或粒化高炉矿渣	1. 凝结硬化快，强度高 2. 抗冻性好，耐磨性和不透水性强	1. 水化热大 2. 耐腐蚀性能差 3. 耐热性较差
普通水泥	硅酸盐水泥熟料、6%～15%的混合材料，或非活性混合材料 10%以下	与硅酸盐水泥相比，性能基本相同仅有以下改变： 1. 早期强度增进率略有减少 2. 抗冻性、耐磨性稍有下降 3. 抗硫酸盐腐蚀能力有所增强	
矿渣水泥	硅酸盐水泥熟料、20%～70%的粒化高炉矿渣	1. 水化热较小 2. 抗硫酸盐腐蚀性能较好 3. 耐热性较好	1. 早期强度较低，后期强度增长较快 2. 抗冻性差
火山灰水泥	硅酸盐水泥熟料、20%～50%的火山灰质混合材料	抗渗性较好，耐热性不及矿渣水泥，其他优点同矿渣硅酸盐水泥	缺点同矿渣水泥
粉煤灰水泥	硅酸盐水泥熟料、20%～40%的粉煤灰	1. 干缩性较小 2. 抗裂性较好 3. 其他优点同矿渣水泥	缺点同矿渣水泥
复合水泥	硅酸盐水泥熟料、16%～50%的两种或两种以上混合材料	3d 龄期强度高于矿渣水泥，其他优点同矿渣水泥	缺点同矿渣水泥

通用水泥的应用范围 表 2-11

混凝土工程特点或所处环境条件		优先选用	可以使用	不宜使用
普通混凝土	1. 在普通气候环境中的混凝土	普通水泥	矿渣水泥 火山灰水泥 粉煤灰水泥 复合水泥	
	2. 在干燥环境中的混凝土	普通水泥	矿渣水泥	火山灰水泥 粉煤灰水泥
	3. 在高湿度环境中或永远处在水下的混凝土	矿渣水泥	普通水泥 火山灰水泥 粉煤灰水泥 复合水泥	
	4. 厚大体积的混凝土	粉煤灰水泥 矿渣水泥 火山灰水泥 复合水泥	普通水泥	硅酸盐水泥 快硬硅酸盐水泥

续表

混凝土工程特点或所处环境条件		优先选用	可以使用	不宜使用
有特殊要求的混凝土	1. 要求快硬的混凝土	快硬硅酸盐水泥 硅酸盐水泥	普通水泥	矿渣水泥 火山灰水泥 粉煤灰水泥 复合水泥
	2. 高强（大于C40）的混凝土	硅酸盐水泥	普通水泥 矿渣水泥	火山灰水泥 粉煤灰水泥
	3. 严寒地区的露天混凝土，寒冷地区处在水位升降范围内的混凝土	普通水泥	矿渣水泥（强度等级大于32.5）	火山灰水泥 粉煤灰水泥
	4. 严寒地区处在水位升降范围内的混凝土	普通水泥（强度等级大于42.5）		矿渣水泥 火山灰水泥 粉煤灰水泥 复合水泥
	5. 有抗渗性要求的混凝土	普通水泥 火山灰水泥		矿渣水泥
	6. 有耐磨性要求的混凝土	硅酸盐水泥 普通水泥	矿渣水泥（强度等级大于32.5）	火山灰水泥 粉煤灰水泥
	7. 受侵蚀性介质作用的混凝土	矿渣水泥 火山灰水泥 粉煤灰水泥 复合水泥		硅酸盐水泥

注：蒸汽养护时用的水泥品种，宜根据具体条件通过试验确定。

（二）通用水泥的验收

水泥的验收工作是从以下三个方面进行：

1. 水泥的外观验收

水泥的包装和标志在国家标准中都做了明确的规定：水泥袋上应清楚标明产品名称，代号，净含量，强度等级，生产许可证编号，生产者名称和地址，出厂编号，执行标准号，包装年、月、日等。外包装上印刷体的颜色也做了具体规定，如硅酸盐水泥和普通水泥的印刷采用红色，矿渣水泥采用绿色，火山灰和粉煤灰水泥采用黑色。

2. 水泥的数量验收

水泥的数量验收也是根据国家标准的规定进行。国家标准规定：袋装水泥每袋净含量50kg，且不得少于标志质量的98%。随机抽取20袋总净质量不得少于1000kg。

3. 水泥的质量验收

水泥的质量验收是抽取实物试样，检验水泥的各项技术性质是否与国家标准的具体规定相符合。所有项目均符合标准规定的水泥为合格品，若有某些技术性质与国家标准不相符合，则为不合格品或废品。具体规定如下：

(1) 不合格品　凡细度、终凝时间、不溶物、烧失量以及混合材料掺量中的任何一项不符合标准规定者，或强度低于该品种水泥强度等级规定者，均为不合格品。另外，水泥包装标志中水泥品种、强度等级、生产厂名称和地址、出厂编号不全者也为不合格品。

(2) 废品　凡氧化镁、三氧化硫含量、初凝时间、体积安定性中任何一项不符合标准规定者，或强度低于该品种水泥最低强度等级规定者，均为废品。

通用水泥按标准（JC/T452—1997）的规定划分为优等品、一等品和合格品三个质量等级。各质量等级的技术指标应符合表2-12的规定。

通用水泥的质量等级 **表 2-12**

质量等级 / 项目	优等品		一等品		合格品
	硅酸盐水泥 复合水泥 石灰石硅酸盐水泥	矿渣水泥 火山灰水泥 粉煤灰水泥	硅酸盐水泥 复合水泥 石灰石硅酸盐水泥	矿渣水泥 火山灰水泥 粉煤灰水泥	通用水泥各品种
抗压强度，MPa					符合通用水泥各品种的技术要求
3d 不小于	32.0	28.0	26.0	22.0	
28d 不小于	56.0	56.0	46.0	46.0	
不大于	$1.1\overline{R}$	$1.1\overline{R}$	$1.1\overline{R}$	$1.1\overline{R}$	
终凝时间，h，不大于	6.5	6.5	6.5	8.0	

注：$\overline{R}$ 为同品种同强度等级水泥的 28d 抗压强度上月平均值。

（三）水泥的保管

水泥进场后的保管应注意以下问题：

(1) 不同生产厂家、不同品种、强度等级和不同出厂日期的水泥应分别堆放，不得混存混放，更不能混合使用。

(2) 水泥的吸湿性大，在储存和保管时必须注意防潮防水。临时存放的水泥要做好上盖下垫：必要时盖上塑料薄膜或防雨布，要垫高存放，离地面或墙面至少 200mm 以上。

(3) 存放袋装水泥，堆垛不宜太高，一般以 10 袋为宜，太高会使底层水泥过重而造成袋包装破裂，使水泥受潮结块。如果储存期较短或场地太狭窄，堆垛可以适当加高，但最多不宜超过 15 袋。

(4) 水泥储存时要合理安排库内出入通道和堆垛位置，以使水泥能够实行先进先出的发放原则。避免部分水泥因长期积压在不易运出的角落里，造成受潮而变质。

(5) 水泥储存期不宜过长，以免受潮变质或引起强度降低。储存期按出厂日期起算，一般水泥为三个月，高铝水泥为两个月，快硬水泥和快凝快硬水泥为一个月。水泥超过储存期必须重新检验，根据检验的结果决定是否继续使用或降低强度等级使用。

水泥在储存过程中易吸收空气中的水分而受潮，水泥受潮以后，多出现结块现象，而且烧失量增加，强度降低。对水泥受潮程度的鉴别和处理见表 2-13。

受潮水泥的简易鉴别和处理方法 **表 2-13**

受潮程度	水泥外观	手　感	强度降低	处理方法
轻微受潮	水泥新鲜，有流动性，肉眼观察完全呈细粉	用手捏碾无硬粒	强度降低不超过 5%	使用不改变
开始受潮	水泥凝有小球粒，但易散成粉末	用手捏碾无硬粒	强度降低 5% 以下	用于要求不严格的工程部位
受潮加重	水泥细度变粗，有大量小球粒和松块	用手捏碾，球粒可成细粉，无硬粒	强度降低 15%～20%	将松块压成粉末，降低强度用于要求不严格的工程部位
受潮较重	水泥结成粒块，有少量硬块，但硬块较松，容易击碎	用手捏碾，不能变成粉末，有硬粒	强度降低 30%～50%	用筛子筛去硬粒、硬块，降低强度用于要求较低的工程部位
严重受潮	水泥中有许多硬粒、硬块，难以压碎	用手捏碾不动	强度降低 50% 以上	不能用于工程中

五、专用水泥和特性水泥

(一) 抗硫酸盐硅酸盐水泥

以适当成分的硅酸盐水泥熟料，加入适量石膏，磨细制成的具有抵抗硫酸根离子侵蚀的水硬性胶凝材料，称为抗硫酸盐硅酸盐水泥。抗硫酸盐硅酸盐水泥又根据抵抗硫酸盐浓度的不同分为中抗硫酸盐硅酸盐水泥（简称中抗硫水泥，代号 P·MSR）和高抗硫酸盐硅酸盐水泥（简称高抗硫水泥，代号 P·HSR）。

中抗硫水泥和高抗硫水泥按其强度分为 425、525 两个标号。各标号水泥的各龄期强度应不低于国家标准（GB748—1996）的规定数值，见表 2-14。

中抗硫水泥、高抗硫水泥的强度要求（GB748—1996） **表 2-14**

水泥标号	抗压强度（MPa）		抗折强度（MPa）	
	3d	28d	3d	28d
425	16.0	42.5	3.5	6.5
525	22.0	52.5	4.0	7.0

中抗硫水泥一般能抵抗浓度不超过 2500mg/L 的纯硫酸盐的腐蚀，而高抗硫水泥一般可抵抗浓度不超过 8000mg/L 的纯硫酸盐的腐蚀。它们主要用于受到硫酸盐侵蚀的海港、水利、隧道、引水、道路和桥梁基础等工程部位。

(二) 白色及彩色硅酸盐水泥

1. 白色硅酸盐水泥

由白色硅酸盐水泥熟料加入适量石膏，经磨细制成的水硬性胶凝材料，称为白色硅酸盐水泥（简称白水泥）。磨细时可加入 5%以内的石灰石或窑灰。

白水泥系采用含极少量着色物质的原料，如纯净的高岭土、纯石英砂、纯石灰石或白垩等，在较高温度（1500～1600℃）烧成以硅酸盐为主要成分的熟料。为了保证其白度，在煅烧、粉磨和运输时均应防止着色物质混入，常采用天然气、煤气或重油做燃料，在球磨机中用硅质石材或坚硬的白色陶瓷做为衬板及研磨体。

白水泥的很多技术性质与普通水泥相同，按照国家标准（GB2015—91）规定：氧化镁含量不得超过 4.5%。而对三氧化硫含量、细度、安定性要求与普通硅酸盐水泥相同。初凝不得早于 45min，终凝不得迟于 12h。白水泥按规定龄期的抗压强度和抗折强度划分为 325 号、425 号、525 号、625 号四个标号，各标号的白水泥的各龄期强度不得低于表 2-15 的规定。

白水泥各龄期强度要求 **表 2-15**

标　号	抗压强度（MPa）			抗折强度（MPa）		
	3d	7d	28d	3d	7d	28d
325	14.0	20.5	32.5	2.5	3.5	5.5
425	18.0	26.5	42.5	3.5	4.5	6.5
525	23.0	33.5	52.5	4.0	5.5	7.0
625	28.0	42.0	62.5	5.0	6.0	8.0

白水泥的白度分为特级、一级、二级和三级四个级别。白度是指水泥色白的程度。各等级白度不得低于表 2-16 所规定的数值。

白水泥白度等级　　表 2-16

白度等级	特　级	一　级	二　级	三　级
白度（%）	86	84	80	75

2. 彩色硅酸盐水泥

彩色硅酸盐水泥，简称彩色水泥。按其生产方法可分为两类：一类是在白水泥的生料中加入少量金属氧化物，直接烧成彩色水泥熟料，然后再加入适量石膏磨细制成。另一类是采用白色硅酸盐水泥熟料、适量石膏和耐碱矿物颜料共同磨细而制成。

耐碱矿物颜料对水泥无害，常用的有：氧化铁（红、黄、褐、黑色）、氧化锰（褐、黑色）、氧化铬（绿色）、赭石（赭色）、群青（蓝色）以及普鲁士红等。

还有一种配制简单的彩色水泥，可将颜料直接与水泥粉混合而成。但这种彩色水泥颜料用量大，且色泽也不易均匀。

白色和彩色硅酸盐水泥，主要用于建筑物内外的表面装饰工程中，如地面、楼面、楼梯、墙、柱及台阶等。可做成水泥拉毛、彩色砂浆、水磨石、水刷石、斩假石等饰面，也可用于雕塑及装饰部件或制品。使用白色或彩色硅酸盐水泥时，应以彩色大理石、石灰石、白云石等彩色石子或石屑和石英砂做粗细骨料。制作方法可以在工地现场浇制，也可在工厂预制。

3. 道路硅酸盐水泥

由道路水泥熟料，0～10%活性混合材料和适量石膏磨细制成的水硬性胶凝材料，称为道路硅酸盐水泥（简称道路水泥）。

道路水泥的技术性质应符合国家标准（GB13693—92）的规定：道路水泥熟料中铝酸三钙的含量不得大于5.0%，铁铝酸四钙的含量不得小于16.0%。初凝不得早于1h，终凝不得迟于10h。28d的干缩率不得大于0.10%。其耐磨性以磨损量表示，不得大于3.60kg/m^2。其他技术性质如细度、氧化镁、三氧化硫含量、体积安定性的要求同普通水泥。道路水泥分为425、525和625三个标号，各龄期的强度要求见表2-17。

道路水泥的各龄期强度要求　　表 2-17

标　号	抗压强度（MPa）		抗折强度（MPa）	
	3d	28d	3d	28d
425	22.0	42.5	4.0	7.0
525	27.0	52.5	5.0	7.5
625	32.0	62.5	5.5	8.5

道路水泥早期强度较高，干缩值小，耐磨性好，适用于修筑道路路面和飞机场地面，也可用于一般土建类工程中。

（三）快硬高强型水泥

随着建筑业的发展，高强、早强类混凝土的应用量日益增加，快硬高强型水泥的品种与产量也随之增多，这类水泥最大的特点就是凝结硬化速度快，早期强度高，有些品种还具有一定的抗渗和抗硫酸盐腐蚀的能力。在工程中主要应用于有快硬、早强、高强、抗渗和抗硫酸盐腐蚀要求的工程部位。目前，我国快硬、高强水泥已有5个系列，近10个品种，是世界上少有的品种齐全的国家之一。下面介绍几种典型的快硬高强水泥。

1. 快硬硅酸盐水泥

凡以硅酸钙为主要成分的水泥熟料，加入适量石膏，经磨细制成的具有早期强度增进率较快的水硬性胶凝材料，称为快硬硅酸盐水泥，简称快硬水泥。熟料中硬化最快的矿物成分是铝酸三钙和硅酸三钙。制造快硬水泥时，应适当提高它们的含量，通常硅酸三钙为50%～60%，铝酸三钙为8%～14%，铝酸三钙和硅酸三钙的总量应不少于60%～65%。为加快硬化速度，可适当提高水泥的粉磨细度。快硬水泥以3d强度确定其强度等级。快硬水泥主要用于配制早强混凝土，适用于紧急抢修工程和低温施工工程。

2. 快硬高强铝酸盐水泥

凡以铝酸钙为主要成分的熟料，加入适量的硬石膏，磨细制成的具有快硬高强性能的水硬性胶凝材料，称为快硬高强铝酸盐水泥。其强度增进率较快，早期（1d）的强度就达到很高的水平。该水泥适用于早强、高强、抗渗、抗腐蚀及抢修等特殊工程。为了发挥该水泥的快硬高强的特性，在配制混凝土时，每1m^{3}混凝土的水泥用量不小于300kg，砂率控制在30%～34%之间，坍落度以20～40mm为宜。

3. 快硬硫铝酸盐水泥

以适当成分的生料，烧成以无水硫铝酸钙和硅酸二钙为主要矿物成分的熟料，加入适量石膏和0～10%的石灰石，磨细制成的早期强度高的水硬性胶凝材料，称为快硬硫铝酸盐水泥，代号R·SAC。该水泥具有快凝、早强、不收缩的特点，可用于配制早强、抗渗和抗硫酸盐侵蚀的混凝土，适用于负温施工（冬期施工），浆锚、喷锚支护、抢修、堵漏工程及一般建筑工程。由于这种水泥的碱度低，适用于玻璃纤维增强水泥制品，但碱度低易使钢筋锈蚀，使用时应予注意。

4. 快硬铁铝酸盐水泥

以适当成分的生料，经煅烧所得以无水硫铝酸钙、铁相和硅酸二钙为主要矿物成分的熟料，加入适量石膏和0～10%的石灰石，磨细制成的早期强度高的水硬性胶凝材料，称为快硬铁铝酸盐水泥，代号R·FAC。该水泥适用于要求快硬、早强、耐腐蚀、负温施工的海工、道路等工程。

（四）砌筑水泥

凡由一种或一种以上的水泥混合材料，加入适量硅酸盐水泥熟料和石膏，经磨细制成的和易性较好的水硬性胶凝材料，称为砌筑水泥，代号M。水泥中混合材料掺加量按重量百分比计应大于50%，允许掺入适量的石灰石或窑灰。水泥中混合材料掺加量不得与矿渣硅酸盐水泥重复。砌筑水泥技术性质的要求中有两项比较特殊：一是初凝不早于45min，终凝不迟于24h；二是水泥的标号只有175、275两个。各标号水泥的各龄期强度不得低于表2-18中的数值。

砌筑水泥的强度要求（GB/T3183—1997）　　**表2-18**

水泥标号	抗压强度（MPa）		抗折强度（MPa）	
	7d	28d	7d	28d
175	9.0	17.5	1.9	3.5
275	13.0	27.5	2.5	5.0

砌筑水泥的主要特点是凝结硬化慢、强度低，它是一种低强度水泥，但具有良好的和易性和保水性。主要用于配制建筑用的砌筑砂浆和内墙抹面砂浆，不能用于钢筋混凝土

中，做其他用途时必须通过试验来决定。

（五）大坝水泥

大坝水泥有硅酸盐大坝水泥（俗称纯大坝水泥）、普通硅酸盐大坝水泥（简称普通大坝水泥）和矿渣硅酸盐大坝水泥（简称矿渣大坝水泥）三种。这三种水泥最大的特点就是水化热低，适用于要求水化热较低的大型基础、水坝、桥墩等大体积混凝土工程中。对于大体积混凝土构件，由于其体积较大，混凝土浇筑后所产生的水化热易积聚在内部，导致内部温度很快上升，使得构件内外部产生较大的温差，引起温度应力，最终导致混凝土产生温度裂缝，因此水化热对大体积混凝土是一个非常有害的因素。在大体积混凝土工程中，不宜采用水化热较高的水泥品种。

（六）膨胀型水泥

一般的水泥品种，在凝结硬化后体积都有一定程度的收缩，这种收缩很容易在水泥石中产生收缩裂缝。而膨胀型水泥在凝结硬化后会产生体积膨胀，这种特性可减少和防止混凝土的收缩裂缝，增加密实度，也可用于生产自应力水泥砂浆或混凝土。膨胀型水泥根据所产生的膨胀量（自应力值）和用途可分为两类：收缩补偿型膨胀水泥（简称膨胀水泥）和自应力型膨胀水泥（简称自应力水泥）。膨胀水泥的膨胀量较小，自应力值小于2.0MPa，通常为0.5MPa；而自应力水泥的膨胀量较大，其自应力值不小于2.0MPa。

膨胀型水泥的品种较多，根据其基本组成有硅酸盐膨胀水泥、明矾石膨胀水泥、铝酸盐膨胀水泥、铁铝酸盐膨胀水泥、硫铝酸盐膨胀水泥等。

膨胀型水泥适用于补偿收缩混凝土结构工程，防渗抗裂混凝土工程，补强和防渗抹面工程，大口径混凝土管及其接缝，梁柱和管道接头，固接机器底座和地脚螺栓。

六、铝酸盐水泥

铝酸盐水泥是以铝矾土和石灰石为原料，经煅烧制得的以铝酸钙为主要成分、氧化铝含量约50%的熟料，再磨制成的水硬性胶凝材料。铝酸盐水泥常为黄或褐色，也有呈灰色的。铝酸盐水泥的主要矿物成为铝酸一钙（$CaO \cdot Al_2O_3$，简写CA）及其他的铝酸盐，以及少量的硅酸二钙（$2CaO \cdot SiO_2$）等。

铝酸盐水泥凝结硬化速度快。1d强度可达最高强度的80%以上，主要用于工期紧急的工程，如国防、道路和特殊抢修工程等。

铝酸盐水泥水化热大，且放热量集中。1d内放出的水化热为总量的70%～80%，使混凝土内部温度上升较高，即使在－10℃下施工，铝酸盐水泥也能很快凝结硬化，可用于冬季施工的工程。

铝酸盐水泥在普通硬化条件下，由于水泥石中不含铝酸三钙和氢氧化钙，且密实度较大，因此具有很强的抗硫酸盐腐蚀作用。

铝酸盐水泥具有较高的耐热性。如采用耐火粗细骨料（如铬铁矿等）可制成使用温度达1300～1400℃的耐热混凝土。

但铝酸盐水泥的长期强度及其他性能有降低的趋势，长期强度约降低40%～50%左右，因此铝酸盐水泥不宜用于长期承重的结构及处在高温高湿环境的工程中，它只适用于紧急军事工程（筑路、桥）、抢修工程（堵漏等）、临时性工程，以及配制耐热混凝土等。

另外，铝酸盐水泥与硅酸盐水泥或石灰相混不但产生闪凝，而且由于生成高碱性的水化铝酸钙，使混凝土开裂甚至破坏。因此施工时铝酸盐水泥除不得与石灰或硅酸盐水泥混合外，也不得与未硬化的硅酸盐水泥接触使用。

本 章 小 结

1. 胶凝材料是指经过一系列物理化学变化后，能产生凝结硬化，且能将块状或颗粒状材料胶结为一个整体的材料。

2. 石灰、石膏、镁质胶凝材料、水玻璃都是气硬性胶凝材料，在现代建筑中的应用是很常见的建筑材料。

(1) 石灰品种很多，各种石灰产品都统称石灰。石灰的强度很低，主要来源于 $Ca(OH)_2$ 的结晶和碳化。利用石灰的特性可将其用于拌合砂浆、配制灰土和三合土、制作石灰碳化板和硅酸盐制品等。

(2) 石膏的品种很多，不同品种的石膏，其生产条件不同，且性能及应用各异。建筑石膏是建筑工程中应用最多的一种石膏产品，建筑石膏凝结硬化速度很快，其技术性质要求主要表现在强度、细度、凝结时间三方面，根据它的特性多用于建筑室内抹灰及粉刷并大量用于制作石膏制品。

(3) 简单了解镁质胶凝材料和水玻璃的特点与用途。

3. 水泥的品种很多，工程中常用的水泥以硅酸盐系列水泥为主，而硅酸盐系列水泥按用途和性能可分为通用水泥、专用水泥和特性水泥。通用水泥在建筑工程中应用是最广泛的，它主要有硅酸盐水泥、普通水泥、矿渣水泥、火山灰水泥、粉煤灰水泥、复合水泥、石灰石硅酸盐水泥共七个品种。

(1) 硅酸盐水泥熟料的矿物组成及各自特点对水泥的影响很大。水泥的凝结硬化过程很复杂，简要了解其过程以及影响水泥凝结硬化的主要原因。

(2) 硅酸盐水泥的主要技术性质有：细度、凝结时间、体积安定性和强度。其技术性质的要求应符合相应标准的规定。硅酸盐水泥的特性，决定了其适用范围。

(3) 掺混合材料的硅酸盐水泥在工程中被广泛应用。了解混合材料的种类、作用及特性。掌握普通水泥、矿渣水泥、火山灰水泥、粉煤灰水泥、复合水泥以及石灰石硅酸盐水泥的组成、技术性质、特点以及应用等。

(4) 专用水泥和特性水泥这里只做一般了解。

复 习 思 考 题

1. 什么是气硬性胶凝材料？什么是水硬性胶凝材料？它们的应用范围有何不同？
2. 建筑石膏及其制品具有哪些特点？
3. 为什么说建筑石膏是一种很好的内墙抹面材料？
4. 试叙述石灰熟化和硬化的过程及特点。
5. 什么是过火石灰和欠火石灰？它们对石灰的质量会产生什么样的影响？
6. 什么叫“陈伏”？石灰在使用前为什么必须进行陈伏？
7. 菱苦土可用水拌合吗？工程中如何应用？
8. 试述水玻璃的组成、特点与用途。
9. 试比较石灰与石膏的硬化速度、硬化后体积变化的情况以及强度高低，并分析原因？
10. 现有下列工程和构件生成任务，试分别选用合理的水泥品种，并说明理由：

(1) 大体积混凝土工程；

(2) 冬季施工中的房屋构件；

(3) 紧急军事抢修工程；

(4) 有抗冻要求的混凝土工程

(5) 高温车间及其他有耐热要求的混凝土工程；

(6) 修补旧建筑的裂缝；

(7) 有硫酸盐腐蚀的地下工程；

(8) 道路工程；

(9) 现浇混凝土梁、板、柱。

11. 水泥石中氢氧化钙是由什么矿物组成水化反应而生成的？氢氧化钙对水泥石的抗软水和抗硫酸盐腐蚀是有利还是有害？为什么？

12. 生产水泥时，为什么必须掺入适量石膏？石膏掺多、掺少或不掺对水泥有什么样的影响？

13. 简述通用水泥的共性和特性。

14. 现场有一批强度等级为 32.5MPa 的普通硅酸盐水泥，已超过三个月有效期，取样送试验室测定其 28d 的强度，测试结果如下：

抗折破坏荷载（kN）	2.78		2.76		2.79	
抗压破坏荷载（kN）	101.5	94.0	127.0	113.5	103.0	114.5

(1) 问该水泥的试验结果是否能达到原强度等级的要求？

(2) 能否只凭这个试验结果判断水泥的强度等级？

15. 工地仓库内存有一种粉末状的白色胶凝材料，可能是生石灰粉、建筑石膏或白水泥，请你用较简易的方法将其区别出来。

16. 试说明下列各条“必须”的原因：

(1) 水泥粉磨必须具有一定的细度；

(2) 水泥体积安定性必须合格；

(3) 测定水泥凝结时间、体积安定性、强度时，必须掺入规定的水量来拌合水泥。

17. 简述硅酸盐水泥的技术性质。它们各有何实用意义？水泥通过质量检验，什么叫不合格品？什么叫废品？

18. 何谓活性混合材料？何谓非活性混合材料？它们掺入水泥中各起什么作用？常用的水泥混合材料有哪几种？

19. 试述硅酸盐水泥的主要矿物组成及其特性，以及其对水泥性质的影响。

第三章 普通混凝土

第一节 概 述

一、有关混凝土的概念

（一）混凝土

由胶凝材料、细骨料、粗骨料、水以及必要时掺入的化学外加剂组成，经过胶凝材料凝结硬化后，形成具有一定强度和耐久性的人造石材，称为混凝土。由于胶凝材料、细骨料和粗骨料的品种很多，因此混凝土的种类也很多。该意义上的混凝土即广义的混凝土。

（二）普通混凝土

由水泥、砂、石子、水以及必要时掺入的化学外加剂组成，经过水泥凝结硬化后形成的、干体积密度为2000~2800kg/m^3，具有一定强度和耐久性的人造石材，称为普通混凝土，又称为水泥混凝土，简称为“混凝土”。这类混凝土在工程中应用极为广泛，因此本章主要讲述普通混凝土。

（三）特种混凝土

除普通混凝土外，其他混凝土均称为特种混凝土。常用的主要品种有：

1. 轻混凝土

体积密度小于2000kg/m^{3}的混凝土，可分为轻骨料混凝土、多孔混凝土和无砂混凝土等三类。轻混凝土具有体积密度小、孔隙率大、保温隔热性能好等优点，适用于建筑物的隔墙及有保温隔热性能要求的工程部位。

2. 耐热混凝土

耐热混凝土是指能长期在高温（200℃~900℃）作用下保持所要求的物理力学性能的特种混凝土。按胶凝材料不同可分为硅酸盐水泥耐热混凝土、铝酸盐水泥耐热混凝土、水玻璃耐热混凝土等。耐热混凝土多用于高炉、焦炉、热工设备基础及围护结构、炉衬、烟囱等。

3. 耐酸混凝土

耐酸混凝土是指能抵抗多种酸及大部分腐蚀性气体侵蚀作用的混凝土。一般以水玻璃为胶凝材料、氟硅酸钠为促硬剂，用耐酸粉料和耐酸粗细骨料，按一定比例配制而成，强度为10.0~40.0MPa。主要用于有耐酸要求的工程部位。

4. 防辐射混凝土

防辐射混凝土是指能屏蔽X射线、γ射线及中子射线的混凝土。常用水泥、水及重骨料配制而成的体积密度在3500kg/m^{3}以上的重混凝土做为防辐射混凝土。防辐射混凝土主要用于核电站及肿瘤医院等科技、国防工程中。

5. 纤维混凝土

纤维混凝土是以混凝土为基体，外掺各种纤维材料而成。掺入纤维材料后，混凝土的抗拉、抗弯强度，冲击韧性得到提高，脆性也得到改善。目前，主要用于非承重结构，以及对抗裂、抗冲击性要求高的工程，如机场跑道、高速公路、桥面面层、管道等。

二、混凝土的分类

1. 按胶凝材料分

按混凝土中胶凝材料品种不同将混凝土分为水泥混凝土、石膏混凝土、水玻璃混凝土、菱镁混凝土、硅酸盐混凝土、沥青混凝土、聚合物水泥混凝土、聚合物浸渍混凝土等品种。这类混凝土的名称中一般有胶凝材料的名称。

2. 按体积密度分

(1) 重混凝土　体积密度大于2800kg/m³。一般采用密度很大的重质骨料，如重晶石、铁矿石、钢屑等配制而成，具有防射线功能，又称为防辐射混凝土。

(2) 普通混凝土　体积密度为2000～2800kg/m³，一般在2400kg/m³左右。采用水泥和天然砂石配制，是工程中应用最广的混凝土。主要用做建筑工程的承重结构材料。

(3) 轻混凝土　体积密度小于2000kg/m³。又分为轻骨料混凝土和多孔混凝土两类。主要用做轻质结构材料和保温隔热材料。

3. 按用途分

可分为结构混凝土、防水混凝土、耐热混凝土、道路混凝土、耐酸混凝土、装饰混凝土、大体积混凝土、膨胀混凝土、防辐射混凝土等。

4. 按施工方法分

可分为预拌混凝土（商品混凝土）、泵送混凝土、喷射混凝土、碾压混凝土、离心混凝土、挤压混凝土、真空吸水混凝土、压力灌浆混凝土、热拌混凝土等。

5. 按强度分

(1) 普通混凝土　强度等级一般在C60级以下。

(2) 高强混凝土　强度等级大于或等于C60级。

(3) 超高强混凝土　抗压强度在100MPa以上。

6. 按配筋情况分

可分为素混凝土、钢筋混凝土、预应力混凝土、钢纤维混凝土等。

三、混凝土的特点

混凝土具有抗压强度高、耐久、耐火、维修费用低等许多优点，混凝土硬化后的强度可达100MPa以上，是一种较好的结构材料；普通混凝土使用的组成材料体积中，70%以上均为天然骨料砂、石子，因此可就地取材，降低了成本；混凝土拌合物具有良好的可塑性，可以根据需要浇筑成任意形状的构件，即混凝土具有良好的可加工性；混凝土与钢筋粘结良好，一般不会锈蚀钢筋，质量符合标准要求的混凝土，对钢筋有较好的保护作用。基于以上优点，混凝土广泛应用于钢筋混凝土结构中。

混凝土具有抗拉强度低（约为抗压强度的1/10～1/20）、变形性能差、导热系数大〔约为1.8W/（m·K）〕、体积密度大（约为2400kg/m³左右）、硬化较缓慢等缺点，在工程中尽量利用混凝土的优点，采取相应的措施防止混凝土缺点对使用的影响。

第二节　普通混凝土组成材料

普通混凝土由水泥、砂、石子、水以及必要时掺入的化学外加剂组成，其中水泥为胶凝材料，砂为细骨料，石子为粗骨料。

水泥和水形成水泥浆，均匀填充砂子之间的空隙并包裹砂子表面形成水泥砂浆；水泥砂浆再均匀填充石子之间的空隙并略有富余，即形成混凝土拌合物（又称为“新拌混凝土”）；水泥凝结硬化后即形成硬化混凝土。硬化后的混凝土结构断面如图 3-1 所示。

在硬化混凝土的体积中，水泥石大约占 25%左右，砂和石子占 70%以上，孔隙和自由水占 1%～5%。各组成材料在混凝土硬化前后的作用见表 3-1。

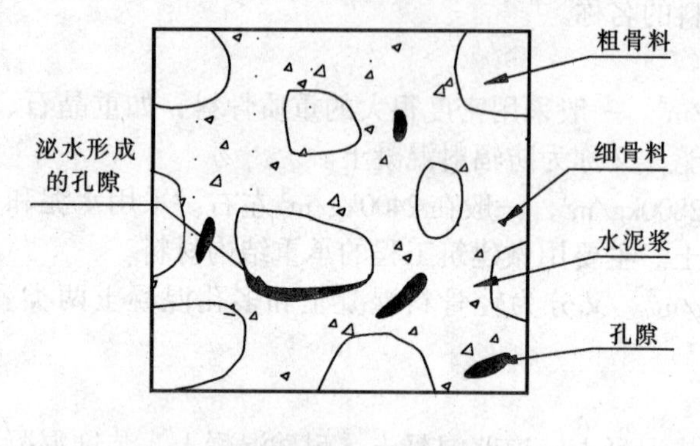

图 3-1　普通混凝土结构断面示意图

砂在混凝土中可以使混凝土结构均匀，同时可以抑制和减小水泥石硬化过程中产生的体积收缩，如化学收缩、干燥收缩等，避免或减少混凝土硬化后产生收缩裂纹。

各组成材料在混凝土硬化前后的作用

表 3-1

组成材料	硬化前的作用	硬化后的作用
水泥＋水	润滑作用	胶结作用
砂＋石子	填充作用	骨架作用

普通混凝土的质量和性能，主要与组成材料的性能、组成材料的相对含量即配合比，以及与混凝土的施工工艺（配料、搅拌、运输、浇筑、成型、养护等）因素有关。因此为了保证混凝土的质量，提高混凝土的技术性能和降低成本，必须合理地选择组成材料。

一、水泥

水泥是混凝土中重要的组成材料，水泥的选择主要包括品种和强度等级的选择。

（一）品种的选择

配制普通混凝土的水泥品种，应根据混凝土的工程特点或所处的环境条件，结合水泥的性能，且考虑当地生产的水泥品种情况等，进行合理地选择，这样不仅可以保证工程质量，而且可以降低成本。水泥的选择参考表 2-11。

（二）强度等级的选择

水泥强度等级应根据混凝土设计强度等级进行选择。原则上，配制高强度等级的混凝土，选择高强度等级的水泥。一般情况下，水泥强度等级为混凝土强度等级的 1.5～2.0 倍。配制高强混凝土时，可选择水泥强度等级为混凝土强度等级的 1 倍左右。

当用低强度等级水泥配制较高强度等级混凝土时，会使水泥用量过大，一方面混凝土硬化后的收缩和水化热增大，混凝土的水灰比过小而使拌合物流动性差，造成施工困难，不易成型密实；另一方面也不经济。

当用高强度等级的水泥配制较低强度等级混凝土时，水泥用量偏小，水灰比偏大，混凝土拌合物的和易性与耐久性较差。为了保证混凝土的和易性、耐久性，可以掺入一定数量的外掺料，如粉煤灰，但掺量必须经过试验确定。

二、细骨料——砂

（一）砂的分类

砂是混凝土中的细骨料，是指粒径在 4.75mm 以下的颗粒。其分类方法如下：

1. 按产源分

砂分为天然砂和人工砂两大类。

天然砂是由自然风化、水流搬运和分选、堆积形成的、粒径小于4.75mm的岩石颗粒，但不包括软质岩、风化岩石的颗粒。天然砂包括河砂、湖砂、山砂和淡化海砂，山砂和海砂含杂质较多，拌制的混凝土质量较差，河砂颗粒坚硬、含杂质较少，拌制的混凝土质量较好，工程中常用河砂拌制混凝土。

人工砂是经除土处理的机制砂和混合砂的统称。机制砂由机械破碎、筛分制成的，粒径小于4.75mm的岩石颗粒，但不包括软质岩、风化岩石的颗粒。混合砂是由机制砂和天然砂混合制成的砂。

2. 按技术要求分

按照砂的技术要求，将其分为Ⅰ类、Ⅱ类、Ⅲ类。Ⅰ类宜用于强度等级大于C60的混凝土；Ⅱ类用于强度等级为C30~C60及抗冻、抗渗或其他要求的混凝土；Ⅲ类宜用于强度等级小于C30的混凝土和建筑砂浆。

（二）普通混凝土用砂的技术要求

1. 颗粒级配和粗细程度

砂的颗粒级配是指各级粒级的砂按比例搭配的情况；粗细程度是指各粒级的砂搭配在一起总的粗细情况。砂的公称粒径用砂筛分时筛余颗粒所在筛的筛孔尺寸表示，相邻两公称粒径的尺寸范围称为砂的公称粒级。

颗粒级配较好的砂，颗粒之间搭配适当，大颗粒之间的空隙由小一级颗粒填充，这样颗粒之间逐级填充，能使砂的空隙率达到最小，从而可减少水泥用量，达到节约水泥的目的，或者在水泥用量一定的情况下可提高混凝土拌合物的和易性。砂颗粒总的来说越粗，则其总表面积较小，包裹砂颗粒表面的水泥浆数量可减少，也可减少水泥用量，达到节约水泥的目的，或者在水泥用量一定的情况下可提高混凝土拌合物的和易性。因此，在选择和使用砂时，应尽量选择在空隙率小的条件下尽可能粗的砂，即选择级配适宜、颗粒尽可能粗的砂配制混凝土。

砂的颗粒级配和粗细程度采用筛分法测定。筛分试验采用的标准砂筛，由七个标准筛及底盘组成。筛孔尺寸为9.50、4.75、2.36、1.18mm和600、300和150μm。

称取烘干至恒量的砂500g，将砂倒入按筛孔尺寸从大到小排列的标准砂筛中，按规定方法进行筛分后，测定4.75mm~150μm各筛的筛余量m_1、m_2、m_3、…m_6。计算各号筛的分计筛余率和累计筛余率，具体计算方法见表3-2。试验方法详见试验二。

分计筛余率和累计筛余率的计算　　表3-2

方　筛　孔	筛余量（g）	分计筛余百分率（%）	累计筛余百分率（%）
4.75mm	m_1	$a_n = \frac{m_n}{500} \times 100\%$ $n = 1 \sim 6$	$A_1 = a_1$
2.36mm	m_2		$A_2 = a_1 + a_2$
1.18mm	m_3		$A_3 = a_1 + a_2 + a_3$
600μm	m_4		$A_4 = a_1 + a_2 + a_3 + a_4$
300μm	m_5		$A_5 = a_1 + a_2 + a_3 + a_4 + a_5$
150μm	m_6		$A_6 = a_1 + a_2 + a_3 + a_4 + a_5 + a_6$

普通混凝土用砂，按600μm筛的累计筛余率（A_4）大小划分为1区、2区和3区三个

级配区，各号筛累计筛余百分率范围见表3-3。砂的颗粒级配应符合表3-3的规定。

砂的颗粒级配区 **表3-3**

方筛孔	累计筛余率（%）			方筛孔	累计筛余率（%）		
	1 区	2 区	3 区		1 区	2 区	3 区
9.50mm	0	0	0	600μm	85~71	70~41	40~16
4.75mm	10~0	10~0	10~0	300μm	95~80	92~70	85~55
2.36mm	35~5	25~0	15~0	150μm	100~90	100~90	100~90
1.18mm	65~35	50~10	25~0				

1. 砂的实际颗粒级配与表中所列数字相比，除4.75mm和600μm筛档外，可以略有超出，但超出总量应小于5%
2. 1区人工砂中150μm筛孔的累计筛余可以放宽到100~85，2区人工砂中150μm筛孔的累计筛余可以放宽到100~80，3区人工砂中150μm筛孔的累计筛余可以放宽到100~75

配制混凝土时，宜优先选择级配在2区的砂，使混凝土拌合物获得良好的和易性。当采用1区砂时，由于砂颗粒偏粗，配制的混凝土流动性大，但黏聚性和保水性较差，因此应适当提高砂率，以保证混凝土拌合物的和易性。当采用3区砂时，由于颗粒偏细，配制的混凝土黏聚性和保水性较好，但流动性较差，因此应适当减小砂率，以保证混凝土硬化后的强度。

砂的粗细程度，用细度模数表示。细度模数 M_x 的计算如下：

$$M_x = \frac{(A_2 + A_3 + A_4 + A_5 + A_6) - 5A_1}{100 - A_1}$$

式中 M_x——细度模数；

A_1、A_2、A_3、A_4、A_5、A_6——分别为4.75、2.36、1.18mm和600、300、150μm筛的累计筛余百分率，%。

混凝土用砂按细度模数的大小分为粗砂、中砂和细砂三种：

粗砂：$M_x = 3.7 \sim 3.1$；中砂：$M_x = 3.0 \sim 2.3$；细砂：$M_x = 2.2 \sim 1.6$。

2. 含泥量、泥块含量和石粉含量

含泥量是指天然砂中粒径小于75μm的颗粒含量；泥块含量是指砂中原粒径大于1.18mm，经水浸洗、手捏后小于600μm的颗粒含量；石粉含量是指人工砂中粒径小于75μm的颗粒含量。

人工砂在生产时会产生一定的石粉，虽然石粉与天然砂中的含泥量均是指粒径小于75μm的颗粒含量，但石粉的成分、粒径分布和在砂中所起的作用不同。

天然砂的含泥量会影响砂与水泥石的粘结，使混凝土达到一定流动性的需水量增加，混凝土的强度降低，耐久性变差，同时硬化后的干缩性较大。人工砂中适量的石粉对混凝土是有一定益处的。人工砂颗粒坚硬、多棱角，拌制的混凝土在同样条件下比天然砂的和易性差，而人工砂中适量的石粉可弥补人工砂形状和表面特征引起的不足，起到完善砂级配的作用。

按《建筑用砂》（GB/T14684—2001）的规定，天然砂中含泥量和泥块含量规定见表3-4；人工砂中石粉含量和泥块含量规定见表3-5。

天然砂中含泥量和泥块含量规定　　　　表 3-4

项　目	指　标		
	Ⅰ类	Ⅱ类	Ⅲ类
含泥量，按质量计，%	<1.0	<3.0	<5.0
泥块含量，按质量计，%	0	<1.0	<2.0

人工砂中石粉含量和泥块含量规定　　　　表 3-5

项　目				指　标		
				Ⅰ类	Ⅱ类	Ⅲ类
1	亚甲蓝试验	MB 值<1.40 或合格	石粉含量，按质量计，%	<3.0	<5.0	<7.0①
2			泥块含量，按质量计，%	0	<1.0	<2.0
3		MB 值≥1.40 或不合格	石粉含量，按质量计，%	<1.0	<3.0	<5.0
4			泥块含量，按质量计，%	0	<1.0	<2.0
根据使用地区和用途，在试验验证的基础上，可由供需双方商定						

注：亚甲蓝 MB 值，是指用于判定人工砂中粒径小于 75μm 颗粒含量主要是泥土，还是与被加工母岩化学成分相同的石粉的指标。

3．有害物质

混凝土用砂中不应有草根、树叶、树枝、塑料、煤块、炉渣等杂物。砂中如含有云母、轻物质、有机物、硫化物及硫酸盐、氯盐等，其含量应符合表 3-6 的规定。

砂中有害物质含量规定　　　　表 3-6

项　目	指　标		
	Ⅰ类	Ⅱ类	Ⅲ类
云母，按质量计，%	1.0	2.0	2.0
轻物质，按质量计，%	1.0	1.0	1.0
有机物（比色法）	合格	合格	合格
硫化物及硫酸盐，按 SO_3 性能计，%	0.5	0.5	0.5
氯化物，以氯离子质量计，%	0.01	0.02	0.06

注：轻物质是指表观密度小于 2000kg/m³ 的物质。

4．坚固性

砂的坚固性是指砂在自然风化和其他外界物理化学因素作用下抵抗破坏的能力。天然砂采用硫酸钠溶液法进行试验，砂样经 5 次循环后其质量损失应符合表 3-7 的规定；人工砂采用压碎指标法进行试验，压碎指标值应小于表 3-8 的规定。

天然砂的坚固性指标　　　　表 3-7

项　目	指　标		
	Ⅰ类	Ⅱ类	Ⅲ类
质量损失，%，小于	8	8	10

人工砂的压碎指标　　　　表 3-8

项　目	指　标		
	Ⅰ类	Ⅱ类	Ⅲ类
单级最大压碎指标，%，小于	20	25	30

5．表观密度、堆积密度、空隙率

砂表观密度、堆积密度、空隙率应符合如下规定：表观密度大于 2500kg/m³，松散堆积密度大于 1350kg/m^3，空隙率小于 47%。

6. 碱骨料反应

碱骨料反应是指水泥、外加剂等混凝土组成物及环境中的碱与骨料中碱活性矿物在潮湿环境下缓慢发生并导致混凝土开裂破坏的膨胀反应。标准规定，经碱骨料反应试验后，由砂制备的试件无裂缝、酥裂、胶体外溢等现象，在规定的试验龄期膨胀率应小于 0.10%。

三、粗骨料——卵石和碎石

（一）分类

粗骨料是指粒径大于或等于 4.75mm 的岩石颗粒。普通混凝土常用的粗骨料分为卵石和碎石两种。卵石是由自然风化、水流搬运和分选、堆积形成的岩石颗粒，按产源不同分为山卵石、河卵石和海卵石等，其中河卵石应用较多。碎石是采用天然岩石经机械破碎、筛分制成的岩石颗粒。

卵石和碎石的规格按粒径尺寸分为单粒粒级和连续粒级，亦可以根据需要采用不同单粒级卵石、碎石混合成特殊粒级的卵石、碎石。

卵石、碎石按技术要求分为Ⅰ类、Ⅱ类、Ⅲ类。Ⅰ类宜用于强度等级大于 C60 的混凝土；Ⅱ类用于强度等级为 C30～C60 及抗冻、抗渗或其他要求的混凝土；Ⅲ类宜用于强度等级小于 C30 的混凝土。

（二）普通混凝土用卵石、碎石的技术要求

1. 颗粒级配

粗骨料的颗粒级配也是通过筛分试验确定的。采用方孔筛的尺寸为 2.36、4.75、9.50、16.0、19.0、26.5、31.5、37.5、53.0、63.0、75.0mm 和 90mm，共十二个筛进行筛分。按规定方法进行筛分试验，计算各号筛的分计筛余百分率和累计筛余百分率，判定卵石、碎石的颗粒级配。具体的试验方法见试验三。按国家标准《建筑用卵石、碎石》（GB/T14685—2001）的规定，卵石、碎石的颗粒级配应符合表 3-9 的规定。

粗骨料的级配分为连续级配和间断级配两种。

卵石、碎石的颗粒级配 **表 3-9**

公称粒径（mm）		累计筛余（%）											
		2.36	4.75	9.50	16.0	19.0	26.5	31.5	37.5	53.0	63.0	75.0	90
连续粒级	5～10	95～100	80～100	0～15	0								
	5～16	95～100	85～100	30～60	0～10	0							
	5～20	95～100	90～100	40～80	—	0～10	0						
	5～25	95～100	90～100	—	30～70	—	0～5	0					
	5～31.5	95～100	90～100	70～90	—	15～45	—	0～5	0				
	5～40	—	95～100	70～90	—	30～65	—	—	0～5	0			
单粒粒级	10～20		95～100	85～100		0～15	0						
	16～31.5		95～100		85～100			0～10	0				
	20～40			95～100		80～100			0～10	0			
	31.5～63				95～100			75～100	45～75		0～10	0	
	40～80					95～100			70～100		30～60	0～10	0

连续级配是指颗粒从大到小连续分级，每一粒级的累计筛余百分率均不为零的级配，如天然卵石。连续级配具有颗粒尺寸级差小，上下级粒径之比接近2，颗粒之间的尺寸相差不大等特点，因此采用连续级配拌制的混凝土具有和易性较好，不易产生离析等优点，在工程中的应用较广泛。

间断级配是指为了减小空隙率，人为地筛除某些中间粒级的颗粒，大颗粒之间的空隙，直接由粒径小很多的颗粒填充的级配。间断级配的颗粒相差大，上下粒径之比接近6，空隙率大幅度降低，拌制混凝土时可节约水泥。但混凝土拌合物易产生离析现象，造成施工较困难。间断级配适用于配制采用机械拌合、振捣的低塑性及干硬性混凝土。

单粒粒级主要适宜用于配制所要求的连续粒级，或与连续粒级配合使用以改善级配或粒度。工程中不宜采用单粒粒级的粗骨料配制混凝土。

2. 最大粒径

粗骨料的最大粒径是指公称粒级的上限值。粗骨料的粒径越大，其比表面积越小，达到一定流动性时包裹其表面的水泥砂浆数量减小，可节约水泥。或者在和易性一定、水泥用量一定时，可以减少混凝土的单位用水量，提高混凝土的强度。

但粗骨料的最大粒径不宜过大，实践证明当粗骨料的最大粒径超过40mm时，会造成混凝土施工操作较困难，混凝土不易密实，引起强度降低和耐久性变差。

按有关规定，混凝土用粗骨料的最大粒径须同时满足：不得超过构件截面最小边长的1/4；不得超过钢筋间最小净距的3/4；对于混凝土实心板，可允许采用最大粒径达板厚1/2的粗骨料，但最大粒径不得超过50mm；对于泵送混凝土，最大粒径与输送管内径之比，碎石宜小于或等于1:3；卵石宜小于或等于1:2.5。

3. 含泥量和泥块含量

卵石、碎石的含泥量是指粒径小于75μm的颗粒含量；泥块含量是指卵石、碎石中原粒径大于4.75mm，经水洗、手捏后小于2.36mm的颗粒含量。含泥量和泥块含量过大时，会影响粗骨料与水泥石之间的粘结，降低混凝土的强度和耐久性。卵石、碎石中的含泥量和泥块含量应符合表3-10的规定。

4. 针、片状颗粒含量

粗骨料中针状颗粒，是指卵石和碎石颗粒的长度大于该颗粒所属相应粒级的平均粒径2.4倍者；片状颗粒是指厚度小于平均粒径0.4倍者。平均粒径是指该粒级上下限粒径的平均值。

针、片状颗粒本身的强度不高，在承受外力时容易产生折断，因此不仅会影响混凝土的强度，而且会增大石子的空隙率，使混凝土的和易性变差。

针、片状颗粒含量分别采用针状规准仪和片状规准仪测定。卵石和碎石中针片状颗粒含量应符合表3-11的规定。

卵石、碎石含泥量和泥块含量　　表3-10

项　目	指　标		
	Ⅰ类	Ⅱ类	Ⅲ类
含泥量，按质量计，%	<0.5	<1.0	<1.5
泥块含量，按质量计，%	0	<0.5	<0.7

卵石、碎石中针片状颗粒含量　　表3-11

项　目	指　标		
	Ⅰ类	Ⅱ类	Ⅲ类
针、片状颗粒，按质量计，%	5	15	25

5. 有害物质

卵石、碎石中不应混有草根、树叶、树枝、塑料、煤块和炉渣等杂物。其有害物质含量应符合表 3-12 的规定。

6. 坚固性

坚固性是指卵石、碎石在自然风化和其他外界物理化学因素作用下抵抗破裂的能力。某些页岩、砂岩等，配制混凝土时容易遭受冰冻、内部盐类结晶等作用而导致破坏。骨料越密实、强度越高、吸水率越小时，其坚固性越好；而结构疏松、矿物成分复杂、构造不均匀的骨料，其坚固性差。

粗骨料的坚固性采用硫酸钠溶液法进行试验，卵石和碎石经 5 次循环后，其质量损失应符合表 3-13 的规定。

卵石、碎石中有害物质含量　　表 3-12

项　目	指　标		
	Ⅰ类	Ⅱ类	Ⅲ类
有机物	合格	合格	合格
硫化物和硫酸盐，按质量计，%，小于	0.5	1.0	1.0

卵石、碎石的坚固性指标　表 3-13

项　目	指　标		
	Ⅰ类	Ⅱ类	Ⅲ类
质量损失，%，小于	5	8	12

7. 强度

(1) 岩石抗压强度。天然岩石的抗压强度测定，采用碎石母岩，制成 50mm × 50mm × 50mm 的立方体试件或 ϕ50mm × 50mm 的圆柱体试件，浸没于水中浸泡 48h，所测定的抗压极限强度。在水饱和状态下，其抗压强度火成岩应不小于 80MPa，变质岩应不小于 60MPa，水成岩应不小于 30MPa。

(2) 压碎指标。压碎指标检验是将一定质量气干状态下粒径 9.0 ~ 9.5mm 的石子，装入标准圆模内，放在压力机上均匀加荷至 200kN，卸载后称取试样质量 G_1，然后用孔径为 2.36mm 的筛筛除被压碎的颗粒，称出剩余在筛上的试样质量 G_2，按下式计算压碎指标值 Q_c：

$$Q_c = \frac{G_1 - G_2}{G_1} \times 100\%$$

卵石、碎石的压碎指标值越小，则表示石子抵抗压碎的能力越强。按国家标准《建筑用卵石、碎石》（GB/T14685—2001）规定，卵石、碎石的压碎指标值见表 3-14。

压 碎 指 标　　表 3-14

项　目	指　标		
	Ⅰ类	Ⅱ类	Ⅲ类
碎石压碎指标，%，小于	10	20	30
卵石压碎指标，%，小于	12	16	16

8. 表观密度、堆积密度、空隙率

卵石、碎石的表观密度、堆积密度、空隙率应符合如下规定：表观密度大于 2500kg/m^3，松散堆积密度大于 1350kg/m^3，空隙率小于 47%。

9. 碱骨料反应

碱骨料反应是指水泥、外加剂等混凝土组成物及环境中的碱与骨料中碱活性矿物在潮湿环境下缓慢发生并导致混凝土开裂破坏的膨胀反应。标准规定，经碱骨料反应试验后，由卵石、碎石制备的试件无裂缝、酥裂、胶体外溢等现象，在规定的试验龄期膨胀率应小于 0.10%。

四、拌合用水

混凝土拌合用水，不得影响混凝土的凝结硬化；不得降低混凝土的耐久性；不加快钢筋锈蚀和预应力钢丝脆断。混凝土拌合用水，按水源分为饮用水、地表水、地下水、海水，以及经适当处理的工业废水。混凝土拌合用水宜选择洁净的饮用水。混凝土拌合用水中各种物质含量限值见表 3-15。

混凝土拌合用水中物质含量限值 **表 3-15**

项　目	预应力混凝土	钢筋混凝土	素混凝土
pH 值	大于 4	大于 4	大于 4
不溶物，mg/L	小于 2000	小于 2000	小于 5000
可溶物，mg/L	小于 2000	小于 5000	小于 10000
氯化物，以 Cl^- 计，mg/L	小于 500	小于 1200	小于 3500
硫酸盐，以 SO_3^{2-} 计，mg/L	小于 600	小于 2700	小于 2700
硫化物，以 S^{2-} 计，mg/L	小于 100	—	—

当采用饮用水以外的水时，需要注意以下几个方面：

（1）地表水和地下水，常溶解有较多的有机质和矿物盐，必须按标准规定的方法检验合格后，方可使用。

（2）海水中含有较多的硫酸盐和氯盐，会影响混凝土的耐久性和加速混凝土中钢筋的锈蚀，因此对于钢筋混凝土结构和预应力混凝土结构，不得采用海水拌制；对有饰面要求的混凝土，也不得采用海水拌制，以免因表面盐析产生白斑而影响装饰效果。

（3）工业废水经检验合格后，方可用于拌制混凝土。

第三节　普通混凝土的主要技术性质

普通混凝土组成材料按一定比例混合，经拌合均匀后即形成混凝土拌合物，又称为新拌混凝土，水泥凝结硬化后，即形成硬化混凝土。

混凝土拌合物应具有良好的和易性，以便于施工操作，得到结构均匀、成型密实的混凝土，保证混凝土的强度和耐久性。硬化混凝土的性质主要包括强度、变形性质和耐久性等。

一、混凝土拌合物的和易性

（一）和易性的概念

混凝土拌合物的和易性是指拌合物便于施工操作（主要包括搅拌、运输、浇筑、成型、养护等），能够获得结构均匀、成型密实的混凝土的性能。和易性是一项综合性能，主要包括流动性、黏聚性和保水性三个方面的性质。

流动性是指混凝土拌合物在本身自重或施工机械振捣作用下，能产生流动并且均匀密实地填满模板的性能。流动性好的混凝土拌合物施工操作方便，易于使混凝土成型密实。

黏聚性是指混凝土拌合物各组成材料之间具有一定的内聚力，在运输和浇筑过程中不致产生离析和分层现象的性质。

保水性是混凝土拌合物具有一定的保持内部水分的能力，在施工过程中不致发生泌水现象的性质。保水性差的混凝土拌合物，其内部固体粒子下沉、水分上浮，在拌合物表面析出一部分水分，内部水分向表面移动过程中产生毛细管通道，使混凝土的密实度下降、强度降低、耐久性下降，且混凝土硬化后表面易起砂。

混凝土拌合物的流动性、黏聚性和保水性，三者之间是对立统一的关系。流动性好的拌合物，黏聚性和保水性往往较差；而黏聚性、保水性好的拌合物，一般流动性可能较差。在实际工程中，应尽可能达到三者统一，即满足混凝土施工时要求的流动性，同时也具有良好的黏聚性和保水性。

（二）和易性的评定

混凝土拌合物和易性的评定，通常采用测定混凝土拌合物的流动性、辅以直观经验评定黏聚性和保水性的方法。定量测定流动性的常用方法主要有坍落度法和维勃稠度法两种。

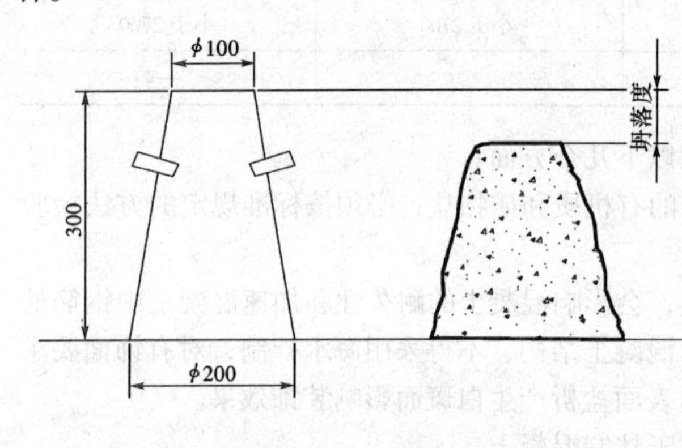

图 3-2　坍落度的测定

1. 坍落度法

测定混凝土拌合物在自重作用下产生的变形值——坍落度（单位 mm）。将混凝土拌合物按规定的试验方法装入坍落度筒内，提起坍落度筒后，拌合物因自重而向下坍落，坍落的尺寸即为拌合物的坍落度值（mm），以 T 表示，如图 3-2 所示。在测定坍落度时观察黏聚性和保水性，具体方法见试验四。坍落度法适用于骨料最大粒径不大于 40mm、坍落度值不小于 10mm 的低塑性混凝土、塑性混凝土的流动性测定。

混凝土拌合物按坍落度值的大小分为四级，见表 3-16。

2. 维勃稠度法

维勃稠度法的原理是测定使混凝土拌合物密实所需要的时间（s）。适用于骨料最大粒径不大于 40mm、维勃稠度在 5～30s 之间的干硬性混凝土拌合物的流动性测定。

混凝土拌合物按坍落度值的大小分为四级，见表 3-17。

混凝土按坍落度的分级　表 3-16

级　别	名　称	坍落度（mm）
T_1	低塑性混凝土	10～40
T_2	塑性混凝土	50～90
T_3	流动性混凝土	100～150
T_4	大流动性混凝土	不小于 160

混凝土按维勃稠度的分级　表 3-17

级　别	名　称	维勃稠度（s）
V_0	超干硬性混凝土	>31
V_1	特干硬性混凝土	30～21
V_2	干硬性混凝土	20～11
V_3	半干硬性混凝土	10～5

（三）混凝土施工时坍落度的选择

混凝土拌合物坍落度的选择，应根据施工条件、构件截面尺寸、配筋情况、施工方法等来确定。一般构件截面尺寸较小、钢筋较密，或采用人工拌合与插捣时，坍落度应选择大些。混凝土浇筑时的坍落度，宜按表 3-18 选用。

混凝土浇筑时的坍落度 **表 3-18**

结构种类	坍落度（mm）
基础或地面等的垫层，无配筋的大体积结构（挡土墙、基础等）或配筋稀疏的结构	10～30
板、梁和大型及中型截面的柱子等	30～50
配筋密列的结构（如薄壁、斗仓、筒仓、细柱等）	50～70
配筋特密的结构	70～90

（四）影响混凝土拌合物和易性的因素

混凝土拌合物的和易性主要决定于组成材料的品种、规格，以及组成材料之间的数量比例、外加剂、外部环境条件等因素。组成材料及组成材料之间的关系可表示如下：

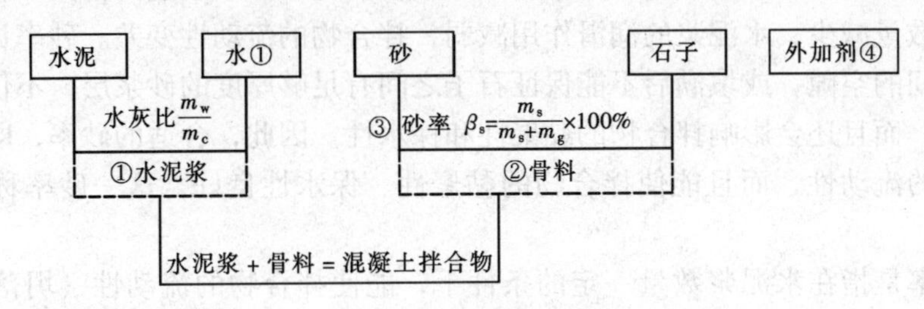

图 3-3 混凝土和易性影响因素分析图

1. 水泥浆数量和单位用水量

在混凝土骨料用量、水灰比一定的条件下，填充在骨料之间的水泥浆数量越多，水泥浆对骨料的润滑作用较充分，混凝土拌合物的流动性增大。但增加水泥浆数量过多，不仅浪费水泥，而且会使拌合物的黏聚性、保水性变差，产生分层、泌水现象。

混凝土中的用水量对拌合物的流动性起决定性的作用。实践证明，在骨料一定的条件下，为了达到拌合物流动性的要求，所加的拌合水量基本是一个固定值，即使水泥用量在一定范围内改变（每立方米混凝土增减 50～100kg），也不会影响流动性。在混凝土学中称为固定加水量定则或需水性定则。必须指出，在施工中为了保证混凝土的强度和耐久性，不允许采用单纯增加用水量的方法来提高拌合物的流动性，应在保持水灰比一定时，同时增加水泥浆的数量，骨料绝对数量一定但相对数量减少，使拌合物满足施工要求。

2. 骨料的品种、级配和粗细程度

采用级配合格的、2 区的中砂，拌制混凝土时，因其空隙率较小且比表面积小，填充颗粒之间的空隙及包裹颗粒表面的水泥浆数量可减少。在水泥浆数量一定的条件下，相当于增加水泥浆数量，因此可提高拌合物的流动性，且黏聚性和保水性也相应提高。

天然卵石呈圆形或卵圆形，表面较光滑，颗粒之间的摩擦阻力较小。碎石形状不规则，表面粗糙多棱角，颗粒之间的摩擦阻力较大。在其他条件完全相同的情况下，采用卵石拌制的混凝土，比用碎石拌制的混凝土的流动性好。另外，在允许的情况下，应尽可能选择最大粒径较大的石子，可降低粗骨料的总表面积，使水泥浆的富余量加大，可提高拌合物的流动性。但砂、石子过粗，会使混凝土拌合物的黏聚性和保水性下降，同时也不易拌合均匀。

3. 砂率

砂率是指混凝土拌合物中砂的质量占砂、石子总质量的百分数。用公式表示如下：

$$\beta_s = \frac{m_s}{m_s + m_g} \times 100\%$$

式中　β_s——混凝土砂率；

m_s——混凝土中砂用量，kg；

m_g——混凝土中石子用量，kg。

在混凝土骨料中，砂的比表面积大，砂率的改变会使混凝土骨料的总表面积发生较大变化。

砂率过大，骨料总表面积及空隙率会增大，在一定水泥浆用量的情况下，包裹骨料表面的水泥浆数量减少，水泥浆的润滑作用减弱，拌合物的流动性变差。砂率过小，砂不能填满石子之间的空隙，或填满后不能保证石子之间有足够厚度的砂浆层，不仅会降低拌合物的流动性，而且还会影响拌合物的黏聚性和保水性。因此，合适的砂率，既能保证拌合物具有良好的流动性，而且能使拌合物的黏聚性、保水性良好，这一砂率称为“合理砂率”。

合理砂率是指在水泥浆数量一定的条件下，能使拌合物的流动性（坍落度）达到最大，且黏聚性和保水性良好时的砂率；或者是在流动性（坍落度）、强度一定，黏聚性良好时，水泥用量最小时的砂率。合理砂率可以通过试验确定，如图 3-4 所示。

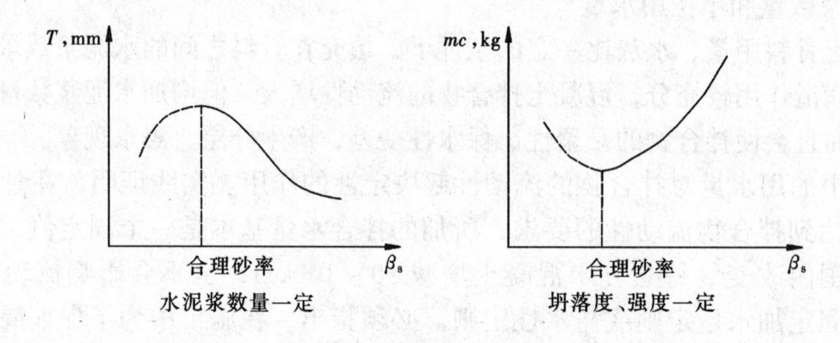

图 3-4　合理砂率的确定

4. 外加剂

在混凝土中掺入一定数量的外加剂，如减水剂、引气剂等，在组成材料用量一定的条件下，可以提高拌合物的流动性，同时也提高了黏聚性和保水性。具体内容见“混凝土外加剂”一节。

影响混凝土拌合物和易性的因素还很多，如施工环境的温度、搅拌制度（如投料顺序、搅拌时间）等。这里不作重点描述。

二、混凝土的强度

混凝土的强度包括抗压、抗拉、抗剪和抗弯强度等。其中抗压强度最高，因此在使用中主要利用混凝土抗压强度高的特点，用于承受压力的工程部位。混凝土的抗压强度与其他强度之间有一定的相关性，可根据抗压强度值的大小，估计其他强度值。

（一）抗压强度和强度等级

1. 立方体抗压强度

按照《普通混凝土力学性能试验方法标准》（GB/T 50081—2002）的规定，混凝土立方体抗压强度是指制作以边长为150mm的标准立方体试件，在温度为20±2℃，相对湿度为95%以上或不流动的Ca（OH)$_2$饱和的溶液中的养护条件下，经28d养护，采用标准试验方法测得的混凝土极限抗压强度。用f_{cu}表示。混凝土立方体抗压强度是评定混凝土质量的重要因素之一。

立方体抗压强度测定采用的标准试件尺寸为150mm×150mm×150mm。也可根据粗骨料的最大粒径选择尺寸为100mm×100mm×100mm和200mm×200mm×200mm的非标准试件，但强度测定结果必须乘以换算系数，具体见表3-19。

试件的尺寸选择及换算系数 **表3-19**

试件种类	试件尺寸（mm）	粗骨料最大粒径（mm）	换算系数
标准试件	150×150×150	40	1.00
非标准试件	100×100×100	31.5	0.95
	200×200×200	63	1.05

标准试验方法是指采用《普通混凝土力学性能试验方法标准》（GB/T 50081—2002）中规定的试件制作及养护、立方体抗压强度试验等内容，具体内容参见试验四。在温度为20±2℃，相对湿度为95%以上或不流动的Ca（OH)$_2$饱和溶液中养护，称为标准养护。

2. 棱柱体抗压强度

棱柱体抗压强度，又称为轴心抗压强度，是以尺寸为150mm×150mm×300mm的标准试件，在标准养护条件下养护28d，测得的抗压强度。以f_{cp}表示。

如确有必要，可采用非标准尺寸的棱柱体试件，但其高宽比应控制在2~3范围内。非标准尺寸的棱柱体试件的截面尺寸为100mm×100mm和200mm×200mm，测得的抗压强度值应分别乘以换算系数0.95和1.05。

混凝土的棱柱体抗压强度是钢筋混凝土结构设计的依据。在钢筋混凝土结构计算中，计算轴心受压构件时以棱柱体抗压强度作为依据，因为其接近于混凝土构件的实际受力状态。由于棱柱体抗压强度受压时受到的摩擦力作用范围比立方体试件的小，因此棱柱体抗压强度值比立方体抗压强度值低，实际中f_{cp}=（0.70~0.80）f_{cu}，在结构设计计算时，一般取$f_{cp}=0.67f_{cu}$。

3. 强度等级

混凝土强度等级是根据混凝土立方体抗压强度标准值划分的级别，以“C”和“混凝土立方体抗压强度标准值（$f_{cu,k}$）”表示。主要有C10，C15，C20，C25，C30，C35，C40，C45，C50，C55，C60，C65，C70，C75，C80等十五个强度等级。

混凝土立方体抗压强度标准值（$f_{cu,k}$）系指对按标准方法制作和养护的边长为150mm的立方体试件，在28d龄期，用标准试验方法测得的抗压强度总体分布中的一个值，强度低于该值的百分率不超过5%。

在工程设计时，应根据建筑物不同部位承受荷载情况不同，选取不同强度等级的混凝土。混凝土强度等级的选用见表3-20。

混凝土强度等级的选择 **表 3-20**

强度等级	一般应用范围
C10 ~ C15	用于基础垫层、地坪及受力不大的结构
C20 ~ C30	用于梁、板、柱、楼梯、屋架等普通混凝土结构
≥C30	用于大跨度构件、预应力构件、吊车梁及特种结构

（二）抗拉强度

混凝土的抗拉强度采用劈裂抗拉试验法测得，但其值较低，一般为抗压强度的 1/10 ~ 1/20。在工程设计时，一般没有考虑混凝土的抗拉强度。但混凝土的抗拉强度对抵抗裂缝的产生具有重要意义，在结构设计中，混凝土抗拉强度是确定混凝土抗裂度的重要指标。

（三）影响混凝土抗压强度的主要因素

由于混凝土是由多种材料组成，由人工经配制和施工操作后形成的，因此影响混凝土抗压强度的因素较多，主要有五个方面的因素，即人、机械、材料、施工工艺及环境条件。本课程着重探讨材料、环境等因素对混凝土抗压强度的影响。

试验证明，混凝土受力破坏时，总是最先出现在水泥石与骨料的界面上。因此，混凝土的强度主要决定于水泥石的强度、水灰比及骨料的性质。此外，混凝土的强度还受外加剂、养护条件、龄期、施工条件等因素的影响。

1. 水泥的强度和水灰比

在混凝土中，由于水泥石粘结了骨料，使混凝土成为具有一定强度的人造石材，因此水泥强度直接影响混凝土强度，在配合比相同的情况下，所用水泥强度越高，则水泥石与骨料的粘结强度越大，混凝土的强度越高。

水灰比是混凝土中用水量与水泥用量的比值。在拌制混凝土时，为了使拌合物具有较好的和易性，通常加入较多的水，约占水泥质量的 40% ~ 70%。而水泥水化需要的水分大约只占水泥质量的 23%左右，剩余的水分或泌出，或积聚在水泥石与骨料粘结的表面，会增大混凝土内部孔隙和降低水泥石与骨料之间的粘结力。因此，在水泥强度及其他条件相同时，混凝土的抗压强度主要取决于水灰比，这一规律称为水灰比定则。水灰比越小，则混凝土的强度越高。但水灰比过小，拌合物和易性不易保证，硬化后的强度反而降低。

水灰比、灰水比的大小对混凝土抗压强度的影响分别如图 3-5 ~ 图 3-6 所示。

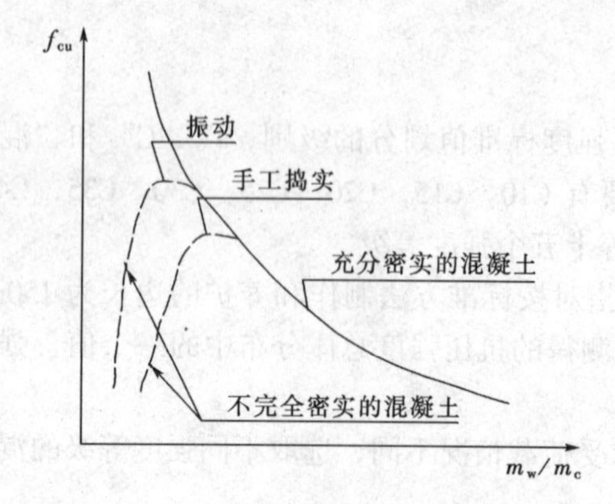

图 3-5　水灰比与混凝土强度的关系

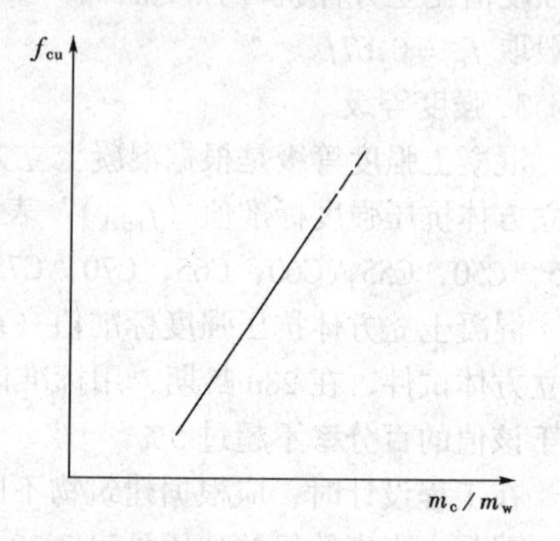

图 3-6　灰水比与混凝土强度的关系

根据大量试验结果及工程实践，水泥强度及灰水比与混凝土强度有如下关系：

$$f_{cu} = \alpha_a \cdot f_{ce}\left(\frac{m_c}{m_w} - \alpha_b\right)$$

式中 f_{cu}——混凝土 28d 龄期的抗压强度值，MPa；

f_{ce}——水泥 28d 抗压强度的实测值，MPa；

m_c/m_w——混凝土灰水比，即水灰比的倒数；

α_a、α_b——回归系数。与水泥、骨料的品种有关。其值见第五节。

利用上述经验公式，可以根据水泥强度和水灰比值的大小估计混凝土的强度；也可以根据水泥强度和要求的混凝土强度计算混凝土的水灰比。

2. 粗骨料的品种

粗骨料在混凝土硬化后主要起骨架作用。由于水泥石的强度、粗骨料的强度均高于混凝土的抗压强度，因此在混凝土抗压破坏时，一般不会出现水泥石和骨料先破坏的情况，最薄弱的环节是水泥石与骨料粘结的表面。水泥石与骨料的粘结强度不仅取决于水泥石的强度，而且还与粗骨料的品种有关。碎石形状不规则，表面粗糙、多棱角，与水泥石的粘结强度较高。卵石呈圆形或卵圆形，表面光滑，与水泥石的粘结强度较低。因此，在水泥石强度及其他条件相同时，碎石混凝土的强度高于卵石混凝土的强度。

3. 养护条件

为混凝土创造适当的温度、湿度条件以利其水化和硬化的工序称为养护。养护的基本条件是温度和湿度。在适当的温度和适当条件下，水泥的水化才能顺利进行，促使混凝土强度发展。

混凝土所处的温度环境对水泥的水化影响较大：温度越高，水化速度越快，混凝土的强度发展也越快。为了加快混凝土强度发展，在工程中采用自然养护时，可以采取一定的措施，如覆盖、利用太阳能养护。另外，采用热养护，如蒸汽养护、蒸压养护，可以加速混凝土的硬化，提高混凝土的早期强度。当环境温度低于 0℃时，混凝土中的大部分或全部水分结成冰，水泥不能与固态的冰发生化学反应，混凝土的强度将停止发展。

环境的湿度是保证混凝土中水泥正常水化的重要条件。在适当的湿度下，水泥能正常水化，有利于混凝土强度的发展。湿度过低，混凝土表面会产生失水，迫使内部水分向表面迁移，在混凝土中形成毛细管通道，使混凝土的密实度、抗冻性、抗渗性下降，强度较低；或者混凝土表面产生干缩裂缝，不仅强度较低，而且影响表面质量和耐久性。

为了使混凝土正常硬化，必须保证混凝土成型后的一定时间内保持一定的温度和湿度。在自然环境中，利用自然气温进行的养护称为自然养护。规定对已浇筑完毕的混凝土，应在 12h 内加以覆盖和浇水。覆盖可采用锯末、塑料薄膜、麻袋片等；浇水养护时间，对于硅酸盐水泥、普通硅酸盐水泥或矿渣硅酸盐水泥拌制的混凝土，浇水养护时间不得少于 7 昼夜，对掺缓凝型外加剂或有抗渗要求的混凝土不得少于 14 昼夜，浇水次数应能保持混凝土表面长期处于潮湿状态。当环境温度低于 4℃时，不得浇水养护。

4. 龄期

龄期是指混凝土在正常养护条件下所经历的时间。在正常的养护条件下，混凝土的抗压强度随龄期的增加而不断发展，在 7～14d 内强度发展较快，以后逐渐减慢，28d 后强度发展更慢。由于水泥水化的原因，混凝土的强度发展可持续数十年。

试验证明，当采用普通水泥拌制的、中等强度等级的混凝土，在标准养护条件下，混凝土的抗压强度与其龄期的对数成正比。

$$\frac{f_n}{\lg n} = \frac{f_{28}}{\lg 28}$$

式中　f_n、f_{28}——分别为 n、28 天龄期的抗压强度，MPa。其中 n 大于 3。

根据上述经验公式，可以根据测定出的混凝土 nd 抗压强度，推算出混凝土 28d 的强度。

5. 外加剂

在混凝土拌合过程中掺入适量减水剂，可在保持混凝土拌合物和易性不变的情况下，减少混凝土的单位用水量，提高混凝土的强度。掺入早强剂可以提高混凝土的早期强度，而对后期强度无影响。

（四）提高混凝土抗压强度的主要措施

根据影响混凝土抗压强度的主要因素，在工程实践中，可采取以下一些措施：

1. 采用高强度等级水泥。
2. 采用单位用水量较小、水灰比较小的干硬性混凝土。
3. 采用合理砂率，以及级配合格、强度较高、质量良好的碎石。
4. 改进施工工艺，加强搅拌和振捣。
5. 采用加速硬化措施，提高混凝土的早期强度。
6. 在混凝土拌合时掺入减水剂或早强剂。

三、混凝土的耐久性

（一）混凝土耐久性的概念及主要内容

混凝土的耐久性是指混凝土在长期使用过程中，能抵抗各种外界因素的作用，而保持其强度和外观完整性的能力。混凝土的耐久性主要包括抗冻性、抗渗性、抗侵蚀性、碳化及碱骨料反应等。

1. 抗渗性

混凝土的抗渗性是指混凝土抵抗压力水渗透的能力。混凝土渗水的主要原因是由于混凝土内部存在连通的毛细孔和裂缝，形成了渗水通道。渗水通道主要来源于水泥石内的孔隙、水泥浆泌水形成的泌水通道、收缩引起的微小裂缝等。因此，提高混凝土的密实度，可以提高其抗渗性。

混凝土的抗渗性用抗渗等级表示。是以 28d 龄期的标准试件，按规定方法进行试验时所能承受的最大静水压力来确定。可分为 P4、P6、P8、P10 和 P12 等五个等级，分别表示混凝土能抵抗 0.4、0.6、0.8、1.0 和 1.2MPa 的静水压力而不发生渗透。

2. 抗冻性

混凝土的抗冻性是指混凝土在饱和水状态下，能抵抗冻融循环作用而不发生破坏，强度也不显著降低的性质。在寒冷地区，特别是在严寒地区处于潮湿环境或干湿交替环境的混凝土，抗冻性是评定混凝土耐久性的重要指标。

混凝土的耐久性用抗冻等级表示。抗冻等级是以 28d 龄期的混凝土标准试件，在饱和水状态下，强度损失不超过 25%，且质量损失不超过 5%时，混凝土所能承受的最大冻融循环次数来表示，有 F10、F15、F25、F50、F100、F200、F250 和 F300 等九个抗冻等级。

混凝土的抗冻性主要决定于混凝土的孔隙率及孔隙特征、含水程度等因素。孔隙率较小且具有封闭孔隙的混凝土，其抗冻性较好。

3. 抗侵蚀性

混凝土的抗侵蚀性主要取决于水泥石的抗侵蚀性。合理选择水泥品种、提高混凝土制品的密实度均可以提高抗侵蚀性。有关水泥石侵蚀的内容见第四章的有关内容。

4. 抗碳化性

混凝土的碳化主要指水泥石的碳化。水泥石的碳化是指水泥石中的 $Ca(OH)_2$ 与空气中的 CO_2 在潮湿条件下发生化学反应。混凝土碳化，一方面会使其碱度降低，从而使混凝土对钢筋的保护作用降低，钢筋易锈蚀；另一方面，会引起混凝土表面产生收缩而开裂。

5. 碱骨料反应

碱骨料反应是指水泥、外加剂等混凝土组成物及环境中的碱与骨料中碱活性矿物在潮湿环境下缓慢发生并导致混凝土开裂破坏的膨胀反应。常见的碱骨料反应为碱－氧化硅反应，碱骨料反应后，会在骨料表面形成复杂的碱硅酸凝胶，吸水后凝胶不断膨胀而使混凝土产生膨胀性裂纹，严重时会导致结构破坏。为了防止碱骨料反应，应严格控制水泥中碱的含量和骨料中碱活性物质的含量。

（二）提高混凝土耐久性的措施

混凝土所处的环境条件不同，其耐久性的涵义也有所不同，应根据混凝土所处环境条件采取相应的措施来提高耐久性。提高混凝土耐久性的主要措施有：

1. 合理选择混凝土的组成材料

（1）应根据混凝土的工程特点或所处的环境条件，合理选择水泥品种。

（2）选择质量良好、技术要求合格的骨料。

2. 提高混凝土制品的密实度

（1）严格控制混凝土的水灰比和水泥用量。混凝土的最大水灰比和最小水泥用量必须符合表 3-21 的规定。

混凝土的最大水灰比和最小水泥用量 **表 3-21**

环境条件		结构物类别	最大水灰比			最小水泥用量（kg/m^3）		
			素混凝土	钢筋混凝土	预应力混凝土	素混凝土	钢筋混凝土	预应力混凝土
干燥环境		•正常的居住或办公用房屋内	不做规定	0.65	0.60	200	260	300
潮湿环境	无冻害	•高湿度的室内部件 •室外部件 •在非侵蚀性土和（或）水中的部件	0.70	0.60	0.60	225	280	300
潮湿环境	有冻害	•经受冻害的室外部件 •在非侵蚀性土和（或）水中且经受冻害的部件 •高湿度且经受冻害的室内部件	0.55	0.55	0.55	250	280	300
有冻害和除冰剂的潮湿环境		•经受冻害和除冰剂作用的室内和室外部件	0.50	0.50	0.50	300	300	300

（2）选择级配良好的骨料及合理砂率值，保证混凝土的密实度。

（3）掺入适量减水剂，可减少混凝土的单位用水量，提高混凝土的密实度。

（4）严格按操作规程进行施工操作，加强搅拌、合理浇筑、振捣密实、加强养护，确保施工质量，提高混凝土制品的密实度。

3. 改善混凝土的孔隙结构

在混凝土中掺入适量引气剂，可改善混凝土内部的孔结构，封闭孔隙的存在，可以提高混凝土的抗渗性、抗冻性及抗侵蚀性。

第四节 混凝土外加剂

混凝土外加剂是在混凝土拌合过程中掺入的，能够改善混凝土性能的化学药剂，掺量一般不超过水泥用量的5%。

混凝土外加剂在掺量较少的情况下，可以明显改善混凝土的性能，包括改善混凝土拌合物和易性、调节凝结时间、提高混凝土强度及耐久性等。混凝土外加剂在工程中的应用越来越广泛，被誉为混凝土的第五种组成材料。

根据国家标准《混凝土外加剂》（GB 8076—1997）的规定，混凝土外加剂按照其主要功能分为四类：

（1）改善混凝土拌合物流变性能的外加剂，包括各种减水剂、引气剂和泵送剂等。

（2）调节混凝土凝结时间、硬化性能的外加剂，包括缓凝剂、早强剂和速凝剂等。

（3）改善混凝土耐久性的外加剂，包括引气剂、防水剂和阻锈剂等。

（4）改善混凝土其他性能的外加剂，包括加气剂、膨胀剂、防冻剂、着色剂、防水剂和泵送剂等。

在建筑过程中，最常用的外加剂是减水剂、早强剂等，因此本教材主要讲述混凝土减水剂和早强剂，对其他外加剂，只做简单介绍。

一、减水剂

混凝土减水剂是指在保持混凝土拌合物和易性一定的条件下，具有减水和增强作用的外加剂，又称为“塑化剂”，高效减水剂又称为“超塑化剂”。根据减水剂的作用效果及功能不同，减水剂可分为普通减水剂、高效减水剂、早强减水剂、缓凝减水剂、引气减水剂、缓凝高效减水剂等。

（一）减水剂的作用机理

常用的减水剂属于离子型表面活性剂。当表面活性剂溶于水后，受水分子的作用，亲水基团指向水分子，溶于水中，憎水基团则吸附于固相表面、溶解于油类或指向空气中，做定向排列，降低了水的表面张力。

在水泥加水拌合形成水泥浆的过程中，由于水泥为颗粒状材料，其比表面积大，颗粒之间容易吸附在一起，把一部分水包裹在颗粒之间而形成絮凝状结构，包裹的水分不能起到使水泥浆流动的作用，因此，混凝土拌合物流动性降低。

当水泥浆中加入表面活性剂后，一方面表面活性剂在水泥颗粒表面做定向排列使水泥颗粒表面带有同种电荷，这种排斥力远远大于水泥颗粒之间的分子引力，使水泥颗粒分散，絮凝状结构中的水分释放出来，混凝土拌合用水的作用得到充分的发挥，拌合物的流动性明显提高，其原理如图 3-7 所示。另一方面，表面活性剂的极性基与水分子产生缔合作用，使水泥颗粒表面形成一层溶剂化水膜，阻止了水泥颗粒之间直接接触，起到润滑作用，改善了拌合物的流动性。

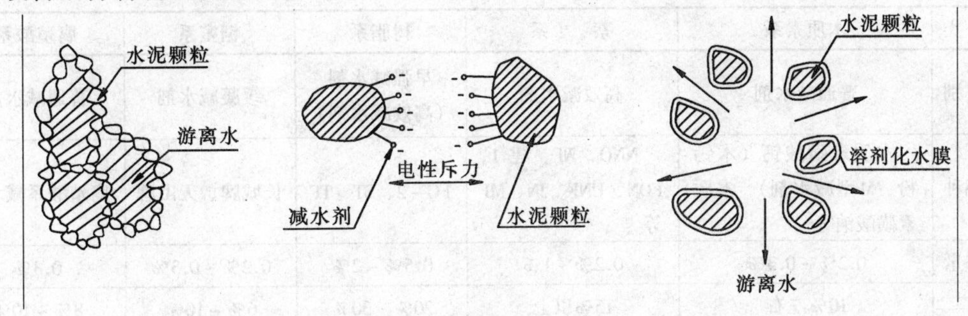

图 3-7　减水剂的作用示意图

由于表面活性剂对水泥颗粒的包裹，水泥水化反应速度减慢，因此减水剂一般具有一定的缓凝作用。

（二）减水剂的作用效果

在混凝土中掺入减水剂后，具有以下技术经济效果：

1. 减少混凝土拌合物的用水量，提高混凝土的强度

在混凝土中掺入减水剂后，可在混凝土拌合物坍落度基本一定的情况下，减少混凝土的单位用水量 5% ~ 25%（普通型 5% ~ 15%，高效型 10% ~ 30%），从而降低了混凝土的水灰比，使混凝土强度提高。

2. 提高混凝土拌合物的流动性

在混凝土各组成材料用量一定的条件下，加入减水剂能明显提高混凝土拌合物的流动性，一般坍落度可提高 100 ~ 200mm。

3. 节约水泥

在混凝土拌合物坍落度、强度一定的情况下，拌合物用水量减少的同时，水泥用量也可以减少，可节约水泥 5% ~ 20%。

4. 改善混凝土拌合物的性能

掺入减水剂后，可以减少混凝土拌合物的泌水、离析现象，延缓拌合物的凝结时间，减缓水泥水化放热速度，显著提高混凝土硬化后的抗渗性和抗冻性，提高混凝土的耐久性。

（三）常用的减水剂

减水剂是目前应用最广的外加剂，按化学成分分为木质素系减水剂、萘系减水剂、树脂系减水剂、糖蜜系减水剂及腐植酸系减水剂等。各系列减水剂的主要品种、性能及适用范围见表 3-22。

（四）减水剂的掺法

减水剂的掺法主要有先掺法、同掺法、后掺法等，其中以“后掺法”为最佳。后掺法是指减水剂加入混凝土中时，不是在搅拌时加入，而是在运输途中或在施工现场分一次加入或几次加入，再经二次或多次搅拌，成为混凝土拌合物。后掺法可减少、抑制混凝土拌合物在长距离运输过程中的分层离析和坍落度损失；可提高混凝土拌合物的流动性、减水

率、强度和降低减水剂掺量、节约水泥等，并可提高减水剂对水泥的适应性等。特别适合于采用泵送法施工的商品混凝土。

常用减水剂的品种及性能　　　　表 3-22

种　　类	木质素系	萘　　系	树脂系	糖蜜系	腐殖酸系
类　　别	普通减水剂	高效减水剂	早强减水剂（高效减水剂）	缓凝减水剂	普通减水剂
主要品种	木质素磺酸钙（木钙粉、M型减水剂）、木质素磺酸钠等	NNO、NF、建 1、FDN、UNF、JN、MF等	FG-2、ST、TF	长城牌、天山牌	腐殖酸系减水剂
适宜掺量	0.2%～0.3%	0.2%～1%	0.5%～2%	0.2%～0.3%	0.3%
减水率	10%左右	15%以上	20%～30%	6%～10%	8%～10%
早强效果	—	显　著	显著（7d可达28d强度）	—	有早强型、缓凝型两种
缓凝效果	1～3h	—	—	3h以上	—
引气效果	1%～2%	部分品种小于2%	—	—	—
适用范围	一般混凝土工程及大模板、滑模、泵送、大体积及夏季施工的混凝土工程	适用于所有混凝土工程，特别适用于配制高强混凝土及大流动性混凝土	因价格较高，宜用于有特殊要求的混凝土工程	大体积混凝土工程及滑模、夏季施工的混凝土工程作为缓凝剂	一般混凝土工程

二、早强剂

早强剂是指掺入混凝土中能够提高混凝土早期强度，对后期强度无明显影响的外加剂。早强剂可在不同温度下加速混凝土强度发展，多用于要求早拆模、抢修工程及冬季施工的工程。

工程中常用早强剂的品种主要有无机盐类、有机物类和复合早强剂。常用早强剂的品种、掺量等见表 3-23。

常用早强剂的品种、掺量及作用效果　　　　表 3-23

种　　类	无机盐类早强剂	有机物类早强剂	复合早强剂
主要品种	氯化钙、硫酸钠	三乙醇胺、三异丙醇胺、尿素等	二水石膏+亚硝酸钠+三乙醇胺
适宜掺量	氯化钙 1%～2%； 硫酸钠 0.5%～2%	0.02%～0.05%	2%二水石膏+1%亚硝酸钠+0.05%三乙醇胺
作用效果	氯化钙：可使 2d～3d 强度提高 40%～100%，7d 强度提高 25%		能使 3d 强度提高 50%
注意事项	氯盐会锈蚀钢筋，掺量必须符合有关规定	对钢筋无锈蚀作用	早强效果显著，适用于严格禁止使用氯盐的钢筋混凝土

三、引气剂

引气剂是指加入混凝土中能引入微小气泡的外加剂。引气剂具有降低固—液—气三相表面张力、提高气泡强度，并使气泡排开水分而吸附于固相表面的能力。在搅拌过程中使混凝土内部的空气形成大量孔径约为 0.05～2mm 的微小气泡，均匀分布于混凝土拌合物中，可改善混凝土拌合物的流动性。同时也改善了混凝土内部孔的特征，显著提高混凝土的抗冻性和抗渗性。但混凝土含气量的增加，会降低混凝土的强度。一般引入体积百分数为 1%的气体，可使混凝土的强度下降 4%～6%。

工程中常用的引气剂为松香热聚物，其掺量为水泥用量的 0.01%～0.02%。

第五节　普通混凝土的配合比设计

一、配合比及其表示方法

混凝土的配合比是指混凝土各组成材料用量之比。混凝土的配合比主要有“重量比”和“体积比”两种表示方法。工程中常用“重量比”表示。

混凝土的重量配合比，在工程中也有两种表示方法：

（1）以 $1m^3$ 混凝土中各组成材料的实际用量表示。例如，水泥 $m_c=295kg$，砂 $m_s=648kg$，石子 $m_g=1330kg$，水 $m_w=165kg$。

（2）以各组成材料用量之比表示。例如，上例也可表示为：$m_c:m_s:m_g=1:2.20:4.51$，$m_w/m_c=0.56$。

二、配合比设计的要求

混凝土配合比设计的要求，即混凝土需要达到的性能要求，包括技术要求和经济性要求两方面。技术要求主要包括：和易性、强度、耐久性要求。在满足技术要求的基础上，要尽量节约原材料，降低成本，因此还有经济性要求。

三、配合比设计的基本参数

普通混凝土配合比设计的主要参数包括：水灰比（m_w/m_c）、单位用水量（m_w）和砂率（β_s）。这三个参数反映了混凝土的主要技术性质。三个参数的作用、相互关系及对混凝土性能的影响等，如图 3-8 所示。

四、配合比设计的步骤与方法

（一）确定混凝土的施工配制强度 $f_{cu,0}$

为了使混凝土强度达到强度等级要求的保证率为 95%，在施工配制混凝土时应在强度等级要求的基础上提高混凝土的强度，该强度称为混凝土的施工配制强度。根据混凝土

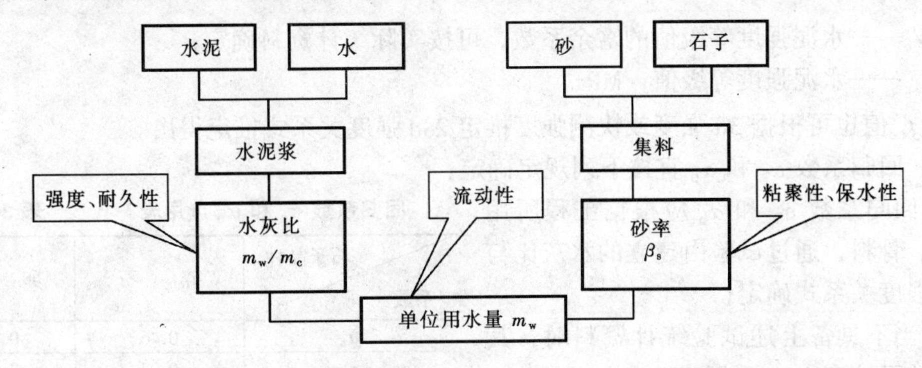

图 3-8　配合比设计参数及其确定

强度分布规律，施工配制强度按下式计算：

$$f_{cu,0} \geqslant f_{cu,k} + 1.645\sigma$$

式中 $f_{cu,0}$——混凝土配制强度，MPa；

$f_{cu,k}$——混凝土立方体抗压强度标准值，即混凝土强度等级值，MPa；

σ——混凝土强度标准差，MPa。

混凝土强度标准差宜根据同类混凝土统计资料确定，并应符合以下规定：

（1）计算时，强度试件组数不应少于 25 组；

（2）当混凝土强度等级为 C20 和 C25 级，其强度标准差计算值 $\sigma < 2.5$MPa 时，取 $\sigma = 2.5$MPa；当混凝土强度等级等于或大于 C30 级，其强度标准差计算值 $\sigma < 3.0$MPa 时，取 $\sigma = 3.0$MPa；

（3）当无统计资料计算混凝土强度标准差时，其值按现行国家标准《混凝土结构工程施工质量验收规范》（GB 50204—2002）的规定取用，见表 3-24。

混凝土强度标准差 **表 3-24**

强度等级	< C20	C20 ~ C35	≥C35
标准差 σ（MPa）	4.0	5.0	6.0

在工程实践中，遇有下列情况时，应提高混凝土的配制强度：

1. 现场条件与试验室条件有显著差异时；

2. C30 级及以上强度等级的混凝土，采用非统计方法评定时。

（二）确定混凝土水灰比 m_w/m_c

1. 按混凝土强度要求计算水灰比 m_w/m_c

当混凝土强度等级小于 C60 级时，混凝土水灰比宜按下式计算：

$$\frac{m_w}{m_c} = \frac{\alpha_a \cdot f_{ce}}{f_{cu,0} + \alpha_a \cdot \alpha_b \cdot f_{ce}}$$

式中 α_a、α_b——回归系数；

f_{ce}——水泥 28d 抗压强度实测值，MPa。

（1）水泥 28d 抗压强度实测值，按以下方法确定：

1）当无水泥 28d 抗压强度实测值时，式中的 f_{ce} 值可按下式确定：

$$f_{ce} = \gamma_c \cdot f_{ce,g}$$

式中 γ_c——水泥强度等级值的富余系数，可按实际统计资料确定；

$f_{ce,g}$——水泥强度等级值，MPa。

2）f_{ce} 值也可根据 3d 强度或快测强度推定 28d 强度关系式推定得出。

（2）回归系数 α_a 和 α_b 宜按下列规定确定：

1）回归系数 α_a 和 α_b 应根据工程所用的水泥、骨料，通过试验由建立的水灰比与混凝土强度关系式确定；

2）当不具备上述试验统计资料时，其回归系数可按表 3-25 采用。

回归系数 α_a 和 α_b 选用表 **表 3-25**

石子品种 / 系数	碎 石	卵 石
α_a	0.46	0.48
α_b	0.07	0.33

2. 按耐久性要求复核水灰比

为了使混凝土耐久性符合要求，按强度要求计算的水灰比值不得超过表3-21规定的最大水灰比值，否则混凝土耐久性不合格。此时，取规定的最大水灰比值作为混凝土的水灰比值。

（三）确定单位用水量 m_{w0}

混凝土的单位用水量的确定，应符合以下规定：

1. 塑性混凝土和干硬性混凝土单位用水量的确定

（1）水灰比在0.40～0.80范围内时，根据粗骨料的品种、粒径及施工要求的混凝土拌合物稠度，其单位用水量分别按表3-26和表3-27选取。

塑性混凝土的单位用水量（kg） **表3-26**

拌合物稠度		卵石最大粒径（mm）				碎石最大粒径（mm）			
项 目	指 标	10	20	31.5	40	16	20	31.5	40
坍落度（mm）	10～30	190	170	160	150	200	185	175	165
	35～50	200	180	170	160	210	195	185	175
	55～70	210	190	180	170	220	205	195	185
	75～90	215	195	185	175	230	215	205	195

注：1. 本表用水量系采用中砂时的平均取值。采用细砂时，每立方米混凝土用水量可增加5～10kg；采用粗砂时，则可减少5～10kg。

2. 掺用各种外加剂或掺合料时，用水量应相应调整。

干硬性混凝土的单位用水量（kg） **表3-27**

拌合物稠度		卵石最大粒径（mm）			碎石最大粒径（mm）		
项 目	指 标	10	20	40	16	20	40
维勃稠度（s）	16～20	175	160	145	180	170	155
	11～15	180	165	150	185	175	160
	5～10	185	170	155	190	180	165

（2）水灰比小于0.40的混凝土以及采用特殊成型工艺的混凝土单位用水量应通过试验确定。

2. 流动性和大流动性混凝土的单位用水量宜按下列步骤计算

（1）以表3.26中坍落度90mm的单位用水量为基础，按坍落度每增大20mm，单位用水量增加5kg，计算出为掺外加剂时的混凝土的单位用水量；

（2）掺外加剂时混凝土的单位用水量可按下式计算：

$$m_{wa} = m_{w0}\ (1 - \beta)$$

式中 m_{wa}——掺外加剂时混凝土的单位用水量，kg；

m_{w0}——未掺外加剂时混凝土的单位用水量，kg；

β——外加剂的减水率。外加剂的减水率应经试验确定。

（四）计算水泥用量 m_{c0}

1. 计算每立方米混凝土中的水泥用量 m_{c0}

$$m_{c0}=\frac{m_{w0}}{m_w/m_c}$$

2. 复核耐久性

将计算出的每立方米混凝土的水泥用量与表3-21规定的最小水泥用量比较：如计算水泥用量不低于最小水泥用量，则混凝土耐久性合格；如计算水泥用量低于最小水泥用量，则混凝土耐久性不合格，此时应取表3-21规定的最小水泥用量。

（五）确定砂率 β_s

当无历史资料可参考时，混凝土砂率的确定应符合下列规定：

1. 坍落度为10~60mm的混凝土砂率

根据粗骨料品种、粒径及水灰比按表3-28选取。

混凝土砂率（%） **表3-28**

水灰比 (m_w/m_c)	卵石最大粒径（mm）			碎石最大粒径（mm）		
	10	20	40	16	20	40
0.40	26~32	25~31	24~30	30~35	29~34	27~32
0.50	30~35	29~34	28~33	33~38	32~37	30~35
0.60	33~38	32~37	31~36	36~41	35~40	33~38
0.70	36~41	35~40	34~39	39~44	38~43	36~41

注：1. 本表数值系中砂的选用砂率，对细砂或粗砂，可相应减少或增大砂率；
2. 只用一个单粒级粗骨料配制混凝土时，砂率应适当增大；
3. 对薄壁构件，砂率取偏大值。

2. 坍落度大于60mm的混凝土砂率

经试验确定，也可在表3-28的基础上，按坍落度每增大20mm，砂率增大1%的幅度予以调整。

3. 坍落度小于10mm的混凝土

其砂率应经试验确定。

（六）计算砂、石子用量 m_{s0}、m_{g0}

1. 体积法

体积法的原理为：$1m^3$ 混凝土中的组成材料——水泥、砂、石子、水经过拌合均匀、成型密实后，混凝土的体积为 $1m^3$，即：

$$V_c+V_s+V_g+V_w+V_a=1$$

式中 V_c、V_s、V_g、V_w、V_a——分别表示 $1m^3$ 混凝土中水泥、砂、石子、水、空气（孔隙）的体积，m^3。

用材料的质量和密度表示体积后，与砂率的定义式联立求解，即：

$$\begin{cases}\dfrac{m_{c0}}{\rho_c}+\dfrac{m_{s0}}{\rho_s}+\dfrac{m_{g0}}{\rho_g}+\dfrac{m_{w0}}{\rho_w}+0.01\alpha=1\\ \beta_s=\dfrac{m_{s0}}{m_{s0}+m_{g0}}\times100\%\end{cases}$$

式中 ρ_c、ρ_s、ρ_g、ρ_w——分别为水泥的密度、砂的表观密度、石子的表观密度、水的密度（kg/m^3）。水泥的密度可取2900~3100kg/m^3；

α——混凝土的含气量百分数，在不使用引气型外加剂时，可取 $\alpha=1$。

将已知和已求得的数据代入上述方程组，解方程组可得 m_{s0}、m_{g0}。

2. 质量法

质量法又称为假定体积密度法。假定混凝土拌合物的质量为 m_{cp}（kg）。则有：

$$\begin{cases} m_{c0}+m_{s0}+m_{g0}+m_{w0}=m_{cp} \\ \beta_s=\dfrac{m_{s0}}{m_{s0}+m_{g0}}\times 100\% \end{cases}$$

式中 m_{c0}、m_{s0}、m_{g0}、m_{w0}——分别为 $1m^3$ 混凝土中水泥、砂、石子、水的用量，kg；

m_{cp}——$1m^3$ 混凝土拌合物的假定质量，kg。可取 $2350\sim2450kg/m^3$。

β_s——混凝土砂率。

将已知和已求得的数据代入上述方程组，解方程组可得 m_{s0}、m_{g0}。

（七）计算基准配合比

上述按经验公式和经验数据计算出的配合比，称为基准配合比，其表示方法如下：

1. 以 $1m^3$ 混凝土中各组成材料的实际用量表示

2. 以各组成材料用量之比表示

表示为：$m_{c0}:m_{s0}:m_{g0}=1:x:y$，$m_w/m_c=?$

（八）试配、调整、确定试验室配合比

1. 试配

根据计算的混凝土基准配合比，采用工程中实际使用的原材料进行试配。混凝土的搅拌方法，宜与生产时使用的方法相同。混凝土试配时，每盘混凝土的最小搅拌量应符合表 3-29 的规定。当采用机械搅拌时，其搅拌量不应小于搅拌机额定搅拌量的 1/4。

混凝土试配时的最小搅拌量　　表 3-29

骨料最大粒径（mm）	拌合物数量（L）
31.5 及以下	15
40	25

按计算的基准配合比进行试配时，首先应进行试拌，以检查拌合物的性能。当试拌得出的拌合物坍落度或维勃稠度不能满足要求，或黏聚性和保水性不好时，应在保证水灰比不变的条件下相应调整用水量或砂率，直到符合要求时为止。然后，测得达到和易性要求的混凝土拌合物的体积密度 $\rho_{c,t}$（kg/m^3），提出混凝土强度试验用的基准配合比。

混凝土强度试验时至少应采用三个不同的配合比。当采用三个不同配合比时，其中一个应为计算出的基准配合比，另外两个配合比的水灰比，宜较基准配合比分别增加和减少 0.05；用水量应与基准配合比相同，砂率可分别增加或减少 1%。

当不同水灰比的混凝土拌合物坍落度与要求值的差超过允许偏差时，可通过增、减用水量进行调整。

制作混凝土强度试验试件时，应检验混凝土拌合物的坍落度或维勃稠度、黏聚性、保水性及拌合物的体积密度，并以此结果代表相应配合比的混凝土拌合物性能。每种配合比至少应制作一组试件（三块），标准养护至 28d 时试压。

2. 设计配合比的确定

（1）根据试验得出的混凝土强度与其相应的灰水比（m_c/m_w）关系，用作图法或计算法求出与混凝土配制强度（$f_{cu,0}$）相对应的灰水比，并按下列原则确定 $1m^3$ 混凝土中的组成材料用量：

1）单位用水量（m_w）应在基准配合比用水量的基础上，根据制作强度试件时测得的坍落度或维勃稠度进行调整确定；

2）水泥用量（m_c）应以用水量乘以选定出来的灰水比计算确定；

3）粗骨料和细骨料用量（m_s、m_g）应在基准配合比的用量基础上，按选定的灰水比进行调整后确定。

(2) 经试配确定配合比后，还应按下列步骤进行校正：

1）按上述方法确定的各组成材料用量按下式计算混凝土的体积密度计算值 $\rho_{c,c}$：

$$\rho_{c,c} = m_c + m_s + m_g + m_w$$

2）应按下式计算混凝土配合比校正系数 δ：

$$\delta = \frac{\rho_{c,t}}{\rho_{c,c}}$$

式中 $\rho_{c,t}$——混凝土体积密度实测值，kg/m^3；

$\rho_{c,c}$——混凝土体积密度计算值，kg/m^3。

3）当混凝土体积密度实测值与计算值之差的绝对值不超过计算值的 2%时，按（1）条确定的配合比即为确定的设计配合比；当二者之差超过 2%时，应将配合比中各组成材料用量均乘以校正系数 δ，即为确定的设计配合比。

（九）计算施工配合比

设计配合比中的砂、石子均以干燥状态下的用量为准。施工现场的骨料一般采用露天堆放，其含水率随气候的变化而变化，因此必须在设计配合比的基础上进行调整。

假定现场砂、石子的含水率分别为 $a\%$和 $b\%$，则施工配合比中 1m^3 混凝土的各组成材料用量分别为：

$$m'_c = m_c$$

$$m'_s = m_s(1 + a\%)$$

$$m'_g = m_g(1 + b\%)$$

$$m'_w = m_w - m_s \times a\% - m_g \times b\%$$

施工配合比可表示为：$m'_c : m'_s : m'_g = 1 : x : y$，$m'_w / m'_c = ?$

五、配合比计算及应用实例

【例题 1】 某工程现浇室内钢筋混凝土梁，混凝土设计强度等级为 C30。施工采用机械拌合和振捣，选择的混凝土拌合物坍落度为 30~50mm。施工单位无混凝土强度统计资料。所用原材料如下：

水泥：普通水泥，强度等级 42.5MPa，实测 28d 抗压强度 48.0MPa，密度 $\rho_c = 3.1$g/cm^3；

砂：中砂，级配 2 区合格。表观密度 $\rho_s = 2.65$g/cm^3；

石子：卵石，最大粒径 40mm。表观密度 $\rho_g = 2.60$g/cm^3；

水：自来水，密度 $\rho_w = 1.00$g/cm^3。

试用体积法和质量法计算该混凝土的基准配合比。

【解】

1. 计算混凝土的施工配制强度 $f_{cu,0}$：

根据题意可得：$f_{cu,k}=30.0\text{MPa}$，查表 3.24 取 $\sigma=5.0\text{MPa}$，则

$$f_{cu,0}=f_{cu,k}+1.645\sigma$$
$$=30.0+1.645\times5.0=38.2\text{MPa}$$

2. 确定混凝土水灰比 m_w/m_c

(1) 按强度要求计算混凝土水灰比 m_w/m_c

根据题意可得：$f_{ce}=48.0\text{MPa}$，$\alpha_a=0.48$，$\alpha_b=0.33$，则混凝土水灰比为：

$$\frac{m_w}{m_c}=\frac{\alpha_a\cdot f_{ce}}{f_{cu,0}+\alpha_a\cdot\alpha_b\cdot f_{ce}}$$
$$=\frac{0.48\times48.0}{38.2+0.48\times0.33\times48.0}=0.50$$

(2) 按耐久性要求复核

由于是室内钢筋混凝土梁，属于正常的居住或办公用房屋内，查表 3-21 知混凝土的最大水灰比值为 0.65，计算出的水灰比 0.50 未超过规定的最大水灰比值，因此 0.50 能够满足混凝土耐久性要求。

3. 确定用水量 m_{w0}

根据题意，骨料为中砂，卵石，最大粒径为 40mm，查表 3-26 取 $m_{w0}=160\text{kg}$。

4. 计算水泥用量 m_{c0}

(1) 计算：$m_{c0}=\frac{m_{w0}}{m_w/m_c}=\frac{160}{0.50}=320\text{kg}$

(2) 复核耐久性

由于是室内钢筋混凝土梁，属于正常的居住或办公用房屋内，查表 3-21 知每立方米混凝土的水泥用量为 260kg，计算出的水泥用量 320kg 不低于最小水泥用量，因此混凝土耐久性合格。

5. 确定砂率 β_s

根据题意，混凝土采用中砂、卵石（最大粒径 40mm）、水灰比 0.50，查表 3-28 可得 $\beta_s=28\%\sim33\%$，取 $\beta_s=30\%$。

6. 计算砂、石子用量 m_{s0}、m_{g0}

(1) 体积法

将已知数据和已确定的数据代入体积法的计算公式，取 $\alpha=1$，可得：

$$\begin{cases}\frac{m_{s0}}{2650}+\frac{m_{g0}}{2600}=1-\frac{320}{3100}-\frac{160}{1000}-0.01\\ \frac{m_{s0}}{m_{s0}+m_{g0}}\times100\%=30\%\end{cases}$$

解方程组，可得 $m_{s0}=570\text{kg}$、$m_{g0}=1330\text{kg}$。

(2) 质量法

假定混凝土拌合物的质量为 $m_{cp}=2400\text{kg}$，将已知数据和已确定的数据代入质量法计算公式，可得：

$$\begin{cases}m_{s0}+m_{g0}=2400-320-160\\ \frac{m_{s0}}{m_{s0}+m_{g0}}\times100\%=30\%\end{cases}$$

解方程组，可得 $m_{s0}=576\text{kg}$、$m_{g0}=1344\text{kg}$。

7. 计算基准配合比

（1）体积法结果：$m_{c0}:m_{s0}:m_{g0}=320:570:1330=1:1.78:4.16$，$m_w/m_c=0.50$；

（2）质量法结果：$m_{c0}:m_{s0}:m_{g0}=320:576:1344=1:1.80:4.20$，$m_w/m_c=0.50$。

【例题 2】 某混凝土经试配调整后的设计配合比为：$m_{c0}:m_{s0}:m_{g0}=1:1.78:4.16$，$\frac{m_w}{m_c}=0.50$，$m_{c0}=320\text{kg}$。施工现场砂、石子的含水率分别为 2% 和 1%，堆积密度分别为 $\rho'_s=1550\text{kg/m}^3$、$\rho'_g=1500\text{kg/m}^3$。试计算：

（1）该混凝土的施工配合比；

（2）1 包水泥（50kg）拌制混凝土时各组成材料的用量；

（3）360m^3 混凝土需要水泥多少吨？砂、石子各多少立方米？

【解】

（1）该混凝土的施工配合比

$$m'_c = m_c = 1$$

$$m'_s = m_s(1+a\%) = 1.78\times(1+2\%) = 1.82$$

$$m'_g = m_g(1+b\%) = 4.16\times(1+1\%) = 4.20$$

$$m'_w = m_w - m_s\times a\% - m_g\times b\% = 0.50-1.78\times2\% - 4.16\times1\% = 0.42$$

施工配合比可表示为：$m'_c:m'_s:m'_g=1:1.82:4.20$，$m'_w/m'_c=0.42$

（2）1 包水泥（50kg）拌制混凝土时其他材料用量分别为：

砂：$m'_s=1.82m'_c=1.82\times50=91\text{kg}$

石子：$m'_g=4.20m'_c=4.20\times50=210\text{kg}$

水：$m'_w=0.42m'_c=0.42\times50=21\text{kg}$

（3）360m^3 混凝土需要的材料数量分别为：

$$Q_c=\frac{360\times320}{1000}=115.2\text{t}$$

$$V'_s=\frac{360\times1.82\times320}{1550}=135.3\text{m}^3$$

$$V'_g=\frac{360\times4.20\times320}{1500}=322.6\text{m}^3$$

六、有特殊要求的混凝土配合比设计

（一）抗渗混凝土

抗渗混凝土是指抗渗等级大于或等于 P6 级的混凝土。抗渗混凝土的组成材料及配合比应符合以下的规定：

1. 组成材料的要求

（1）抗渗混凝土粗骨料宜选择连续级配，其最大粒径不宜大于 40mm，含泥量不得大于 1.0%，泥块含量不得大于 0.5%；

（2）抗渗混凝土细骨料含泥量不得大于 3.0%，泥块含量不得大于 1.0%；

（3）外加剂宜采用防水剂、膨胀剂、引气剂、减水剂或引气减水剂；

（4）抗渗混凝土宜掺入矿物掺合料。

2. 配合比及试配要求

抗渗混凝土的配合比计算方法和试配步骤除与普通混凝土配合比一致外，还应符合以下规定：

(1) 每 $1m^3$ 混凝土中的水泥和矿物掺合料总量不宜小于 320kg；

(2) 砂率宜为 35%～45%；

(3) 掺引气剂的抗渗混凝土，其含气量宜控制在 3%～5%；

(4) 供试配用的最大水灰比应符合表 3-30的规定。

抗渗混凝土的最大水灰比　　表 3-30

抗渗等级	最大水灰比	
	C20～C30 混凝土	C30 以上混凝土
P6 以下	0.60	0.55
P8～P12	0.55	0.50
P12 以上	0.50	0.45

(5) 进行抗渗混凝土配合比设计时，除按普通混凝土试配外，还应增加抗渗性能试验，并应符合以下规定：

1) 试配要求的抗渗水压应比设计值提高 0.2MPa；

2) 试配时，宜采用水灰比最大的配合比做抗渗试验，其试验结果应符合混凝土抗渗试验的要求。

(二) 高强混凝土

高强混凝土是指强度等级为 C60 及其以上的混凝土。高强混凝土的组成材料及配合比应符合以下规定：

1. 组成材料

(1) 应选用质量稳定、强度等级不低于 42.5MPa 的硅酸盐水泥或普通硅酸盐水泥；

(2) 对强度等级为 C60 级的混凝土，其粗骨料最大粒径不应大于 31.5mm；对强度等级高于 C60 级的混凝土，其粗骨料最大粒径不应大于 25mm；粗骨料的针片状颗粒含量不宜大于 5.0%，含泥量不应大于 0.5%，泥块含量不宜大于 0.2%；其他质量指标应符合现行国家标准《建筑用卵石、碎石》(GB/T 14685—2001) 的规定；

(3) 细骨料细度模数宜大于 2.6，含泥量不应大于 2.0%，泥块含量不应大于 0.5%。其他质量指标应符合现行国家标准《建筑用砂》(GB/T 14684—2001) 的规定；

(4) 配制高强混凝土时应掺用高效型减水剂或缓凝高效减水剂；

(5) 配制高强混凝土时应掺用活性较好的矿物掺合料，且宜复合使用矿物掺合料。

2. 配合比及试配要求

高强混凝土的配合比计算方法和试配步骤除与普通混凝土配合比一致外，还应符合以下规定：

(1) 基准配合比中的水灰比，可根据现有试验资料选取；

(2) 配制高强混凝土所用砂率及所采用的外加剂和矿物掺合料的品种、掺量，应通过试验确定；

(3) 计算高强混凝土配合比时，其用水量按普通混凝土配合比设计的规定确定；

(4) $1m^3$ 高强混凝土中的水泥用量不应大于 550kg、水泥和矿物掺合料的总量不应大于 600kg；

(5) 高强混凝土配合比的试配按普通混凝土配合比试配与确定的步骤进行。当采用三个不同配合比进行混凝土强度试验时，其中一个应为基准配合比，另外两个配合比的水灰比，宜较基准配合比分别增加和减少 0.02～0.03。设计配合比确定后，还应使用该配合比进行不少于 6 次的重复试验进行验证，其平均值不应低于配制强度。

（三）泵送混凝土

泵送混凝土是指混凝土拌合物的坍落度不低于 100mm 并用泵送法施工的混凝土。泵送混凝土的组成材料及配合比应符合以下规定：

1. 组成材料

（1）泵送混凝土应选用硅酸盐水泥、普通硅酸盐水泥、矿渣硅酸盐水泥和粉煤灰硅酸盐水泥，不宜采用火山灰质硅酸盐水泥；

（2）粗骨料宜采用连续级配，其针片状颗粒含量不宜大于 10%；粗骨料的最大粒径与输送管内径之比宜符合表 3.31 的规定；

（3）泵送混凝土宜采用中砂，其通过 300μm 筛孔的颗粒含量不应少于 15%；

（4）泵送混凝土应掺用泵送剂或减水剂，并宜掺用粉煤灰或其他活性矿物掺合料，其质量应符合国家现行有关标准的规定。

粗骨料的最大粒径与输送管径之比 **表 3-31**

石子品种	泵送高度（m）	粗骨料最大粒径与输送管径比	石子品种	泵送高度（m）	粗骨料最大粒径与输送管径比
碎　石	小于 50	不大于 1:3.0	卵　石	小于 50	不大于 1:2.5
	50～100	不大于 1:4.0		50～100	不大于 1:3.0
	大于 100	不大于 1:5.0		大于 100	不大于 1:4.0

2. 配合比及试配要求

泵送混凝土配合比的计算和试配步骤除与普通混凝土配合比一致外，还应符合以下规定：

（1）泵送混凝土的用水量与水泥和矿物掺合料的总量之比不宜大于 0.60；

（2）$1m^3$ 泵送混凝土中的水泥和矿物掺合料总量不宜小于 300kg；

（3）泵送混凝土的砂率宜为 35%～45%；

（4）掺用引气型外加剂时，其混凝土含气量不宜大于 4%；

（5）泵送混凝土试配时的坍落度应按下式计算：

$$T_t = T_p + \Delta T$$

式中　T_t——试配时要求的坍落度，mm；

T_p——入泵时要求的坍落度，mm；

ΔT——试验测得在预计时间内的坍落度经时损失值，mm。

本　章　小　结

1. 混凝土是由胶凝材料、细骨料、粗骨料、水以及必要时掺入的化学外加剂组成的，经过胶凝材料凝结硬化后形成的具有一定强度和耐久性的人造石材。

2. 混凝土按用途可分为普通混凝土和特种混凝土。普通混凝土是由水泥、砂、石子、水以及必要时掺入的化学外加剂组成，经硬化后形成的人造石材。

3. 普通混凝土的组成材料的性能直接影响混凝土拌合物及硬化后的混凝土的性能。

水泥的品种及强度等级选择，应根据混凝土的工程特点及所处环境条件，再结合水泥的性能确定。

骨料应具有总表面积小、空隙率小、含杂质少等性能，才能拌制出质量符合要求的混凝土。为此应尽可能地选用比较洁净的、较大的最大粒径和良好颗粒级配的骨料，并采用合理砂率来拌制混凝土，不仅能使混凝土拌合物具有良好的和易性，而且混凝土硬化后具有较高的强度、较好的耐久性，也达到节约水泥的目的。

混凝土拌合用水，应采用天然洁净水或自来水，必须符合相关的规定。

4. 混凝土拌合物的和易性是指混凝土拌合物便于施工操作，能够达到结构均匀、成型密实的性能，包括流动性、黏聚性和保水性三个方面的涵义。和易性的好坏直接影响混凝土的施工操作。在施工中，合理选择组成材料，适当增加水泥浆数量，采用合理砂率，掺入适量外加剂，适当延长搅拌时间等，均可以改善或提高混凝土拌合物的和易性。

5. 硬化后的混凝土应具有一定的强度。采用高强度等级水泥、粗细骨料的密集堆积、较小的水灰比均能够提高混凝土的强度。为了使混凝土正常凝结硬化，还应使混凝土在一定的温度和湿度环境下养护，并达到一定的龄期。

6. 混凝土应具有与使用环境相适应的耐久性（如抗冻性、抗渗性等）。提高混凝土密实度、控制混凝土的水泥用量与水灰比、在混凝土制品表面做保护层等，均可以提高混凝土的耐久性。

7. 混凝土外加剂在掺入量很少的情况下，能明显改善混凝土的某种或某些性能，并取得很好的技术经济效果。常用的外加剂有减水剂、引气剂、缓凝剂、促凝剂、防冻剂等。

8. 普通混凝土配合比设计，就是根据结构设计要求的混凝土强度等级及施工条件，确定出能满足工程要求的、经济合理的各组成材料用量比例关系的过程。设计出的配合比必须满足混凝土和易性、强度、耐久性及经济性的要求。按照行业标准 JGJ55 – 2000 的规定，采用计算—试验法进行混凝土配合比设计。在设计中需要确定混凝土水灰比、用水量、砂率三个参数，采用体积法或质量法计算混凝土的基准配合比，然后再经过试配和调整，确定出混凝土的设计配合比。在施工现场使用配合比时，还应根据现场砂、石子的含水率计算混凝土的施工配合比。

9. 有特殊要求的混凝土，如抗渗混凝土、高强混凝土和泵送混凝土等，其配合比设计是在普通混凝土配合比设计的基础上，根据对混凝土的要求，一方面，选择合适的组成材料，另一方面要调整各组成材料的用量，来使混凝土的性能达到设计要求。

复 习 思 考 题

1. 什么是混凝土？混凝土的优点和缺点各有哪些？
2. 配制混凝土时如何选择水泥的品种及强度等级？
3. 普通混凝土用砂、石子的技术要求分别有哪些？
4. 什么是砂的颗粒级配和粗细程度？怎样测定？颗粒级配和粗细程度分别用什么指标表示？
5. 砂的颗粒级配指标如何？什么是级配合格的砂？砂按细度模数分为哪几种？
6. 普通混凝土用卵石、碎石的颗粒级配分为哪几种？各有何特点？
7. 什么是石子的最大粒径？拌制混凝土时，对石子的最大粒径有何要求？
8. 什么是混凝土拌合物的和易性？和易性包括哪几个方面的内容？和易性如何评定？塑性混凝土、

干硬性混凝土分别如何分类？

9. 影响混凝土拌合物和易性的主要因素有哪些？在施工中可采取哪些措施改善拌合物的和易性？

10. 什么是砂率？什么是合理砂率？采用合理砂率配制混凝土有何技术经济意义？

11. 什么是混凝土立方体抗压强度？什么是混凝土立方体抗压强度标准值？混凝土的强度等级如何划分？有哪些强度等级？

12. 什么是混凝土的棱柱体抗压强度？怎样测定？棱柱体抗压强度有何实际意义？

13. 影响混凝土抗压强度的主要因素有哪些？可采取哪些措施来提高混凝土的强度？

14. 混凝土耐久性的概念是什么？混凝土耐久性主要包括哪些内容？怎样提高混凝土耐久性？

15. 什么是混凝土外加剂？什么是混凝土减水剂？减水剂的作用效果如何？

16. 什么是早强剂？早强剂的种类有哪些？

17. 进行混凝土配合比设计时，混凝土应满足哪些要求？配合比设计的三个参数是什么？怎样确定？

18. 什么是抗渗混凝土？抗渗混凝土配合比设计时应注意哪些方面？

19. 什么是高强混凝土？高强混凝土配合比设计时应注意哪些方面？

20. 泵送混凝土在配合比设计时与普通混凝土有什么不同？

21. 用500g干砂进行筛分试验，结果如下表，试评定此砂的颗粒级配和粗细程度。

方筛孔尺寸		4.75mm	2.36mm	1.18mm	600μm	300μm	150μm	小于150μm
筛余量（g）	1	0	80	80	100	110	110	20
	2	0	78	86	92	112	108	23

22. 某室内使用的混凝土构件，强度等级为C25，施工采用机械拌合和振捣，要求的坍落度为35~50mm，施工单位无近期混凝土强度统计资料，所用原材料如下：

水泥：普通水泥，32.5级，实测强度为36.0MPa，密度 $\rho_c = 3.1g/cm^3$；

砂：中砂，级配2区合格。密度 $\rho_s = 2.60g/cm^3$；

石子：卵石，最大粒径40mm，密度 $\rho_g = 2.65g/cm^3$；

水：自来水，密度 $\rho_w = 1.00g/cm^3$。

试用体积法和质量法计算该混凝土的基准配合比。

23. 某施工现场需要混凝土120m³，设计配合比为 $m_{c0}:m_{s0}:m_{g0} = 1:2.10:4.58$，$m_w/m_c = 0.56$，$m_{c0} = 315kg$。现场砂、石子的堆积密度分别为 $\rho'_s = 1600kg/m^3$、$\rho'_g = 1450kg/m^3$。试计算：至少需要准备多少吨水泥？多少立方米砂及多少立方米石子？

第四章　建　筑　砂　浆

建筑砂浆是由胶结料、细骨料、掺加料和水按适当比例配制而成的一种复合型建筑材料。在砖石结构中，砂浆可以把单块的砖、石块以及砌块胶结起来，构成砌体。砖墙勾缝和大型墙板的接缝也要用砂浆来填充。墙面、地面及梁柱结构的表面都需要用砂浆抹面，起到保护结构和装饰的效果。镶贴大理石、贴面砖、瓷砖、陶瓷锦砖以及制做水磨石等都要使用砂浆。此外，还有一些绝热、吸声、防水、防腐等特殊用途的砂浆以及专门用于装饰方面的装饰砂浆。

根据砂浆中胶凝材料的不同，可分为水泥砂浆、石灰砂浆、石膏砂浆和混合砂浆。混合砂浆有水泥石灰砂浆、水泥黏土砂浆和石灰黏土砂浆等。根据用途，砂浆可分为砌筑砂浆、抹面砂浆、装饰砂浆及特种砂浆等。

第一节　砌　筑　砂　浆

用于砌筑砖、石、砌块等砌体工程的砂浆称为砌筑砂浆。它起着粘结砌块、构筑砌体、传递荷载和提高墙体使用功能的作用，是砌体的重要组成部分。

一、砌筑砂浆的组成材料

(一) 水泥

常用品种的水泥都可以用来配制砌筑砂浆。为了合理利用资源、节约原材料，在配制砂浆时要尽量采用强度较低的水泥或砌筑水泥。对于一些特殊用途如配制构件的接头、接缝或用于结构加固、修补裂缝，应采用膨胀水泥。水泥的强度等级一般为砂浆强度等级的4.0～5.0倍，常用强度等级为32.5、32.5R。

(二) 细骨料

砂浆用细骨料主要为天然砂，它应符合混凝土用砂的技术要求。由于砂浆层较薄，对砂子最大粒径有所限制。对于毛石砌体用砂宜选用粗砂，其最大粒径应小于砂浆层厚度的1/4～1/5。对于砖砌体以使用中砂为宜，粒径不得大于2.5mm。对于光滑的抹面及勾缝的砂浆则应采用细砂。砂的含泥量对砂浆的强度、变形性、稠度及耐久性影响较大。对M5以上的砂浆，砂中含泥量不应大于5%；M5以下的水泥混合砂浆，砂中含泥量可大于5%，但不应超过10%。

若采用人工砂、山砂、炉渣等作为骨料配制砂浆，应根据经验或经试配而确定其技术指标。

(三) 拌合用水

砂浆拌合水的技术要求与混凝土拌和水相同，应选用无杂质的洁净水来拌制砂浆。

(四) 掺加料

掺加料是指为了改善砂浆的和易性而加入的无机材料。常用的掺加料有石灰膏、黏土膏、电石膏、粉煤灰以及一些其他工业废料等。为了保证砂浆的质量，需将石灰预先充分“陈伏”熟化制成石灰膏，然后再掺入砂浆中搅拌均匀。如采用生石灰粉或消石灰粉，则可直接掺入砂浆搅拌均匀后使用。当利用其他工业废料或电石膏等作为掺加料时，必须经过砂浆的技术性质检验，在不影响砂浆质量的前提下才能够采用。

（五）外加剂

与混凝土相似，为改善或提高砂浆的某些技术性能，更好的满足施工条件和使用功能的要求，可在砂浆中掺入一定种类的外加剂。对所选择的外加剂品种和掺量必须通过试验来确定。

二、砌筑砂浆的性质

对新拌砂浆主要要求其具有良好的和易性。和易性良好的砂浆容易在粗糙的砖石底面上铺抹成均匀的薄层，而且能够和底面紧密粘结。使用和易性良好的砂浆，既便于施工操作，提高劳动生产率，又能保证工程质量。砂浆和易性包括流动性和保水性两个方面。硬化后的砂浆则应具有所需的强度和对底面的粘结力，并应有适宜的变形性能。

（一）和易性

砂浆和易性是指砂浆便于施工操作的性能，包含有流动性和保水性两方面的涵义。

1. 流动性

砂浆的流动性（稠度）是指在自重或外力作用下能产生流动的性能。流动性采用砂浆稠度测定仪测定，以沉入度（mm）表示，测定方法见试验五。

砂浆的流动性和许多因素有关，胶凝材料的用量、用水量、砂粒粗细、形状、级配，以及砂浆搅拌时间都会影响砂浆的流动性。

砂浆流动性的选择与砌体材料及施工天气情况有关。一般可根据施工操作经验来掌握，但应符合《砌体工程施工质量验收规范》（GB 50203—2002）规定。具体情况可参考表 4-1。

砌筑砂浆的稠度选择（沉入度） **表 4-1**

砌 体 种 类	砂浆稠度（mm）
烧结普通砖砌体	70～90
轻骨料混凝土小型空心砌块砌体	60～90
烧结多孔砖，空心砖砌块	60～80
烧结普通砖平拱式过梁、空斗墙、筒拱、普通混凝土小型空心砌块砌体、加气混凝土砌块砌体	50～70
石砌体	30～50

2. 保水性

新拌砂浆能够保持水分的能力称为保水性。保水性也指砂浆中各项组成材料不易分离的性质。

保水性差的砂浆，在施工过程中很容易泌水、分层、离析，由于水分流失而使流动性变坏，不易铺成均匀的砂浆层。凡是砂浆内胶凝材料充足，尤其是掺入了掺加料的混合砂浆，其保水性好。砂浆中掺入适量的加气剂或塑化剂也能改善砂浆的保水性和流动性。通常可掺入微沫剂以改善新拌砂浆的性质。

砂浆的保水性用分层度表示。将搅拌均匀的砂浆，先测其沉入度，再装入分层度测定仪，静置30min后，去掉上部200mm厚的砂浆，再测其剩余部分砂浆的沉入度，先后两次沉入度的差值称为分层度。分层度值越小，则保水性越好。砌筑砂浆的分层度以在30mm以内为宜。分层度大于30mm的砂浆，容易产生离析，不便于施工。分层度接近于零的砂浆，容易发生干缩裂缝。

（二）砂浆的强度

砂浆强度是以边长为70.7mm×70.7mm×70.7mm的立方体试块，在温度为20±3℃，一定湿度下养护28d，测得的极限抗压强度。具体测定方法见试验五。

砂浆按其抗压强度平均值分为M2.5、M5.0、M7.5、M10、M15、M20等六个强度等级。砂浆的设计强度（即砂浆的抗压强度平均值），用f_2表示。在一般工程中，办公楼、教学楼以及多层建筑物宜选用M5.0~M10的砂浆，平房商店等多选用M2.5~M5.0的砂浆，仓库、食堂、地下室以及工业厂房等多选用M2.5~M10的砂浆，而特别重要的砌体宜选用M10以上的砂浆。

砂浆的养护温度对其强度影响较大。温度越高，砂浆强度发展越快，早期强度越高。另外，底面材料的不同，影响砂浆强度的因素也不同：

1.用于砌筑不吸水底材（如密实的石材）的砂浆的强度，与混凝土相似，主要取决于水泥强度和水灰比。计算公式如下：

$$f_m = 0.29 f_{ce}\left(\frac{m_c}{m_w} - 0.4\right)$$

式中 f_m——砂浆28d抗压强度，MPa；

f_{ce}——水泥的实测强度，MPa；

$\frac{m_c}{m_w}$——灰水比。

2.用于砌筑吸水底材（如砖或其他多孔材料）时，即使砂浆用水量不同，但因砂浆具有保水性能，经过底材吸水后，保留在砂浆中的水分几乎是相同的。因此，砂浆强度主要取决于水泥强度及水泥用量，而与砌筑前砂浆中的水灰比没有关系。计算公式如下：

$$f_m = \frac{\alpha \cdot Q_c \cdot f_{ce}}{1000} + \beta$$

式中 f_m——砂浆28d抗压强度，MPa；

Q_c——每立方米砂浆的水泥用量，kg；

α、β——砂浆的特征系数，其中$\alpha = 3.03$，$\beta = -15.09$；

f_{ce}——水泥的实测强度，MPa。

由于砂浆组成材料较复杂，变化也较多，很难用简单的公式准确计算出其强度，因此上式计算的结果还必须通过具体试验来调整。

（三）粘结力

砖石砌体是靠砂浆把块状的砖石材料粘结成为一个坚固整体的。因此要求砂浆对于砖石必须有一定的粘结力。一般情况下，砂浆的抗压强度越高其粘结力也越大。此外，砂浆粘结力的大小与砖石表面状态、清洁程度、湿润情况以及施工养护条件等因素有关。如砌筑烧结砖要事先浇水湿润，表面不沾泥土，就可以提高砂浆与砖之间的粘结力，保证墙体的质量。

三、砌筑砂浆的配合比

根据《砌筑砂浆配合比设计规程》（JGJ 98—2000）的规定，砌筑砂浆配合比的确定，应按下列步骤进行：

1. 计算砂浆配制强度

为了保证砂浆具有85%的强度保证率，可按下式计算：

$$f_{m,o} = f_2 + 0.645\sigma$$

式中 $f_{m,o}$——砂浆的试配强度，MPa；

f_2——砂浆抗压强度平均值，MPa；

σ——砂浆现场强度标准差。

砂浆强度标准差与施工水平有着密切的关系，当现场有统计资料时，通过汇总分析可得出 σ 值；当不具有近期统计资料，砂浆现场强度标准差 σ 值可按表4-2取值。

砂浆强度标准差 σ 选用值 **表4-2**

施工水平 \ 强度等级	M2.5	M5.0	M7.5	M10	M15	M20
优 良	0.50	1.00	1.50	2.00	3.00	4.00
一 般	0.62	1.25	1.88	2.50	3.75	5.00
较 差	0.75	1.50	2.25	3.00	4.50	6.00

2. 计算单位水泥用量

单位水泥用量即是指配制1m³砂浆时，每立方米砂浆中水泥的用量。可按下式计算：

$$Q_c = \frac{1000(f_{m,o} - \beta)}{\alpha \cdot f_{ce}}$$

式中 Q_c——每1m³砂浆的水泥用量，kg；

$f_{m,o}$——砂浆的试配强度，MPa；

α、β——砂浆的特征系数，其中 $\alpha = 3.03$，$\beta = -15.09$；

f_{ce}——水泥的实测强度，MPa。

当水泥砂浆中水泥的单位用量不足200kg/m³时，应按200kg/m³选用。

3. 计算掺加料的单位用量

$$Q_D = Q_A - Q_c$$

式中 Q_D——每1m³砂浆中掺加料的用量，kg；

Q_A——每1m³水泥混合砂浆中水泥和掺加料的总量，宜为300~350kg之间；

Q_c——每1m³砂浆的水泥用量，kg。

4. 确定砂的单位用量。砂浆中水、胶结料和掺加料是用来填充砂子的空隙，因此，1m³的砂子就构成了1m³的砂浆。砂的单位用量可用下式计算：

$$Q_s = 1 \cdot \rho'_{s0}$$

式中 Q_s——每立方米砂浆的砂用量，kg；

ρ'_{s0}——砂干燥状态下的堆积密度，kg/m³。

5. 每1m³砂浆中的用水量，应根据砂浆稠度等要求来选用。由于用水量多少对砂浆强度影响不大，因此一般可根据经验以满足施工所需稠度即可。通常情况下可选用 240~310kg。

6．确定初步配合比。按上述步骤进行确定，得到的配合比称作为砂浆的初步配合比。常用“质量比”表示。

7．试配与调整

采用工程实际使用的材料，按初步配合比试配少量砂浆，测定其稠度和分层度，若不能满足要求，则应调整组成材料用量，直至符合要求为止；然后，再检验砂浆的强度是否能达到强度等级的要求（具体方法同混凝土）。经过这一系列步骤，砂浆配合比达到了实际工程的具体要求，可以用于实际工程中。最后确定出砂浆的配合比。

四、砂浆配合比计算实例

【例题】 确定用于砌筑多孔砌块，强度等级为 M2.5 的水泥混合砂浆的初步配合比。采用强度等级为 32.5 普通硅酸盐水泥（实测 28d 抗压强度为 35MPa）；砂的干燥堆积密度为 1450kg/m³；该工程队施工质量水平优良。

【解】

1．计算砂浆的配制强度

查表 4-2，取值 $\sigma = 0.5\text{MPa}$。

$$f_{m,o} = f_2 + 0.645\sigma$$
$$= 2.5 + 0.645 \times 0.5 = 2.8\text{MPa}$$

2．计算单位水泥用量

$$Q_c = \frac{1000(f_{m,o} - \beta)}{\alpha \cdot f_{ce}}$$
$$= \frac{1000 \times (2.8 + 15.09)}{3.03 \times 32.5}$$
$$= 182\text{kg}$$

3．计算单位石灰膏用量

$$Q_D = Q_A - Q_c$$
$$= 350 - 182 = 168\text{kg}$$

4．计算单位砂的用量

$$Q_s = 1 \times \rho'_{s0}$$
$$= 1 \times 1450 = 1450\text{kg}$$

5．得到砂浆初步配合比

采用质量比表示为：水泥∶石灰膏∶砂

$Q_c : Q_D : Q_s = 182 : 168 : 1450 = 1 : 0.92 : 7.97$。

6．试配与调整

经试配后初步配合比能满足要求（本例题假定）。

第二节 抹面砂浆

凡以薄层涂抹在建筑物或建筑构件表面的砂浆，可统称为抹面砂浆，也称为抹灰砂浆。

根据抹面砂浆功能的不同，一般可将抹面砂浆分为普通抹面砂浆、装饰砂浆、防水砂浆和具有某些特殊功能的抹面砂浆（如绝热、耐酸、防射线砂浆）等。

抹面砂浆的组成材料要求与砌筑砂浆基本相同。根据抹面砂浆的使用特点，其主要技术性质的要求是具有良好的和易性和较高的粘结力，使砂浆容易抹成均匀平整的薄层，以便于施工，而且砂浆层能与底面粘结牢固。为了防止砂浆层的开裂，有时需加入纤维增强材料，如麻刀、纸筋、稻草、玻璃纤维等；为了使其具有某些特殊功能也需要选用特殊骨料或掺加料。

一、普通抹面砂浆

普通抹面砂浆对建筑物和墙体起保护作用。它可以抵抗风、雨、雪等自然环境对建筑物的侵蚀，提高建筑物的耐久性。此外，经过砂浆抹面的墙面或其他构件的表面又可以达到平整、光洁和美观的效果。

普通抹面砂浆通常分为两层或三层进行施工。各层抹灰要求不同，所以每层所选用的砂浆也不一样。

底层抹灰的作用是使砂浆与底面能牢固地粘结，因此要求砂浆具有良好的和易性及较高的粘结力，其保水性要好，否则水分就容易被底面材料吸掉而影响砂浆的粘结力。底材表面粗糙有利于与砂浆的粘结。用于砖墙的底层抹灰，多用石灰砂浆或石灰炉灰砂浆；用于板条墙或板条顶棚的底层抹灰多用麻刀石灰灰浆；混凝土墙、梁、柱、顶板等底层抹灰多用混合砂浆。

中层抹灰主要是为了找平，多采用混合砂浆或石灰砂浆。

面层抹灰要达到平整美观的表面效果。面层抹灰多用混合砂浆、麻刀石灰灰浆或纸筋石灰灰浆。在容易碰撞或潮湿的地方，应采用水泥砂浆，如墙裙、踢脚板、地面、雨棚、窗台以及水池、水井等处一般多用1:2.5水泥砂浆。在硅酸盐砌块墙面上做抹面砂浆或粘贴饰面材料时，最好在砂浆层内夹一层事先固定好的钢丝网，以免日后剥落现象。普通抹面砂浆的配合比，可参考表4-3所示。

普通抹面砂浆参考配合比　　表4-3

材　　料	配合比（体积比）	材　　料	配合比体积（比）
水泥:砂	1:2～1:3	石灰:石膏:砂	1:0.4:2～1:2:4
石灰:砂	1:2～1:4	石灰:粘土:砂	1:1.1:4～1:1.1:8
水泥:石灰:砂	1:1.1:6～1:1.2:9	石灰膏:麻刀	100:1.3～100:2.5（质量比）

二、装饰砂浆

涂抹在建筑物内外墙表面，具有美观和装饰效果的抹面砂浆通称为装饰砂浆。装饰砂浆的底层和中层抹灰与普通抹面砂浆基本相同。面层要选用具有一定颜色的胶凝材料和骨料以及采用某种特殊的施工工艺，使表面呈现出各种不同的色彩、线条与花纹等装饰效果。装饰砂浆所采用的胶凝材料有普通水泥、矿渣水泥、火山灰质水泥和白水泥、彩色水泥，或是在常用水泥中掺加些耐碱矿物颜料配成彩色水泥以及石灰、石膏等。骨料常采用大理石、花岗石等带颜色的细石碴或玻璃、陶瓷碎粒等。

一般外墙面的装饰砂浆有如下的常用工艺做法：

1. 拉毛墙面

先用水泥砂浆做底层，再用水泥石灰混合砂浆做面层，在砂浆尚未凝结之前，用抹刀将表面拍拉成凹凸不平的形状。

2. 干粘石

在水泥浆面层的整个表面上，粘结粒径 5mm 以下的彩色石碴、小石子或彩色玻璃碎粒。要求石碴粘结牢固不脱落。干粘石多用于建筑物的外墙装饰，具有一定的质感，经久耐用。干粘石的装饰效果与水刷石相同，但其施工是采用干操作，避免了水刷石的湿操作，施工效率高，污染小，也节约材料。

3. 水磨石

用普通水泥、白色水泥或彩色水泥拌合各种色彩的大理石石碴做面层。硬化后用机械磨平抛光表面。水磨石多用于地面装饰，可事先设计图案和色彩，抛光后更具有艺术效果。除可用做地面之外，还可预制做成楼梯踏步、窗台板、柱面、台面、踢脚板和地面板等多种建筑构件。

4. 水刷石

用颗粒细小（约 5mm）的石碴所拌成的水泥石子浆做面层，在水泥初始凝固时，即喷水冲刷表面，使石碴半露而不脱落。水刷石由于施工污染大，费工费时，目前工程中已逐渐被干粘石所取代。

5. 斩假石

又称为剁斧石。它是在水泥浆硬化后，用斧刃将表面剁毛并露出石碴。斩假石表面具有粗面花岗石的装饰效果。

6. 假面砖

将普通砂浆用木条在水平方向压出砖缝印痕，用钢片在竖面方向压出砖印，再涂刷涂料，即可在平面上做出清水砖墙图案效果。

此外，装饰砂浆还可采取喷涂、弹涂、辊压等新工艺方法，做成多种多样的装饰面层，操作方便，施工效率高。

三、防水砂浆

用作防水层的砂浆叫做防水砂浆。砂浆防水层又叫刚性防水层，仅适用于不受振动和具有一定刚度的混凝土或砖石砌体工程。对于变形较大或可能发生不均匀沉陷的建筑物，不宜采用刚性防水层。

防水砂浆可以使用普通水泥砂浆，按以下施工方法进行：

1. 喷浆法

利用高压喷枪将砂浆以每秒约 100m 的速度喷至建筑物表面，砂浆被高压空气强烈压实，密实度大，抗渗性好。

2. 人工多层抹压法

砂浆分 4~5 层抹压，抹压时，每层厚度约为 5mm 左右，在涂抹前先在润湿清洁的底面上抹纯水泥浆，然后抹一层 5mm 厚的防水砂浆，在初凝前用木抹子压实一遍，第二、三、四层都是同样的操作方法，最后一层要进行压光，抹完后要加强养护。

防水砂浆也可以在水泥砂浆中掺入防水剂来提高抗渗能力。常用防水剂有氯化物金属盐类防水剂和金属皂类防水剂等。氯化物金属盐类防水剂，主要有氯化钙、氯化铝，掺入水泥砂浆中，能在凝结硬化过程中生成不透水的复盐，起促进结构密实作用，从而提高砂浆的抗渗性能，一般用于水池和其他地下建筑物。由于氯化物金属盐会引起混凝土中钢筋锈蚀，故采用这类防水剂，应注意钢筋的锈蚀情况。金属皂类防水剂是由硬脂酸、氨水、氢氧化钾（或碳酸钠）和水按一定比例混合加热皂化而成，主要也是起填充微细孔隙和堵塞毛细管的作用。

四、其他特种砂浆

1. 绝热砂浆

采用水泥、石灰、石膏等胶凝材料与膨胀珍珠岩砂、膨胀蛭石或陶粒砂等轻质多孔集料，按一定比例配制的砂浆称为绝热砂浆。绝热砂浆具有体积密度小、轻质和绝热性能好等优点，其导热系数约为0.07～0.10W/（m·K），可用于屋面绝热层、绝热墙壁以及供热管道绝热层等。

2. 吸声砂浆

一般绝热砂浆是由轻质多孔骨料制成的，都具有良好吸声性能，故也可作吸声砂浆。另外，还可以用水泥、石膏、砂、锯末（其体积比约为1:1:3:5）配制成吸声砂浆，或在石灰、石膏砂浆中掺入玻璃纤维、矿物棉等松软纤维材料也能获得一定的吸声效果。吸声砂浆用于室内墙壁和顶棚的吸声。

3. 耐酸砂浆

用水玻璃和氟硅酸钠配制成耐酸涂料，掺入石英岩、花岗石、铸石等粉状细骨料，可拌制成耐酸砂浆。水玻璃硬化后具有很好的耐酸性能。耐酸砂浆多用作耐酸地面和耐酸容器的内壁防护层。

4. 防射线砂浆

在水泥浆中掺入重晶石粉、砂可配制成有防 x 射线能力的砂浆。其配合比约为水泥:重晶石粉:重晶石砂＝1:0.25:4.5。如在水泥浆中掺加硼砂、硼酸等可配制有抗中子辐射能力的砂浆。此类防射线砂浆应用于射线防护工程。

5. 膨胀砂浆

在水泥砂浆中掺入膨胀剂，或使用膨胀型水泥可配制膨胀砂浆。膨胀砂浆可在修补工程中及大板装配工程中填充缝隙，达到粘结密封的作用。

6. 自流平砂浆

在现代施工技术条件下，地坪常采用自流平砂浆，从而使施工迅捷方便、质量优良。自流平砂浆中的关键性技术是掺用合适的化学外加剂；严格控制砂的级配、含泥量、颗粒形态；同时选择合适的水泥品种。良好的自流平砂浆可使地平平整光洁，强度高，无开裂，技术经济效果良好。

本　章　小　结

1. 砂浆在建筑工程中用量较大，用途较广。它是水泥应用的又一体现。

2. 砂浆按用途可分为砌筑砂浆和抹面砂浆两大类，其中抹面砂浆又包括普通抹面砂浆、装饰砂浆、防水砂浆和特种砂浆。

3. 砌筑砂浆的和易性、强度和粘结力是砌筑砂浆的主要技术性质。砌筑砂浆的配合比设计应满足砂浆的技术性质要求。

4. 抹面砂浆的品种较多，分清楚不同砂浆品种的特性与主要应用。

复习思考题

1. 对比新拌砌筑砂浆的技术要求与混凝土拌和物的技术要求有何异同？

2. 按用途和胶凝材料的不同，砂浆可分为哪几个品种？

3. 何谓混合砂浆？工程中常采用水泥混合砂浆有什么好处？

4. 什么样的新拌砂浆和易性才能称做良好？砂浆和易性不良对工程有什么样的影响？

5. 砌筑砂浆中有两个强度公式：

$$f_m = 0.29 f_{ce}\left(\frac{m_c}{m_w} - 0.4\right) \quad f_m = \frac{\alpha \cdot Q_c \cdot f_{ce}}{1000} + \beta$$

试问这两个公式有何异同，并加以说明。

6. 某工地要配制 M5.0 的水泥石灰混合砂浆砌筑砖墙，采用中砂，其干燥堆积密度为 $1500kg/m^3$，强度等级为 32.5MPa 的普通水泥（28d 实测强度为 35.6MPa）。施工单位的生产水平为一般。试确定混合砂浆的初步配合比。

7. 为什么要在抹面砂浆中掺入纤维增强材料？

第五章　墙　体　材　料

在工业与民用建筑工程中，墙体具有承重、围护和分隔作用。目前墙体材料的品种较多，可分为块材和板材两大类。块材又可分为烧结砖、非烧结砖和砌块。在建筑工程中，合理选用墙体材料，对建筑物的功能、安全以及施工和造价等均具有重要意义。

第一节　烧　　结　　砖

以黏土、页岩、煤矸石、粉煤灰等为主要原材料，经成型、焙烧而成的块状墙体材料称为烧结砖。烧结砖按其孔洞率（砖面上孔洞总面积占砖面积的百分率）的大小分为烧结普通砖（没有孔洞或孔洞率小于15%的砖）、烧结多孔砖（孔洞率大于或等于15%的砖，其中孔的尺寸小而数量多）和烧结空心砖（孔洞率大于或等于35%的砖，其中孔的尺寸大而数量少）。

一、烧结普通砖

烧结普通砖是指以黏土、粉煤灰、页岩、煤矸石为主要原材料，经过成型、干燥、入窑焙烧、冷却而成的实心砖。

（一）分类

1. 烧结普通砖按主要原料分为黏土砖（N）、页岩砖（Y）、煤矸石砖（M）和粉煤灰砖（F）。

烧结黏土砖是以普通黏土为主要原料，经过成型、干燥、入窑焙烧、冷却而成的实心砖，体积密度约为1600~1800kg/m^3。烧结黏土砖具有生产工艺简单、原材料比较丰富、成本较低的特点，但由于要使用耕地取土，目前在一些地区，烧结实心黏土砖已被限制使用。

烧结页岩砖是以页岩为主要原料，配料调制时所需水分较少，有利于砖坯干燥。其体积密度比烧结黏土砖大，约为1500~2750kg/m^3，宜制成空心烧结砖以减轻其自重。

烧结煤矸石砖，是以煤矸石为原料经粉碎后，根据其含碳量和可塑性进行适当配料和制坯，焙烧时基本不需外投煤。这种砖比一般单靠外部燃料烧的可节省用煤量50%~60%，并可节省大量的粘土原料。烧结煤矸石砖的体积密度一般为1400~1650kg/m^3，比普通砖稍轻、颜色略淡。

烧结粉煤灰砖是以粉煤灰为主要原料，经配料、成形、干燥、焙烧而制成。由于粉煤灰塑性差，通常参用适量黏土作粘结料，以增加塑性。配料时，粉煤灰的用量可达50%左右。这类烧结砖为半内燃砖，其体积密度较小，约为1300~1400kg/m^3，颜色从淡红至深红。

2. 按焙烧时的火候（窑内温度分布），烧结砖分为欠火砖、正火砖、过火砖。

欠火砖色浅、敲击声闷哑、吸水率大、强度低、耐久性差。过火砖色深、敲击声音清脆、吸水率低、强度较高，但弯曲变形大。欠火砖和过火砖均属不合格产品。

3. 按焙烧方法不同，烧结普通砖又可分为内燃砖和外燃砖。

内燃砖是将可燃性工业废渣（煤渣、含碳量高的粉煤灰、煤矸石等）以一定比例掺入原料中（作为内燃原料）制坯，当砖坯在窑内被烧到一定温度后，坯体内燃料燃烧而烧结成砖。内燃法制砖，除了可节省外投燃料外，由于焙烧时热源均匀、内燃原料燃烧后留下许多封闭小孔，因此砖的体积密度减小，强度提高（约20%），保温隔热性能和隔声性能增强。

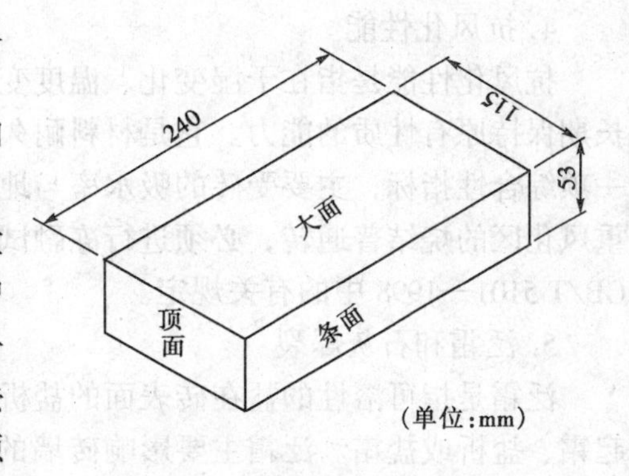

图5-1　烧结普通砖的规格

（二）技术性质

1. 规格尺寸

烧结普通砖的尺寸规格是240mm×115mm×53mm。其中，240mm×115mm面称为大面，240mm×53mm面称为条面，115mm×53mm面称为顶面，如图5-1所示。在砌筑时，4块砖长、8块砖宽、16块砖厚，再分别加上砌筑灰缝（每个灰缝宽度为8~12mm，平均取10mm），其长度均为1m。理论上，1m^{3}砖砌体大约需用砖512块。

2. 尺寸偏差

烧结普通砖的尺寸允许偏差应符合表5-1的规定。

烧结普通砖的尺寸允许偏差（mm）　　表5-1

公称尺寸	优等品		一等品		合格品	
	样本平均偏差	样本极差，不大于	样本平均偏差	样本极差，不大于	样本平均偏差	样本极差，不大于
240	±2.0	8	±2.5	8	±3.0	8
115	±1.5	6	±2.0	6	±2.5	7
53	±1.5	4	±1.6	5	±2.0	6

3. 强度等级

烧结普通砖按抗压强度分为：MU30、MU25、MU20、MU15和MU10五个强度等级。各等级的强度标准详见表5-2。

烧结普通砖强度等级（GB 5101—2003）　　表5-2

强度等级	抗压强度平均值 $\bar{f}$ 不小于	变异系数 $\delta \leq 0.21$ 强度标准值 f_k，不小于	变异系数 $\delta > 0.21$ 单块最小抗压强度值 f_{min}，不小于
MU30	30.0	22.0	25.0
MU25	25.0	18.0	22.0
MU20	20.0	14.0	16.0
MU15	15.0	10.0	12.0
MU10	10.0	6.5	7.5

4. 抗风化性能

抗风化性能是指在干湿变化、温度变化、冻融变化等物理因素作用下，材料不破坏并长期保持原有性质的能力。它是材料耐久性的重要内容之一。烧结普通砖的抗风化性能是一项综合性指标，主要受砖的吸水率与地域位置的影响，因而用于东北、内蒙、新疆等严重风化区的烧结普通转，必须进行冻融试验。烧结普通砖的抗风化性能必须符合国家标准GB/T 5101—1998 中的有关规定。

5. 泛霜和石灰爆裂

泛霜是指可溶性的盐在砖表面的盐析现象，一般呈白色粉末、絮团或絮片状，又称为起霜、盐析或盐霜。泛霜主要影响砖墙的表面美观。GB/T 5101—1998 规定：优等品砖无泛霜，一等品不允许出现中等泛霜，合格品不允许出现严重泛霜。

石灰爆裂是指烧结普通砖的原料或内燃物质中夹杂着石灰质，焙烧时被烧成生石灰，砖在使用吸水后，体积膨胀而发生的爆裂现象。石灰爆裂影响砖墙的平整度、灰缝的平直度，甚至使墙面产生裂纹，使墙体破坏。因此石灰爆裂应符合国家标准 GB/T 5101—1998 中的有关规定。

6. 质量等级

尺寸偏差和抗风化性能合格的砖，根据外观质量、泛霜和石灰爆裂三项指标，分为优等品（A）、一等品（B）、合格品（C）三个等级。烧结普通砖的质量等级见表 5-3。

烧结普通砖的外观质量（mm） **表 5-3**

项目		优等品	一等品	合格品
两条面高度差	不大于	2	3	5
弯曲	不大于	2	3	5
杂质凸出高度	不大于	2	3	5
缺棱掉角的三个破坏尺寸	不得同时大于	15	20	30
裂纹长度	不大于			
a. 大面上宽度方向及其延伸至条面的长度		70	70	110
b. 大面上长度方向及其延伸至顶面的长度或条顶面上水平裂纹的长度		100	100	150
完整面不得少于		一条面和一顶面	一条面和一顶面	—
颜色		基本一致	—	—

（三）应用

烧结普通砖具有一定的强度、较好的耐久性、一定的保温隔热性能，在建筑工程中主要砌筑各种承重墙体和非承重墙体等围护结构。烧结普通砖可砌筑砖柱、拱、烟囱、筒拱式过梁和基础等，也可与轻混凝土、保温隔热材料等配合使用。在砖砌体中配置适当的钢筋或钢丝网，可作为薄壳结构、钢筋砖过梁等。碎砖可作为混凝土骨料和碎砖三合土的原材料。

烧结黏土砖制砖取土，大量毁坏农田；烧结实心砖自重大，烧砖能耗高，成品尺寸小，施工效率低，抗震性能差等。因此我国正大力推广墙体材料改革，以空心砖、工业废渣砖及砌块、轻质板材来代替实心黏土砖。

二、烧结多孔砖和烧结空心砖

墙体材料逐渐向轻质化、多功能方向发展。近年来逐渐推广和使用多孔砖和空心砖，一方面可减少黏土的消耗量大约20%～30%，节约耕地；另一方面，墙体的自重至少减轻30%～35%，降低造价近20%，保温隔热性能和吸声性能有较大提高。

烧结空心砖和多孔砖的特点、规格和等级分别见表5-4。

烧结空心砖和多孔砖的特点、规格和等级　　表5-4

项　目	烧结多孔砖	烧结空心砖
生　产	以黏土、页岩或煤矸石为主要原料，经焙烧而成	
特　点	孔洞率不小于15%，孔为竖孔	孔洞率不小于35%，孔为横孔
规　格	M型：190mm×190mm×90mm P型：240mm×115mm×90mm	290mm×190（140）mm×90mm 240mm×180（175）mm×115mm
强度等级	按抗压强度、抗折荷重分为30、25、20、15、10、7.5共五个强度等级	按大面和条面抗压强度划分为5.0、3.0、2.0三个强度等级
质量等级	按尺寸偏差、外观质量、强度等级和物理性能分为优等品（A）、一等品（B）和合格品（C）	

（一）技术性质

烧结多孔砖有190mm×190mm×90mm（M型）和240mm×115mm×90mm（P型）两种规格。其空洞尺寸为：圆孔尺寸直径不大于22mm，非圆孔内切圆直径不大于15mm；手抓孔（30～40）mm×（75～85）mm，如图5-2所示。

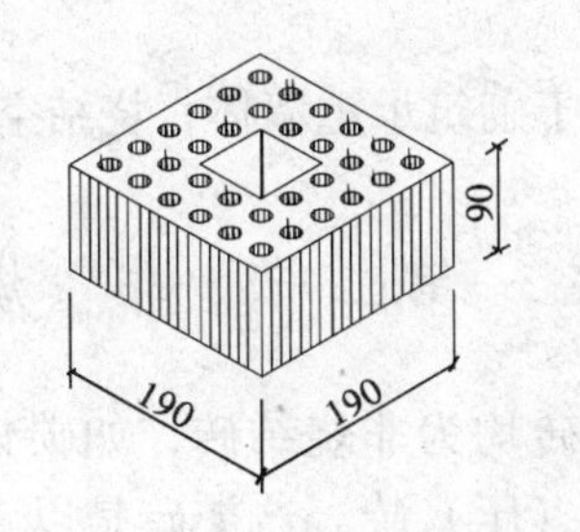

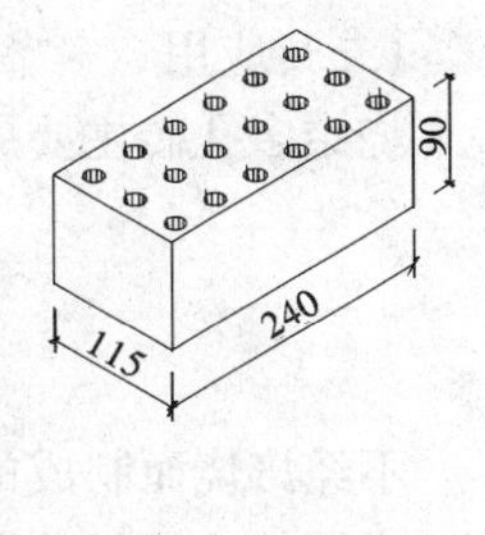

图5-2　烧结多孔砖的规格

1. 尺寸允许偏差

烧结多孔砖、烧结空心砖的尺寸偏差应分别符合GB13544—2000、GB13545—92的有关规定。

2. 强度

烧结多孔砖、烧结空心砖的强度等级应分别符合表5-5、表5-6的规定。

烧结多孔砖的强度等级（MPa）　　表5-5

产品等级	强度等级	抗压强度（MPa）		抗折荷重（kN）	
		平均值不小于	单块最小值不小于	平均值不小于	单块最小值不小于
优等品	30	30.0	22.0	13.5	9.0
	25	25.0	18.0	11.5	7.5
	20	20.0	14.0	9.5	6.0
一等品	15	15.0	10.0	7.5	4.5
	10	10.0	6.0	5.5	3.0
合格品	7.5	7.5	4.5	4.5	2.5

烧结空心砖的强度等级（MPa）　　表 5-6

产品等级	强度等级	大面抗压强度		条面抗压强度	
		平均值不小于	单块最小值不小于	平均值不小于	单块最小值不小于
优等品	5.0	5.0	3.7	3.4	2.3
一等品	3.0	3.0	2.2	2.2	1.4
合格品	2.0	2.0	1.4	1.6	0.9

3. 外观质量和物理性能

烧结多孔砖根据耐久性、外观质量、尺寸偏差和强度等级分为优等品、一等品、合格品三个等级，其外观质量和物理性能应符合 GB 13544—2000 的有关规定。

烧结空心砖按砖或砌块的体积密度不同分为 800、900、1 100 三个密度等级，见表 5-7。根据孔洞及其排数、尺寸偏差、外观质量、强度等级和物理性能（包括冻融、泛霜、石灰爆裂、吸水率）分为优等品（A）、一等品（B）和合格品（C）三个产品等级，其外观质量和物理性能应符合 GB 13545—92 的有关规定。

烧结空心砖密度级别的划分　　表 5-7

密度级别	五块砖的平均密度值（kg/m^3）
800	不大于 800
900	801 ~ 900
1 100	901 ~ 1 100

（二）应用

烧结多孔砖主要用于砌筑承重墙体，烧结空心砖主要用于砌筑非承重的墙体。

第二节　非　烧　结　砖

不经焙烧而制成的砖均为非烧结砖，如碳化砖、免烧免蒸砖、蒸养（压）砖等。目前，应用较广的是蒸养（压）砖。这类砖是以含钙材料（石灰、电石渣等）和含硅材料（砂子、粉煤灰、煤矸石灰渣、炉渣等）与水拌和，经压制成形，在自然条件或人工水热合成条件（蒸养或蒸压）下，反应生成以水化硅酸钙、水化铝酸钙为主要胶结料的硅酸盐建筑制品。主要品种有灰砂砖、粉煤灰砖、炉渣砖等。

一、蒸压灰砂砖

蒸压灰砂砖（LSB）是以石英为原料（也可加入着色剂或掺合剂），经配料、拌合、压制成形和蒸压养护（175 ~ 191℃，0.8 ~ 1.2MPa 的饱和蒸汽）而制成的。用料中石灰约占 10% ~ 20%。

灰砂砖的尺寸规格与烧结普通砖相同，为 240mm × 115mm × 53mm。其体积密度为 1 800 ~ 1 900kg/m^3，导热系数约为 0.61W/（m·K）。根据产品的尺寸偏差和外观质量分为优等品（A）、一等品（B）、合格品（C）三个等级。

灰砂砖按 GB 11945—99 的规定，根据砖浸水 24 小时后的抗压强度和抗折强度分为 MU25、MU20、MU15、MU10 四个强度等级。各等级的抗折强度和抗压强度值及抗冻性指标应符合表 5-8 的规定。

蒸压灰砂砖强度指标和抗冻性指标 **表 5-8**

强度等级	抗压强度（MPa）		抗折强度（MPa）		抗冻性	
	平均值不小于	单块值不小于	平均值不小于	单块值不小于	冻后抗压强度平均值（MPa）不小于	冻后单块砖的干质量损失（%）不大于
MU25	25.0	20.0	5.0	4.0	20.0	2.0
MU20	20.0	16.0	4.0	3.2	16.0	2.0
MU15	15.0	12.0	3.3	2.6	12.0	2.0
MU10	10.0	8.0	2.5	2.0	8.0	2.0

注：优等品的强度级别不得小于 MU15。

灰砂砖有彩色（Co）和本色（N）两类。灰砂砖产品名称（LSB）、颜色、强度等级、标准编号的顺序标记。如 MU20，优等品的彩色灰砂砖，其产品标记为：

LSB－Co－20－A－GB 11945

MU15、MU20、MU25 的砖可用于基础及其他建筑；MU10 的砖仅可用于防潮层以上的建筑。灰砂砖不得用于长期受热（200℃以上）、受急冷急热和有酸性介质侵蚀的建筑部位，也不宜用于有流水冲刷的部位。

二、蒸压（养）粉煤灰砖

粉煤灰砖是利用电厂废料粉煤灰为主要原料，掺入适量的石灰和石膏或再加入部分炉渣等，经配料、拌合、压制成形、常压或高压蒸汽养护而成的实心砖。其外形尺寸同普通砖，即长 240mm、宽 115mm、高 53mm，呈深灰色，体积密度约为 1 500kg/m^3。

根据《粉煤灰砖》（JC239—2001）规定的抗压强度和抗折强度，分为 MU30、MU25、MU20、MU15、MU10 五个强度等级。各等级的强度值及抗冻性应符合表 5-9 的规定，优等品的强度等级应不低于 MU15，一等品的强度等级应不低于 MU10。干燥收缩率：优等品应不大于 0.60mm/m；一等品应不大于 0.75mm/m；合格品应不大于 0.85mm/m。

粉煤灰砖强度指标和抗冻指标 **表 5-9**

强度等级	抗压强度（MPa）		抗折强度（MPa）		抗冻性指标	
	10 块平均值不小于	单块值不小于	10 块平均值不小于	单块值不小于	冻后抗压强度平均值不小于（MPa）	单块砖干重量损失（%，不大于）
MU30	30.0	24.0	6.2	5.0	24.0	2.0
MU25	25.0	20.0	5.0	4.0	20.0	2.0
MU20	20.0	15.0	4.0	3.0	16.0	2.0
MU15	15.0	11.0	3.2	2.4	12.0	2.0
MU10	10.0	7.5	2.5	1.9	8.0	2.0

粉煤灰砖可用于工业与民用建筑的墙体和基础，但用于基础或易受冻融和干湿交替作用的建筑部位，必须使用一等品和优等品。粉煤灰砖不得用于长期受热（200℃以上）、受

急冷急热和有酸性介质侵蚀的建筑部位。为避免或减少收缩裂缝的产生，用粉煤灰砖砌筑的建筑物，应适当增设圈梁及伸缩缝。

三、炉渣砖

炉渣砖是以煤燃烧后的炉渣（煤渣）为主要原料，加入适量的石灰或电石渣、石膏等材料混合、搅拌、成形、蒸汽养护等而制成的砖。其尺寸规格与普通砖相同，呈黑灰色，体积密度为 1 500～2 000kg/m^3，吸水率 6%～19%。按其抗压强度和抗折强度分为 MU20、MU15、MU10 三个强度等级。各级的强度指标应满足表 5-10 的要求。该类砖可用于一般工程的内墙和非承重外墙，但不得用于受高温、受急冷急热交替作用或有酸性介质侵蚀的部位。

炉渣砖的强度指标 **表 5-10**

强度等级	抗压强度（MPa）		抗折强度（MPa）	
	样组砖的平均值不小于	单块砖最小值不小于	样组砖的平均值不小于	单块砖最小值不小于
MU20	20	15	9.1	2.0
MU15	15	11	2.3	1.3
MU10	10	7.5	1.8	1.1

注：①每样组 5 块砖，以 5 块砖为一样组评定时，不得有两块以上的砖低于所属强度等级的平均强度值；
②如怀疑取样代表性不足，允许复检一次，但重新抽样的数量应加倍，以 10 块砖评定时，不得有 5 块以上的砖低于所属强度等级的平均强度值。

第三节 墙 用 砌 块

砌块是用于砌筑的，形体大于砌墙砖的人造块材。一般为直角六面体。按产品主规格的尺寸，可分为大型砌块（高度大于 980mm）、中型砌块（高度为 380～980mm）和小型砌块（高度大于 115mm，小于 380mm）。砌块高度一般不大于长度或宽度的 6 倍，长度不超过高度的 3 倍。根据需要也可生产各种异形砌块。

砌块是一种新型墙体材料，可以充分利用地方资源和工业废渣，并可节省黏土资源和改善环境。具有生产工艺简单，原料来源广，适应性强，制作及使用方便，可改善墙体功能等特点，因此发展较快。

一、砌块的分类

砌块的分类方法见表 5-11

砌 块 的 分 类 **表 5-11**

分类方法	砌块种类
按生产工艺分	烧结砌块和非烧结砌块
按原材料分	普通混凝土砌块、加气混凝土砌块、轻集料混凝土砌块、硅酸盐混凝土砌块等
按孔洞和空心率分	实心砌块（无孔洞或空心率小于 25%）、空心砌块（空心率大于或等于 25%）
按主规格的高度分	大型砌块（H > 980mm）、中型砌块（H = 380～980mm）和小型砌块（115mm < H < 380mm）

二、建筑工程中常用砌块

（一）蒸压加气混凝土砌块

蒸压加气混凝土砌块是以钙质材料（水泥、石灰等）和硅质材料（砂、矿渣、粉煤灰等）以及加气剂（粉）等，经配料、搅拌、浇筑、发气（由化学反应形成孔隙）、预养切割、蒸汽养护等工艺过程制成的多孔硅酸盐砌块。

按养护方法分为蒸养加气混凝土砌块和蒸压加气混凝土砌块两种。按原材料的种类，蒸压加气混凝土砌块主要有蒸压水泥－石灰－砂加气混凝土砌块；蒸压水泥－石灰－粉煤灰加气混凝土砌块等。

1．技术性质

（1）尺寸规格

砌块公称尺寸的长度 L 为 600mm；宽度 B 有 100、125、150、200、250、300、120、180、240mm；高度 H 有 200、250、300mm 等多种规格。

（2）强度等级

按砌块的抗压强度划分为：A1.0、A2.0、A2.5、A3.5、A5.0、A7.5、A10.0 七个级别。各等级的立方体抗压强度值不得小于表 5-12 的规定。

砌块的抗压强度

（GB/T 11968—1997）　　表 5-12

强度级别	立方体抗压强度（MPa）	
	平均值不小于	单块最小值不小于
A1.0	1.0	0.8
A2.0	2.0	1.6
A2.5	2.5	2.0
A3.5	3.5	2.8
A5.0	5.0	4.0
A7.5	7.5	6.0
A10.0	10.0	8.0

（3）体积密度等级

按砌块的干体积密度划分为：B03、B04、B05、B06、B07、B08 六个级别。各级别的密度值应符合表 5-13 的规定。

砌块的干体积密度　　表 5-13

体积密度级别		B03	B04	B05	B06	B07	B08
体积密度（kg/m^3）	优等品（A）不大于	300	400	500	600	700	800
	一等品（B）不大于	330	430	530	630	730	830
	合格品（C）不大于	350	450	550	650	750	850

（4）质量等级

砌块按尺寸偏差与外观质量、体积密度和抗压强度分为：优等品（A）、一等品（B）、合格品（C）三个等级。各级相应的强度和体积密度应符合表 5-10 和表 5-11 的规定。

（5）抗冻性

蒸压加气混凝土砌块的抗冻性、收缩性和导热性应符合标准的规定。

2．应用

蒸压加气混凝土砌块具有自重小、绝热性能好、吸声、加工方便和施工效率高等优点，但强度不高，因此主要用于砌筑隔墙等非承重墙体以及作为保温隔热材料等。

在无可靠的防护措施时，该类砌块不得用在处于水中或高湿度和有侵蚀介质的环境中，也不得用于建筑物的基础和温度长期高于 80℃的建筑部位。

（二）蒸养粉煤灰砌块

粉煤灰砌块，是以粉煤灰、石灰、石膏和骨料（炉渣、矿渣）等为原料，经配料、加水搅拌、振动成形、蒸汽养护而制成的密实砌块。其主规格尺寸有 880mm × 380mm × 240mm 和 880mm × 420mm × 240mm 两种。

1. 技术性质

砌块按立方体试件的抗压强度分为 MU10 和 MU13 两个强度等级；按外观质量、尺寸偏差和干缩性能分为一等品（B）和合格品（C）两个质量等级。粉煤灰砌块的立方体抗压强度、碳化后强度、抗冻性和密度应符合表 5-14 要求；干缩值符合表 5-15 的规定。

粉煤灰砌块的立方体抗压强度、碳化后强度、抗冻性能和密度　　表 5-14

项　　目	指　　标	
	MU10	MU13
抗压强度（MPa）	3 块试件平均值不小于 10.0； 单块最小值不小于 8.0	3 块试件平均值不小于 13.0； 单块最小值不小于 10.5
人工碳化后强度（MPa）	不小于 6.0	不小于 7.5
抗冻性	冻融循环结束后，外观无明显疏松、剥落或裂缝，强度损失不大于 20%	
密度（kg/m³）	不超过设计密度的 10%	

2. 应用

蒸养粉煤灰砌块属硅酸盐类制品，其干缩值比水泥混凝土大，弹性模量低于同强度的水泥混凝土制品。以炉渣为骨料的粉煤灰砌块，其体积密度约为 1 300 ~ 1 550kg/m³，导热系数为 0.465 ~ 0.582W/（m·K）。粉煤灰砌块适用于一般工业与民用建筑的墙体和基础。但不宜用于长期受高温（如炼钢车间）和经常受潮湿的承重墙，也不宜用于有酸性介质侵蚀的建筑部位。

砌块的干缩值（mm/m）　　表 5-15

一 等 品	合 格 品
不大于 0.75	不大于 0.90

（三）普通混凝土小型空心砌块（代号 NHB）

普通混凝土小型空心砌块是以普通混凝土拌合物为原料，经成型、养护而成的空心块体墙材。有承重砌块和非承重砌块两类。为减轻自重，非承重砌块可用炉渣或其他轻质骨料配制。根据外观质量和尺寸偏差，分为优等品（A）、一等品（B）及合格品（C）三个质量等级。其强度等级分为：MU3.5，MU5.0，MU10.0，MU15.0，MU20.0。砌块的主规格尺寸为 390mm × 190mm × 190mm，其他规格尺寸可由供需双方协商。砌块的最小外壁厚应不小于 30mm，最小肋厚应不小于 25mm。空心率应不小于 25%。砌块各部位名称如图 5-3 所示。

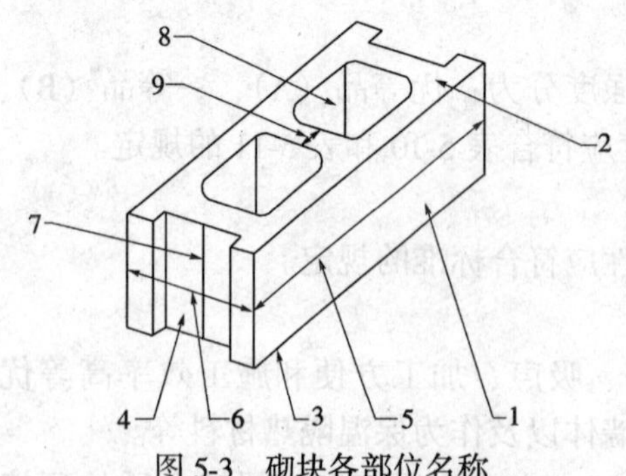

图 5-3　砌块各部位名称
1—条面；2—坐浆面（肋厚较小的面）；3—铺浆面（肋厚较大的面）；4—顶面；5—长度；6—宽度；7—高度；8—壁；9—肋

砌块的强度等级应符合表 5-16 的规定。相对含水率应符合表 5-17 的规定。用于清水墙的砌块，其抗渗性和抗冻性应符合 GB/T 4111—97 的规定。

强度等级（GB 8239—97）表 5-16

强度等级	砌块抗压强度（MPa）	
	平均值不小于	单块最小值不小于
MU3.5	3.5	2.8
MU5.0	5.0	4.0
MU7.5	7.5	6.0
MU10.0	10.0	8.0
MU15.0	15.0	12.0
MU20.0	20.0	16.0

相对含水率 表 5-17

使用地区	潮湿	中等	干燥
相对含水率（%，不大于）	45	40	35

注：潮湿——系指年平均相对湿度大于 75% 的地区；中等——系指年平均相对湿度大于 50%～75% 的地区；干燥——系指年平均相对湿度小于 50% 的地区。

普通混凝土小型空心砌块适用于地震设计烈度为 8 度以下地区的一般民用与工业建筑物的墙体。对用于承重墙和外墙的砌块，要求其干缩率小于 0.5mm/m，非承重或内墙用砌块，其干缩率应小于 0.6mm/m。砌块堆放运输及砌筑时应有防雨措施。砌块装卸时，严禁碰撞、扔摔，应轻码轻放、不许翻斗倾卸。砌块应按规格、等级分批分别堆放，不得混杂。

（四）混凝土中型空心砌块

混凝土中型空心砌块是以水泥或无熟料水泥，配以一定比例的骨料，制成空心率不小于 25% 的制品。其尺寸规格为：长度 500、600、800、1 000mm；宽度 200、240mm；高度 400、450、800、900mm。砌块的构造形式如图 5-4 所示。

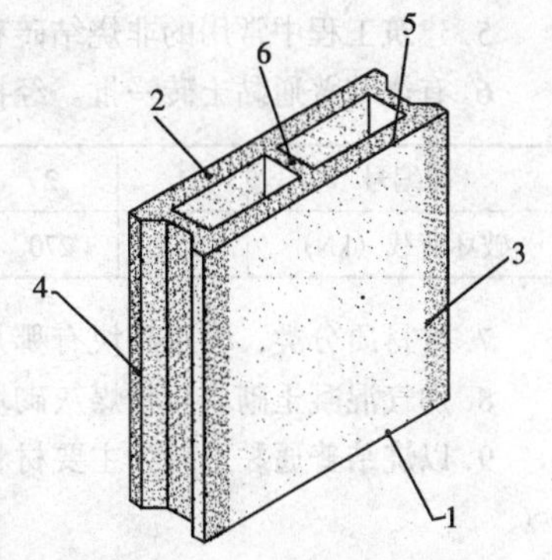

图 5-4 砌块的构造形式

1—铺浆面；2—坐浆面；3—侧面；4—端面；5—壁面；6—肋

用无熟料水泥配制的砌块属硅酸盐类制品，生产中应通过蒸汽养护或相关的技术措施以提高产品质量。这类砌块的干燥收缩值不大于 0.8mm/m；经 15 次冻融循环后其强度损失不大于 15%，外观无明显疏松、剥落和裂缝；自然碳化系数（1.15×人工碳化系数）不小于 0.85。

中型水泥混凝土空心砌块的抗压强度应满足表 5-18 的要求。

水泥混凝土中型空心砌块技术性能 表 5-18

强度等级	MU3.5	MU5.0	MU7.5	MU10.0	MU15.0
抗压强度（MPa，不小于）	3.5	5.0	7.5	10.0	15.0

中型空心砌块具有体积密度小，强度较高，生产简单，施工方便等特点，适用于民用与一般工业建筑物的墙体。

本章小结

由于墙体材料约占建筑物总质量的 50%，用量较大，因此合理选用墙材，对建筑物的功能、造价以及安全等有重要意义。

1. 本章主要讲述了传统的黏土烧结类砖的品种、性能、规格等，并较多地介绍了新型节能利废的墙体材料。

2. 墙体材料除必须具有一定强度、能承受荷载外，还需具有相应的防水、抗冻、绝热、隔声等功能，而且要自重轻，价格适当，经久耐用。同时，应就地取材，尽量利用工业副产品或废料加工制成各种墙体材料取代黏土实心砖，才能使墙体材料摆脱传统落后的秦砖汉瓦面貌，逐渐发展为节约能源、节省土地、保护环境的绿色建材。

复习思考题

1. 砌墙砖有哪几类？它们各有什么特性？

2. 简要叙述烧结普通砖的强度等级是如何确定的？

3. 可用哪些简易方法鉴别过火黏土砖和欠火黏土砖？

4. 一块烧结普通黏土砖，其尺寸符合标准尺寸，烘干恒定质量为 2 500g，吸水饱和质量为 2 900g，再将该砖磨细，过筛烘干后取 50g，用密度瓶测定其体积为 18.5cm^3。试求该砖的吸水率、密度、体积密度及孔隙率。

5. 建筑工程中常用的非烧结砖有哪几种？

6. 有烧结普通黏土砖一批。经抽样测定，其结果如下，问该砖的强度等级是多少？

砖编号	1	2	3	4	5	6	7	8	9	10
破坏荷载（kN）	254	270	218	183	238	259	151	280	220	254

7. 按材质分类，墙用砌块有哪几类？砌块与烧结普通黏土砖相比，有什么优点？

8. 加气混凝土砌块与粉煤灰砌块有什么不同？

9. 以烧结普通黏土砖为主要材料的墙体模式为什么需要改革？如何改？

第六章　建　筑　钢　材

第一节　概　　述

一、钢的冶炼和分类

(一) 钢的冶炼

理论上，将含碳量在2%以下，含杂质较少的铁碳合金称为钢。

炼钢的过程，是以炼钢生铁（白口铁）为原料，在熔融状态下，采取一定的措施如吹入空气或氧气，使生铁中的杂质含量和含碳量降低到规定标准要求，再经过脱氧处理的工艺过程。为了改善钢的性能，必要时可掺入合金元素。

常用的炼钢炉主要有转炉、平炉和电炉。

转炉按照吹入的气体不同，分为空气转炉和氧气转炉；按照吹入气体的部位，分为底吹转炉、侧吹转炉和顶吹转炉。转炉炼钢的效率较高，但钢的化学成分不容易精确控制，因此主要炼制碳素结构钢和低合金钢。

平炉炼钢，是以铁矿石、生铁、废钢等为原材料，以煤气或重油为燃料进行加热，在炼钢过程中利用原料中或吹入的氧气，使杂质含量和含碳量降低到规定标准的炼钢方法。平炉炼钢冶炼时间长、效率较低，但钢的化学成分可以精确控制，因此主要炼制优质钢等对化学成分要求严格的钢材。

电炉炼钢，是以电炉进行加热的一种炼钢方法。按照加热方式不同，分为电弧炉和感应电炉两种。电炉钢的质量最好，但能耗大，一般建筑用钢很少使用电炉钢。

由于在钢的冶炼过程中，不可避免地使部分氧化铁残留在钢水中，降低了钢的质量，因此要进行脱氧处理。脱氧程度不同，钢的内部状态和性能也不同。按照脱氧程度不同，钢可分为沸腾钢、半镇静钢，镇静钢，其特点见表6-1。

沸腾钢、半镇静钢和镇静钢的特点　　**表6-1**

脱氧程度	沸腾钢	半镇静钢	镇静钢
符号	F	b	Z、TZ
脱氧情况	不完全	比较完全	完全
铸锭时特点	大量气泡外溢，状似水沸腾	少量气泡外溢	钢水平静地凝固
性能特点	组织不够致密，化学成分偏析较严重质量较差，成品率高、成本低	介于沸腾钢和镇静钢之间	组织致密，化学成分均匀，性能稳定，质量较好，成本较高
应　用	一般建筑结构	一般建筑结构	承受冲击、振动荷载或重要的焊接结构

（二）钢的分类

钢按照《钢分类》（GB/T 13304—91）推荐的方法，分类如下：

1. 按照化学成分分为非合金钢（碳素结构钢）、低合金钢和合金钢三类。

2. 按质量分为普通钢、优质钢和高级优质钢。

3. 建筑钢材按用途的分类如下：

建筑钢材
- 钢结构用钢
  - 非合金结构钢（碳素结构钢）
  - 低合金结构钢
- 混凝土结构用钢：钢筋、钢丝、钢绞线等

注：非合金钢，旧称碳素钢；非合金结构钢，旧称碳素结构钢。现有的一些教科书仍沿用碳素钢和碳素结构钢。

二、钢的特点

钢材是在严格的技术质量控制条件下生产的材料，具有材质均匀、性能可靠，强度高，具有一定的塑性和韧性，能承受较大的冲击荷载和振动荷载。钢材具有良好的工艺性能，可采用焊接、铆接或螺栓连接进行装配；可进行冷加工、热处理，易于切削加工。钢材的缺点是耐久性差，如容易锈蚀，因此维修费用高，耐火性能差。

建筑工程中的钢结构安全可靠、自重较轻、刚度较大，适用于大跨度结构和高层建筑结构。钢筋混凝土结构和预应力混凝土结构在建筑工程中得到了广泛的应用。

三、建筑钢材的主要品种

建筑钢材是指建筑工程中使用的各种钢材，建筑钢材的主要品种和用途见表 6-2。

常用建筑钢材的品种和用途　　表 6-2

建筑钢材品种	主要品种	用途
型钢	热轧工字钢、热轧轻型工字钢；热轧槽钢、热轧轻型槽钢；热轧等边角钢、热轧不等边角钢；钢轨等	钢结构
钢筋	热轧光圆钢筋、热轧带肋钢筋、低碳钢热轧圆盘条、热处理钢筋、冷轧带肋钢筋等	钢筋混凝土结构和部分受轻荷载作用的预应力混凝土结构
钢丝和钢绞线	高强圆形钢丝、钢绞线	大跨度、重荷载的预应力混凝土结构

第二节　建筑钢材的主要性能

建筑钢材的性能主要包括力学性能（拉伸性能、冲击韧性、硬度等）、工艺性能（冷弯性能、可焊性等）和耐久性（如锈蚀）。

一、力学性能

（一）拉伸性能

1. 低碳钢的拉伸过程

低碳钢的含碳量低，强度较低，塑性较好，其应力应变图（$\sigma—\varepsilon$ 图），如图 6-1 所示。从图中可以看出，低碳钢拉伸过程经历弹性阶段（OA）、屈服阶段（AB）、强化阶段

（*BC*）和颈缩阶段（*CD*）四个阶段。

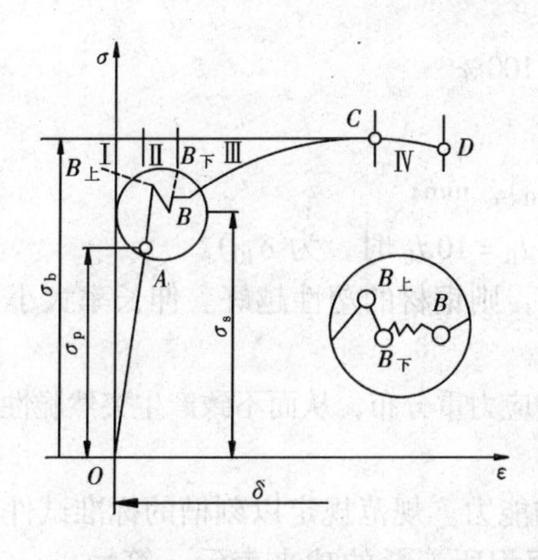

图 6-1　低碳钢拉伸 σ—ε 图

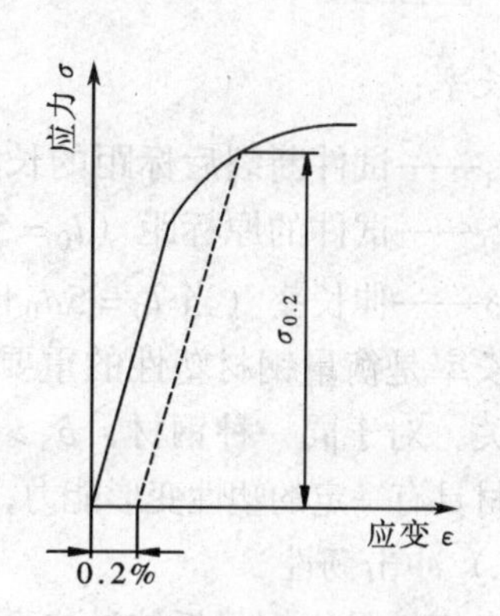

图 6-2　硬钢拉伸及条件屈服点

（1）弹性阶段（*OA*）钢材主要表现为弹性。当加荷到 *OA* 上任意一点 σ，此时产生的变形为 ε，当荷载 σ 卸掉后，变形 ε 将恢复到零。在 *OA* 段，钢材的应力与应变成正比，在此阶段应力和应变的比值称为弹性模量，即 $E=\dfrac{\sigma}{\varepsilon}=\mathrm{tg}\alpha$，单位为 MPa。*A* 点的应力为应力和应变能保持正比的最大应力，称为比例极限，用 σ_p 表示，单位为 MPa。

（2）屈服阶段（*AB*）钢材在荷载作用下，开始丧失对变形的抵抗能力，并产生明显的塑性变形。在屈服阶段，锯齿形的最高点所对应的应力称为上屈服点（σ_{SU}）；最低点所对应的应力称为下屈服点（σ_{SL}）。下屈服点的应力为钢材的屈服强度，用 σ_s 表示，单位为 MPa。屈服强度是确定结构容许应力的主要依据。

（3）强化阶段（*BC*）应变随应力的增加而继续增加。*C* 点的应力称为强度极限或抗拉强度，用 σ_b 表示，单位为 MPa。屈强比 σ_s/σ_b 在工程中很有意义，此值越小，表明结构的可靠性越高，即防止结构破坏的潜力越大；但此值太小时，钢材强度的有效利用率低。合理的屈强比一般在 0.60～0.75 之间。

（4）颈缩阶段（*CD*）钢材的变形速度明显加快，而承载能力明显下降。此时在试件的某一部位，截面急剧缩小，出现颈缩现象，钢材将在此处断裂。

2. 高碳钢（硬钢）的拉伸特点

高碳钢（硬钢）的拉伸过程，无明显的屈服阶段，如图 6-2 所示。通常以条件屈服点 $\sigma_{0.2}$ 代替其屈服点。条件屈服点是使硬钢产生 0.2%塑性变形（残余变形）时的应力。

3. 钢材的拉伸性能指标

（1）强度指标

屈服强度或屈服点：　$$\sigma_s=\frac{F_s}{A_0}$$

抗拉强度或强度极限：　$$\sigma_b=\frac{F_b}{A_0}$$

式中　σ_s、σ_b——分别为钢材的屈服强度和抗拉强度，MPa；

F_s、F_b——分别为钢材拉伸时的屈服荷载和极限荷载，N；

A_0——钢材试件的初始横截面积，mm^2。

（2）塑性指标

伸长率：
$$\delta = \frac{l_1 - l_0}{l_0} \times 100\%$$

式中 l_1——试件断裂后标距的长度，mm；

l_0——试件的原标距（$l_0 = 5d_0$ 或 $l_0 = 10d_0$），mm；

δ——伸长率（当 $l_0 = 5d_0$ 时，为 δ_5；当 $l_0 = 10d_0$ 时，为 δ_{10}）。

伸长率是衡量钢材塑性的重要指标，δ 越大，则钢材的塑性越好。伸长率大小与标距大小有关，对于同一种钢材，$\delta_5 > \delta_{10}$。

钢材具有一定的塑性变形能力，可以保证钢材应力重分布，从而不致产生突然脆性破坏。

（二）冲击韧性

冲击韧性是指钢材抵抗冲击荷载而不破坏的能力。规范规定以刻槽的标准试件，在冲击试验机的摆锤作用下，以破坏后缺口处单位面积所消耗的功来表示，符号 α_k，单位为 J/cm^2。α_k 值越大，冲断试件消耗的功越多，或者说钢材断裂前吸收的能量越多，说明钢材的韧性越好，不容易产生脆性断裂。钢材的冲击韧性会随环境温度下降而降低。

二、工艺性能

（一）冷弯性能

冷弯性能是指钢材在常温下，以一定的弯心直径和弯曲角度对钢材进行弯曲，钢材能够承受弯曲变形的能力。

钢材的冷弯，一般以弯曲角度 α、弯心直径 d 与钢材厚度（或直径）a 的比值 d/a 来表示弯曲的程度，如图 6-3 所示。弯曲角度越大，d/a 越小，表示钢材的冷弯性能越好。

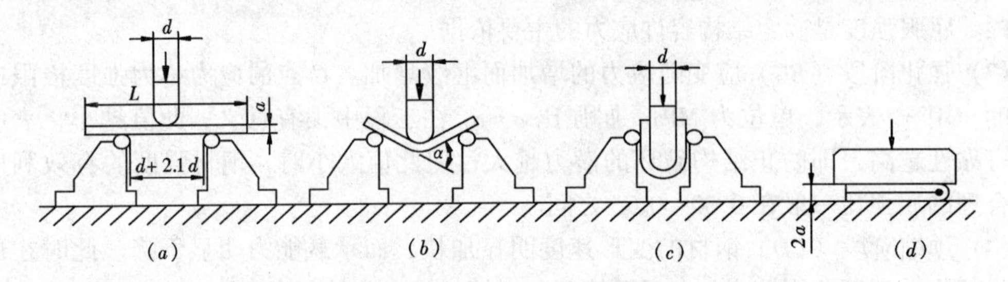

图 6-3 钢材冷弯试验示意图

在常温下，以规定弯心直径和弯曲角度（90°或 180°）对钢材进行弯曲，在弯曲处外表面即受拉区或侧面无裂纹、起层、鳞落或断裂等现象，则钢材冷弯合格。如有一种及以上的现象出现，则钢材的冷弯性能不合格。

伸长率较大的钢材，其冷弯性能也必然较好。但冷弯试验是对钢材塑性更严格的检验，有利于暴露钢材内部存在的缺陷，如气孔、杂质、裂纹、严重偏析等；同时在焊接时，局部脆性及焊接接头质量的缺陷也可通过冷弯试验而发现。因此，钢材的冷弯性能也是评定焊接质量的重要指标。钢材的冷弯性能必须合格。

（二）可焊性

可焊性是指钢材适应一定焊接工艺的能力。可焊性好的钢材在一定的工艺条件下，焊缝及附近过热区不会产生裂缝及硬脆倾向，焊接后的力学性能如强度不会低于原材。

可焊性主要受化学成分及含量的影响。含碳量高、含硫量高、合金元素含量高等因素，均会降低可焊性。含碳量小于0.25%的非合金钢具有良好的可焊性。

焊接结构应选择含碳量较低的氧气转炉或平炉的镇静钢。当采用高碳钢及合金钢时，为了改善焊接后的硬脆性，焊接时一般要采用焊前预热及焊后热处理等措施。

（三）冷加工强化及时效

1. 冷加工强化

冷加工强化是钢材在常温下，以超过其屈服点但不超过抗拉强度的应力对其进行的加工。建筑钢材常用的冷加工有冷拉、冷拔、冷轧、刻痕等。对钢材进行冷加工的目的，主要是利用时效提高强度，利用塑性节约钢材，同时也达到调直和除锈的目的。

钢材在超过弹性范围后，产生明显的塑性变形，使强度和硬度提高，而塑性和韧性下降，即发生了冷加工强化。在一定范围内，冷加工导致的变形程度越大，屈服强度提高越多，塑性和韧性降低得越多。如图6-4所示，钢材未经冷拉的应力—应变曲线为 *OBKCD*，经冷拉至 *K* 点后卸荷，则曲线回到 *O′* 点，再受拉时其应力应变曲线为 *O′KCD*，此时的屈服强度比未冷拉前的屈服强度高出许多。

2. 时效

钢材随时间的延长，其强度、硬度提高，而塑性、冲击韧性降低的现象称为时效。分为自然时效和人工时效两种。自然时效是将其冷加工后，在常温下放置15~20d；人工时效是将冷加工后的钢材加热至100~200℃保持2h以上。经过时效处理后的钢材，其屈服强度、抗拉强度及硬度都将提高，而塑性和韧性降低。

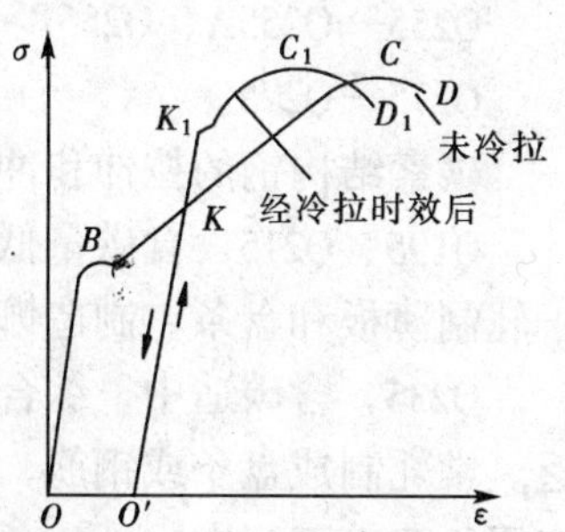

图6-4　钢材冷拉曲线

在建筑工程中，对于承受冲击荷载、振动荷载、起重机的吊钩等部位的钢材，不得采用冷加工钢材。因焊接的热影响会降低焊接区域钢材的性能，因此冷加工钢材的焊接必须在冷加工前进行，不得在冷拉后进行。

三、耐久性

钢材的表面与周围环境接触，在一定条件下，可发生化学反应使钢材表面锈蚀，不仅造成钢材受力面积减小，表面不平整而导致应力集中，降低钢材的承载能力，而且还会显著降低钢材的冲击韧性而使钢材产生脆性断裂。此外在钢筋混凝土结构中，钢筋的锈蚀会产生膨胀，导致混凝土产生裂缝而影响结构的耐久性。

对于钢筋混凝土结构，钢筋由于受混凝土保护，一般不容易锈蚀，但要保证混凝土液相中碱性介质 pH≥12.0，且不得有 Cl^-。因此钢筋的防锈措施为：一方面要严格控制混凝土的质量，使其具有较高的密实度，确保钢筋表面有足够的保护层，以防止空气和水分进入钢筋表面而产生电化学腐蚀，且必须严格控制氯盐外加剂的掺量；另一方面对于重要的预应力承重结构，可加入防锈剂如重铬酸盐等，必要时可采用钢筋镀锌、镍等。

第三节　建筑钢材的钢种及牌号

在建筑工程中应用最广泛的钢品种主要有碳素结构钢、低合金高强度结构钢，另外在钢丝中也部分使用了优质碳素结构钢。

一、碳素结构钢（非合金钢）

碳素结构钢原称普通碳素结构钢，在各类钢中其产量最大，用途最广泛，多轧制成形材、异形型钢和钢板等，可供焊接、铆接和螺栓连接。用于厂房、桥梁、船舶等建筑及工程结构。这类钢材一般在供应（热轧）状态下即可直接使用。

碳素结构钢按屈服点的大小分为 Q195、Q215、Q235、Q255、Q275 五个不同强度级别的牌号，并按质量要求分为 A、B、C、D 四个不同的质量等级。

钢的牌号由代表屈服点的字母、屈服点数值、质量等级符号、脱氧方法符号等四个部分按顺序组成。例如：Q235－AF 表示为屈服点不小于 235MPa 的 A 级沸腾钢，Q235－D 表示屈服点不小于 235MPa 的 D 级特殊镇静钢。碳素结构钢的化学成分，必须符合 GB 700—88 的有关规定。碳素结构钢的具体牌号为：

Q195—Q195F、Q195b、Q195

Q215—Q215AF、Q215Ab、Q215A、Q215BF、Q215Bb、Q215B

Q235—Q235AF、Q235Ab、Q235A、Q235BF、Q235Bb、Q235B、Q235C、Q235D

Q255—Q255A、Q255B

Q275—Q275。

碳素结构钢的拉伸和冲击试验冷弯性能应符合表 6-3 和表 6-4 的规定。

Q195、Q215，含碳量低，强度不高，塑性、韧性、加工性能和焊接性能好，主要用于轧制薄板和盘条、制造铆钉、地脚螺栓等。

Q235，含碳适中，综合性能好，强度、塑性和焊接等性能得到很好配合，用途最广泛。常轧制成盘条或钢筋，以及圆钢、方钢、扁钢、角钢、工字钢、槽钢等型钢，广泛地应用于建筑工程中。

Q255、Q275，强度、硬度较高，耐磨性较好，塑性和可焊性能有所降低。主要用作铆接与螺栓连接的结构及加工机械零件。

碳素结构钢的拉伸试验和冲击试验 **表 6-3**

牌号	等级	拉伸试验														冲击试验	
		屈服点 σ_s（MPa）						抗拉强度 σ_b（MPa）	伸长率 δ_5（%）							温度 ℃	V型冲击功（纵向）J
		钢材厚度（直径）（mm）							钢材厚度（直径）（mm）								
		不大于16	大于16～40	大于40～60	大于60～100	大于100～150	大于150		不大于16	大于16～40	大于40～60	大于60～100	大于100～150	大于150			
		不小于							不小于								不小于
Q195	—	195	185	—	—	—	—	315～430	33	32	—	—	—	—		—	—
Q215	A	215	205	195	185	175	165	335～450	31	30	29	28	27	26		—	—
	B															20	27
Q235	A	235	225	215	205	195	185	375～500	26	25	24	23	22	21		—	—
	B															20	27
	C															0	
	D															－20	

续表

牌号	等级	拉伸试验														冲击试验	
		屈服点 σ_s（MPa）						抗拉强度 σ_b（MPa）	伸长率 δ_5（%）							温度 ℃	V型冲击功（纵向）J
		钢材厚度（直径）（mm）							钢材厚度（直径）（mm）								
		不大于16	大于16~40	大于40~60	大于60~100	大于100~150	大于150		不大于16	大于16~40	大于40~60	大于60~100	大于100~150	大于150			
		不小于							不小于								不小于
Q255	A	255	245	235	225	215	205	410~550	24	23	22	21	20	19	—	—
	B														20	27
Q275	—	275	265	255	245	235	225	490~630	20	19	18	17	16	15	—	—

碳素结构钢的弯曲试验 表 6-4

牌号	试样方向	冷弯试验 $B=2a$ 180°		
		钢材厚度（直径）（mm）		
		60	大于60~100	大于100~200
		弯心直径 d		
Q195	纵	0		—
	横	0.5a		
Q215	纵	0.5a	1.5a	2a
	横	a	2a	2.5a
Q235	纵	a	2a	2.5a
	横	1.5a	2.5a	3a
Q255		2a	3a	3.5a
Q275		3a	4a	4.5a

注：B 为试样宽度，a 为钢材厚度（直径）。

二、低合金高强度结构钢

低合金高强度结构钢的牌号，由代表屈服点的汉语拼音字母（Q）、屈服点数值、质量等级符号（A、B、C、D、E）三个部分按顺序组成。如 Q345A 表示屈服点不小于 345MPa 的 A 级钢。根据新标准的牌号表示方法与组成，可规定以下具体牌号：

Q295—Q295A、Q295B

Q345—Q345A、Q345B、Q345C、Q345D、Q345E

Q390—Q390A、Q390B、Q390C、Q390D、Q390E

Q420—Q420A、Q420B、Q420C、Q420D、Q420E

Q460—Q460C、Q460D、Q460E

低合金高强度结构钢的化学成分要符合 GB/T 1591—94 中的有关规定。低合金高强度结构钢的拉伸、冲击和弯曲试验结果应符合表 6-5 的有关规定。

低合金高强度结构钢的拉伸、冲击和弯曲试验 **表 6-5**

牌号	质量等级	屈服点 σ_s（MPa） 厚度（直径，边长） 不大于 16	大于 16~35	大于 35~50	大于 50~100	抗拉强度 σ_b，MPa	伸长率 δ_5 %	冲击功 A（纵向），J 20℃	0℃	-20℃	-40℃	180°弯曲试验 d—弯心直径 a—试样厚度（直径） 钢材厚度（直径），mm 不大于 16	大于 16~100
		不小于						不小于					
Q295	A	295	275	255	235	390~570	23					$d=2a$	$d=3a$
	B	295	275	255	235	390~570	23	34				$d=3a$	$d=3a$
Q345	A	345	325	295	275	470~630	21					$d=2a$	$d=3a$
	B	345	325	295	275	470~630	21	34				$d=2a$	$d=3a$
	C	345	325	295	275	470~630	22		34			$d=2a$	$d=3a$
	D	345	325	295	275	470~630	22			34		$d=2a$	$d=3a$
	E	345	325	295	275	470~630	22				27	$d=2a$	$d=3a$
Q390	A	390	370	350	330	490~650	19					$d=2a$	$d=3a$
	B	390	370	350	330	490~650	19	34				$d=2a$	$d=3a$
	C	390	370	350	330	490~650	20		34			$d=2a$	$d=3a$
	D	390	370	350	330	490~650	20			34		$d=2a$	$d=3a$
	E	390	370	350	330	490~650	20				27	$d=2a$	$d=3a$
Q420	A	420	400	380	360	520~680	18					$d=2a$	$d=3a$
	B	420	400	380	360	520~680	18	34				$d=2a$	$d=3a$
	C	420	400	380	360	520~680	19		34			$d=2a$	$d=3a$
	D	420	400	380	360	520~680	19			34		$d=2a$	$d=3a$
	E	420	400	380	360	520~680	19				27	$d=2a$	$d=3a$
Q460	C	460	440	420	400	550~720	17		34			$d=2a$	$d=3a$
	D	460	440	420	400	550~720	17			34		$d=2a$	$d=3a$
	E	460	440	420	400	550~720	17				27	$d=2a$	$d=3a$

Q295，钢中只含有极少量合金元素，强度不高，但有良好的塑性、冷弯、焊接及耐蚀性能。主要用于建筑工程中对强度要求不高的一般工程结构。

Q345、Q390，综合力学性能好，焊接性能、冷热加工性能和耐蚀性能均好，C、D、E 级钢具有良好的低温韧性。主要用于工程中承受较高荷载的焊接结构。

Q420、Q460，强度高，特别是在热处理后有较高的综合力学性能。主要用于大型工程结构及要求强度高、荷载大的轻型结构。

第四节 钢 筋

钢筋是用于钢筋混凝土结构中的线材。按照生产方法、外形、用途等不同，工程中常用的钢筋主要有热轧光圆钢筋、热轧带肋钢筋、低碳钢热轧圆盘条、预应力钢丝、冷轧带肋钢筋、热处理钢筋等品种。钢筋具有强度较高、塑性较好，易于加工等特点，广泛地应用于钢筋混凝土结构中。

钢筋公称直径，是指与钢筋横截面积相等的圆的直径。按以下方法确定：

当直径在 30mm 以下时，将内径取为整数，如内径为 11.5mm，则公称直径为 12mm；当直径在 30mm 以上时，将内径取整数后加 1，如内径为 38.7mm，其公称直径为 40mm；如内径就是整数，直接将内径加 1，如内径为 31.0mm，其公称直径为 32mm。

光圆钢筋和带肋钢筋的公称直径、横截面积、理论重量等见表 6-6。

钢筋的公称直径、横截面积、理论重量 **表 6-6**

<table>
<tr><th>公称直径（mm）</th><th>公称横截面积（mm²）</th><th>公称重量（kg/m）</th><th>光圆钢筋直径允许偏差（mm）</th><th>光圆钢筋不圆度不大于（mm）</th><th>实际重量与理论重量的偏差（%）</th></tr>
<tr><td>6</td><td>28.27</td><td>0.222</td><td>—</td><td>—</td><td rowspan="4">±7</td></tr>
<tr><td>8</td><td>50.27</td><td>0.395</td><td rowspan="7">±0.40</td><td rowspan="7">0.40</td></tr>
<tr><td>10</td><td>78.54</td><td>0.617</td></tr>
<tr><td>12</td><td>113.1</td><td>0.888</td></tr>
<tr><td>14</td><td>153.9</td><td>1.21</td><td rowspan="4">±5</td></tr>
<tr><td>16</td><td>201.1</td><td>1.58</td></tr>
<tr><td>18</td><td>254.5</td><td>2.00</td></tr>
<tr><td>20</td><td>314.2</td><td>2.47</td></tr>
<tr><td>22</td><td>380.1</td><td>2.98</td><td>—</td><td>—</td><td rowspan="7">±4</td></tr>
<tr><td>25</td><td>490.9</td><td>3.85</td><td>—</td><td>—</td></tr>
<tr><td>28</td><td>615.8</td><td>4.83</td><td>—</td><td>—</td></tr>
<tr><td>32</td><td>804.2</td><td>6.31</td><td>—</td><td>—</td></tr>
<tr><td>36</td><td>1 018</td><td>7.99</td><td>—</td><td>—</td></tr>
<tr><td>40</td><td>1 257</td><td>9.89</td><td>—</td><td>—</td></tr>
<tr><td>50</td><td>1 964</td><td>15.42</td><td>—</td><td>—</td></tr>
</table>

一、热轧钢筋

钢筋混凝土用热轧钢筋分为光圆钢筋和带肋钢筋两种。热轧光圆钢筋是横截面通常为圆形、且表面为光滑的配筋用钢材，采用钢锭经热轧成形并自然冷却而成。热扎带肋钢筋是横截面为圆形，且表面通常有两条纵肋和沿长度方向均匀分布的横肋的钢筋。热轧带肋钢筋的外形，如图 6-5 所示。

热轧直条光圆钢筋强度等级代号为 HPB235。热轧带肋钢筋的牌号由 HRB 和牌号的屈服点最小值构成。H、R、B 分别为热轧（Hotrolled）、带肋（Ribbed）、钢筋（Bars）三个词的英文首位字母。热轧带肋钢筋有 HRB335、HRB400、HRB500 三个牌号。其意义如下：

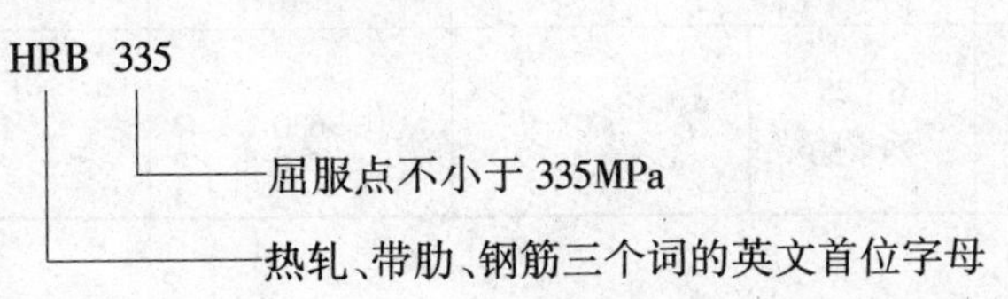

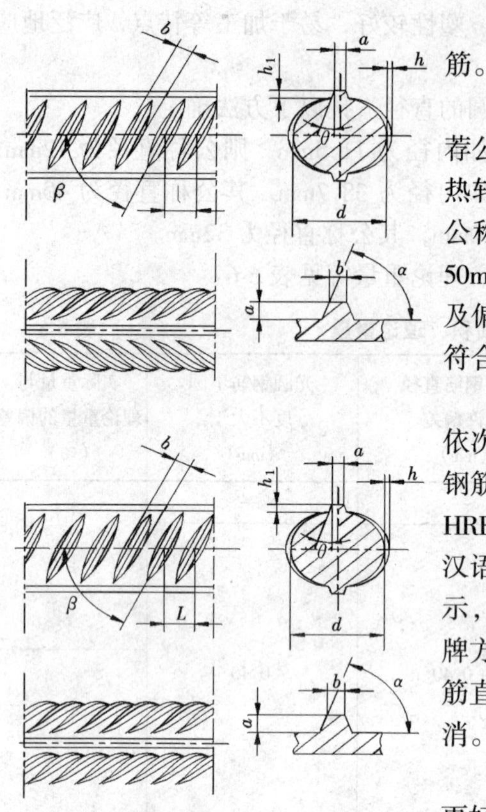

图 6-5　热轧带肋钢筋的外形

此牌号为屈服点不小于 335MPa 的热轧带肋钢筋。

热轧光圆钢筋的公称直径范围为 8 ~ 20mm，推荐公称直径为 8、10、12、16、20mm。钢筋混凝土用热轧带肋钢筋的公称直径范围为 6 ~ 50mm，推荐的公称直径为 6、8、10、12、16、20、25、32、40、50mm。钢筋的公称直径、公称横截面积、理论重量及偏差见表 6-6。热轧钢筋的力学性能和工艺性能应符合表 6-7 的规定。冷弯性能必须合格。

热轧带肋钢筋应在其表面轧上牌号标志，还可依次轧上厂名（或商标）和直径（mm）数字。轧上钢筋的牌号以阿拉伯数字表示，HRB335、HRB400、HRB500 对应的阿拉伯数字分别为 2、3、4。厂名以汉语拼音字头表示；直径数（mm）以阿拉伯数字表示，直径不大于 10mm 的钢筋，可不轧标志，采用挂牌方法。标志应清晰明了，标志的尺寸由供方按钢筋直径大小做适当规定，与标志相交的横肋可以取消。

带肋钢筋与混凝土有较大的黏结能力，因此能更好地承受外力作用。热轧带肋钢筋广泛地应用于各种建筑结构，特别是大型、重型、轻型薄壁和高层建筑结构。

二、低碳热轧圆盘条

低碳热轧圆盘条的公称直径为 5.5 ~ 30mm，大多通过卷线机成盘卷供应，因此称为盘条、盘圆或线材。

热轧钢筋的力学性能、工艺性能　　**表 6-7**

表面形状	强度等级代号	公称直径	屈服点 σ_s（MPa）	抗拉强度 σ_b（MPa）	伸长率 δ_5（%）	冷弯 d—弯心直径 a—钢筋公称直径
			不小于			
光圆	HPB235	8 ~ 20	235	370	25	180° $d=a$
月牙肋	HRB335	6 ~ 25 28 ~ 50	335	490	16	180° $d=3a$ 180° $d=4a$
	HRB400	6 ~ 25 28 ~ 50	400	570	14	180° $d=4a$ 180° $d=5a$
	HRB500	6 ~ 25 28 ~ 50	500	630	12	180° $d=6a$ 180° $d=7a$

盘条按用途分为：供拉丝用盘条（代号 L)、供建筑和其他一般用途用盘条（代号 J）两种。低碳热轧圆盘条的牌号表示方法由屈服点符号、屈服点数值、质量等级符号、脱氧方法符号、用途类别符号等五个内容表示。具体符号、数值表示的意义见表 6-8。

低碳热轧圆盘条牌号中各符号、数值的涵义　　表 6-8

符号及数值名称	屈服点	屈服点不小于（MPa）	质量等级	脱氧方法	用途类别
符号	Q	195 215 235	A B	沸腾钢—F 半镇静钢—b 镇静钢—Z	供拉丝用—L 供建筑和其他用途—J

如牌号：Q235AF—J，表示为屈服点不小于 235MPa、质量等级为 A 级的沸腾钢，是供建筑和其他用途用的低碳热轧圆盘条钢筋。

直径及允许偏差、不圆度、横截面积、理论重量等指标应符合标准规定。

用 Q235AF 轧制成的直径为 6.5mm，B 级精度，盘重大于或等于 2 000kg 的低碳热轧圆盘条，在供应时其标记为：

$$\text{低碳热轧圆盘条}\frac{6.5\text{—A—V—GB/T 701—1997}}{\text{Q235AF—GB700—88}}$$

供建筑和其他用途低碳热轧圆盘条的力学性能和工艺性能见表 6-9。

低碳热轧圆盘条的力学性能和工艺性能　　表 6-9

牌　号	力　学　性　能			冷弯试验 180° d = 弯心直径 a = 试样直径
	屈服点 σ_s（MPa）	抗拉强度 σ_b（MPa）	伸长率 δ_5（%）	
	不小于			
Q215	215	375	27	$d=0$
Q235	235	410	23	$d=0.5a$

低碳热轧圆盘条是由屈服强度较低的碳素结构钢轧制的盘条，是目前用量最大、使用最广的线材，也称普通线材。除大量用作建筑工程中钢筋混凝土的配筋外，还适于供拉丝、包装及其他用途。

三、冷轧带肋钢筋

冷轧带肋钢筋由热轧圆盘条经冷轧或冷拔减径后，在表面冷轧成两面或三面有肋的钢筋。钢筋冷轧后允许进行低温回火处理。

根据 GB 13788—2000 规定，冷轧带肋钢筋按抗拉强度分为 CRB550、CRB650、CRB800、CRB970、CRB1170 共五个牌号。C、R、B 分别为冷轧、带肋、钢筋三个英文单词的首位字母，数字为抗拉强度的最小值。

冷轧带肋钢筋的直径范围为 4～12mm，推荐的公称直径为 5、6、7、8、9、10mm。冷轧带肋钢筋的力学性能和工艺性能应符合表 6-10 的规定。当进行冷弯试验时，受弯曲部位表面不得产生裂纹，强屈比 $\sigma_b/\sigma_{0.2}$ 应不小于 1.05。其具体的尺寸规定应符合 GB 13788—2000 的规定。

冷轧带肋钢筋的力学性能和工艺性能 **表 6-10**

级别代号	抗拉强度 σ_b（MPa）	伸长率不小于（%）		弯曲试验（180°）	反复弯曲次数	应力松弛 $\sigma_{con}=0.7\sigma_b$	
						1000h	10h
	不小于	δ_{10}	δ_{100}			不大于，%	
CRB550	550	8	—	$d=3a$	—	—	—
CRB650	650	—	4.0	—	3	8	5
CRB800	800	—	4.0	—	3	8	5
CRB970	970	—	4.0	—	3	8	5
CRB1170	1170	—	4.0	—	3	8	5

冷轧带肋钢筋用于非预应力构件，与热轧圆盘条相比，强度提高17%左右，可节约钢材30%左右；用于预应力构件，与低碳冷拔丝比，伸长率高，钢筋与混凝土之间的黏结力较大，适用于中、小预应力混凝土结构构件，也适用于焊接钢筋网。

四、冷拉钢筋

冷拉钢筋是采用钢筋混凝土用热轧光圆钢筋和带肋钢筋经过冷加工和时效处理而得到的钢筋。在冷拉时可采用控制冷拉应力或控制冷拉率的方法进行，但必须符合《混凝土结构工程施工质量验收规范》（GB 50204—2002）中的有关规定。

冷拉钢筋的力学性能和工艺性能见表6-11。冷弯试验后不得有裂纹、起层现象。

冷拉钢筋的强度比热轧光圆钢筋和热轧带肋钢筋的屈服点有所提高，而塑性、韧性有所降低。冷拉Ⅰ级钢筋适用于钢筋混凝土结构中的受拉钢筋，冷拉Ⅱ、Ⅲ、Ⅳ级钢筋可作为预应力混凝土结构的预应力筋。

冷拉钢筋的力学性能和工艺性能 **表 6-11**

钢筋级别	钢筋直径（mm）	屈服强度（N/mm²）	抗拉强度（N/mm²）	伸长率 δ_{10}（%）	冷弯试验 a—钢筋直径（mm）	
		不小于			弯曲角度	弯曲直径
Ⅰ	≤12	280	370	11	180°	$3a$
Ⅱ	≤25	450	510	10	90°	$3a$
	28～40	430	490	10	90°	$4a$
Ⅲ	8～40	500	570	8	90°	$5a$
Ⅳ	10～28	700	835	6	90°	$5a$

注：表中冷拉钢筋的屈服强度值，系现行国家标准《混凝土结构设计规范》中冷拉钢筋的强度标准值；钢筋直径大于25mm的冷拉Ⅲ、Ⅳ级钢筋，冷弯弯曲直径增加$1a$。

对承受冲击荷载和振动荷载的结构、起重机的吊钩等不得使用冷拉钢筋。由于焊接时局部受热会影响焊口处钢材的性能，因此冷拉钢筋的焊接必须在冷拉之前进行。

五、热处理钢筋

热处理钢筋，是经过淬火和回火调质处理的螺纹钢筋。分有纵肋和无纵肋两种，其外形分别如图 6-6 ~ 图 6-7 所示。代号为 RB150。

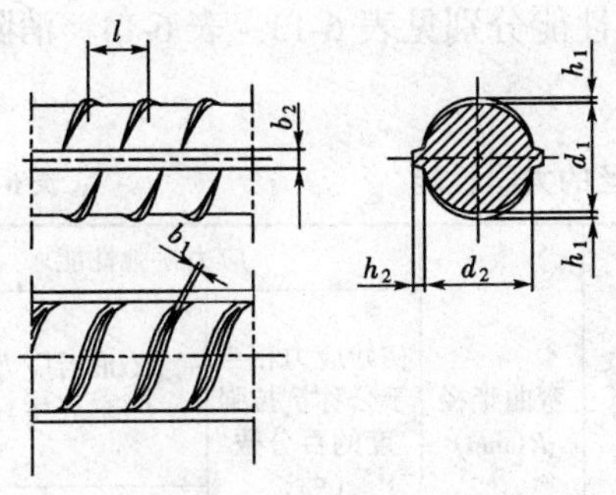
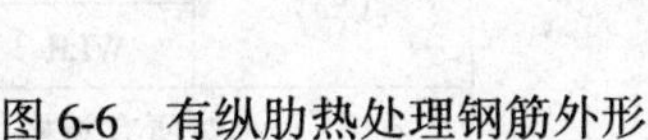

图 6-6　有纵肋热处理钢筋外形

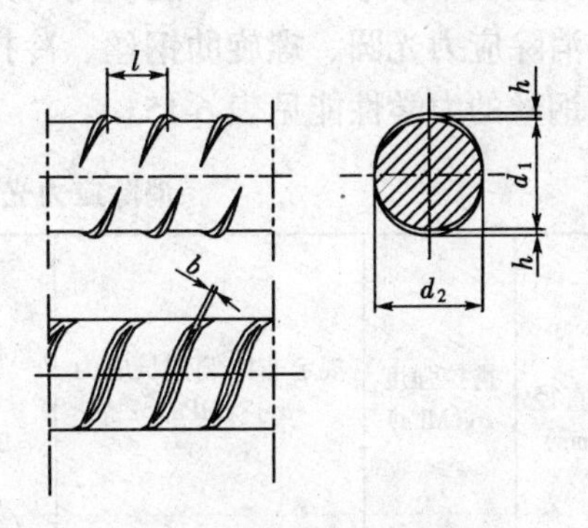

图 6-7　无纵肋热处理钢筋外形

热处理钢筋规格，有公称直径 6、8.2、10mm 三种。钢筋经热处理后应卷成盘。每盘应由一整根钢筋盘成，且每盘钢筋的重量应不小于 60kg。每批钢筋中允许由 5% 的盘数不足 60kg，但不得小于 25kg。公称直径为 6mm 和 8.2mm 的热处理钢筋盘的内径不小于 1.7m；公称直径为 10mm 的热处理钢筋盘的内径不小于 2.0m。

热处理钢筋的牌号有 $40Si_2Mn$、$48Si_2Mn$ 和 $45Si_2Cr$ 三个，为低合金钢。各牌号钢的化学成分应符合有关标准规定。热处理钢筋的力学性能应符合表 6-12 的规定。

预应力混凝土用热处理钢筋的力学性能　　**表 6-12**

公称直径 (mm)	牌　　号	$\sigma_{0.2}$	σ_b	δ_{10} (%)，不小于
		(MPa) 不小于		
6 8.2 10	$40Si_2Mn$ $48Si_2Mn$ $45Si_2Cr$	1325	1470	6

热处理钢筋具有较高的综合力学性能，除具有很高的强度外，还具有较好的塑性和韧性，特别适合于预应力构件。钢筋成盘供应，可省去冷拉、调质和对焊工序，施工方便。但其应力腐蚀及缺陷敏感性强，应防止产生锈蚀及刻痕等现象。热处理钢筋不适用于焊接和点焊的钢筋。

第五节　钢 丝 及 钢 绞 线

一、钢丝

预应力混凝土用钢丝简称预应力钢丝，是以优质碳素结构钢盘条为原料，经淬火、酸洗、冷拉制成的用作预应力混凝土骨架的钢丝。

钢丝按交货状态分为冷拉钢丝和消除应力钢丝两种；按外形分为光圆、钢丝、螺旋肋钢丝和刻痕钢丝三种；消除应力钢丝按松驰性能又分为低松驰级钢丝（代号 WLR）和普通松驰级钢丝（代号 WNR）。

钢丝为成盘供应。每盘由一根组成，其盘重应不小于 50kg，最低质量不小于 20kg，每个交货批中最低质量的盘数不得多于10%。消除应力钢丝的盘径不小于1700mm；冷拉钢丝的盘径不小于600mm。经供需双方协议，也可供应盘径不小于550mm的钢丝。

消除应力光圆、螺旋肋钢丝、冷拉钢丝的力学性能分别见表6-13～表6-14。消除应力刻痕钢丝的力学性能见表6-15。

消除应力光圆、螺旋肋钢丝的力学性能　　表6-13

公称直径 d_0(mm)	抗拉强度 σ_b(MPa) ≥	规定非比例伸长应力 $\sigma_{P0.2}$(MPa) ≥ WLR	规定非比例伸长应力 $\sigma_{P0.2}$(MPa) ≥ WNR	最大力下总伸长率 (L_0 = 200mm) δ_{gt} (%) ≥	弯曲次数 (次/180°) ≥	弯曲半径 R(mm)	应力松弛性能：初始应力相当于公称抗拉强度的百分数 (%)	应力松弛性能：1000h后应力松弛率 r(%) ≤ WLR	应力松弛性能：1000h后应力松弛率 r(%) ≤ WNR
							对所有规格		
4.00	1470 1570 1670 1770 1860	1290 1380 1470 1560 1640	1250 1330 1410 1500 1580	3.5	3	10	60 70 80	1.0 2.0 4.5	4.5 8.0 12.0
4.80					4	15			
5.00					4	15			
6.00	1470 1570 1670 1770	1290 1380 1470 1560	1250 1330 1410 1500		4	15			
6.25					4	20			
7.00					4	20			
8.00	1470 1570	1290 1380	1250 1330		4	20			
9.00					4	25			
10.00	1470	1290	1250		4	25			
12.00					4	30			

冷拉钢丝的力学性能　　表6-14

公称直径 d_0 (mm)	抗拉强度 (MPa) ≥	规定非比例伸长应力 $\sigma_{P0.2}$ (MPa) ≥	最大力下总伸长率 (L_0 = 200mm) δ_{gt} (%) ≥	弯曲次数 (次/180°) ≥	弯曲半径 R (mm)	断面收缩率 ψ (%) ≥	每210mm扭矩的扭转次数 n ≥	初始应力相当于70%公称抗拉强度时，1000h后应力松弛率 r (%) ≤
3.00	1470 1570 1670 1770	1100 1180 1250 1330	1.5	4	7.5	—	—	8
4.00					10	35	8	
5.00					15		8	
6.00	1470 1570 1670 1770	1100 1180 1250 1330		5	15	30	7	
7.00					20		6	
8.00					20		5	

消除应力刻痕钢丝的力学性能　表 6-15

公称直径 d_0(mm)	抗拉强度 σ_b(MPa) ≥	规定非比例伸长应力 $\sigma_{P0.2}$(MPa)≥		最大力下总伸长率 (L_0 = 200mm) δ_{gt} (%)≥	弯曲次数 (次/180°) ≥	弯曲半径 R(mm)	应力松弛性能		
							初始应力相当于公称抗拉强度的百分数 (%)	1000h 后应力松弛率 r(%)≤	
								WLR	WNR
		WLR	WNR				对所有规格		
≤5.0	1470	1290	1250	3.5	3	15	60	1.5	4.5
	1570	1380	1330				70	2.5	8.0
	1670	1470	1410				80	4.5	12.0
	1770	1560	1500						
	1860	1640	1580						
>5.0	1470	1290	1250		3	20			
	1570	1380	1330						
	1670	1470	1410						
	1770	1560	1500						

钢丝的抗拉强度比低碳热轧圆盘条、热轧光圆钢筋、热轧带肋钢筋的强度高 1～2 倍。在构件中采用钢丝可节约钢材、减小构件截面积和节省混凝土。钢丝主要用作桥梁、吊车梁、电杆、楼板、大口径管道等预应力混凝土构件中的预应力筋。

二、钢绞线

预应力混凝土用钢绞线简称预应力钢绞线，是由多根圆形断面钢丝捻制而成。钢绞线按左捻制成并经回火处理消除内应力。

钢绞线按应力松弛性能分为两级：Ⅰ级松弛（代号Ⅰ）、Ⅱ级松弛（代号Ⅱ）。钢绞线的公称直径有 9.0、12.0、15.0mm 三种规格，其直径允许偏差、中心钢丝直径加大范围和公称重量应符合标准规定。每盘成品钢绞线应由一整根钢绞线盘成，钢绞线盘的内径不小于 1000mm。如无特殊要求，每盘钢绞线的长度不小于 200m。

预应力混凝土用钢绞线的力学性能见表 6-16。

预应力混凝土用钢绞线的力学性能　表 6-16

钢绞线结构	公称直径 (mm)		强度级别 (MPa)	整根钢绞线的最大负荷 (kN)	屈服负荷 (kN)	伸长率 (%)	1000h 松弛值 (%)，不大于			
							Ⅰ级松弛		Ⅱ级松弛	
							初始负荷			
				不小于			70%破断负荷	80%破断负荷	70%破断负荷	80%破断负荷
1×2	10.00		1720	67.9	57.7	3.5	8.0	12	2.5	4.5
	12.00			97.9	83.2					
1×3	10.80			102	86.7					
	12.90			147	125					
1×7	标准型	9.50	1860	102	86.6					
		11.10	1860	138	117					
		12.70	1860	184	156					
		15.20	1720	239	203					
			1860	259	220					
	模拔型	12.70	1860	209	178					
		15.20	1820	300	255					

钢绞线与其他配筋材料相比，具有强度高、柔性好、质量稳定、成盘供应不需接头等

优点。适用于作大型建筑、公路或铁路桥梁、吊车梁等大跨度预应力混凝土构件的预应力钢筋，广泛地应用于大跨度、重荷载的结构工程中。

第六节　型　钢　简　介

型钢是采用钢锭经过加工后形成的具有一定截面形状的钢材，按断面分为简单截面的型钢和复杂截面的型钢，简单截面的型钢主要有圆钢、方钢、六角钢和八角钢等，复杂截面的型钢主要有工字钢、角钢、槽钢、钢轨等。常用型钢的名称、规格、型号和标记示例见表 6-17。

常用型钢的名称、规格、型号和标记示例　　**表 6-17**

名称	示意图	型号表示法及示例	规格表示法及示例	标记示例
热轧工字钢	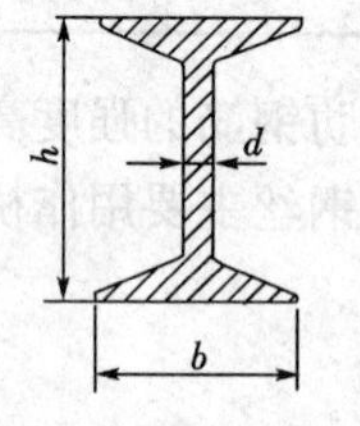	以“I”和腰高的厘米数表示，共有 34 个型号。b、d 有几种时加 a、b、c 以示区别。如：I16 号、I40b 号	腰高×腿宽×腰厚（I$h\times b\times d$）如：I400×144×12.5	热轧工字钢 $\frac{400\times144\times12.5-\text{GB706—88}}{\text{Q235-A·F-GB700—88}}$ 表示碳素结构钢，尺寸为 400mm×144mm×12.5mm 的热轧工字钢
热轧等边角钢	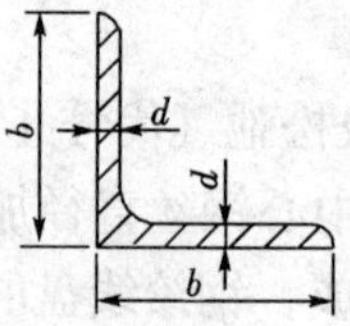	以“L”和边宽的厘米数表示，共有 20 个型号。同一型号有不同的边厚。如：L16 号	边宽×边宽×边厚（L$b\times b\times d$）如：L160×160×16	热轧等边角钢 $\frac{160\times160\times16-\text{GB 9787—88}}{\text{Q235-B-GB700—88}}$ 表示碳素结构钢 Q235 号 B 级镇静钢，尺寸为 160mm×160mm×16mm的热轧等边角钢
热轧不等边角钢	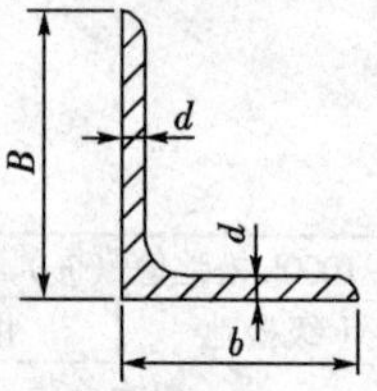	以“L”和长边/短边厘米数表示，共有 19 个型号。同一型号有不同边厚。如：L16/10 号	长边宽×短边宽×边厚（$B\times b\times d$）如：L160×100×10	热轧不等边角钢 $\frac{160\times100\times10-\text{GB9788—88}}{\text{Q235-A-GB700—88}}$ 表示碳素结构钢 Q235 号 A 级镇静钢，尺寸为 160mm×100mm×10mm的热轧不等边角钢
热轧槽钢	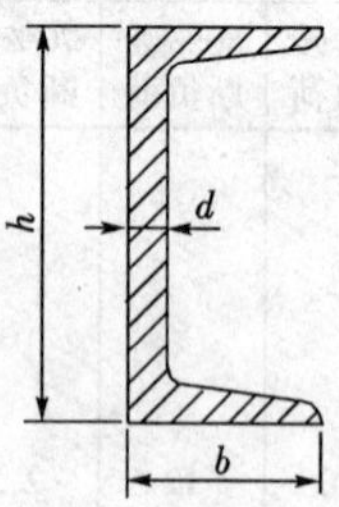	以“[”和腰高的厘米数表示，共有 30 个型号。b、d 有几种时加 a、b、c 以示区别。如：[18a 号	腰高×腿宽×腰厚（[$h\times b\times d$]）如：[180×68×7	热轧槽钢 $\frac{180\times68\times7-\text{GB702—88}}{\text{Q235-A-GB700—88}}$ 表示碳素结构钢 Q235 的镇静钢，尺寸为 180mm×68mm×7mm 的热轧槽钢
轻型钢轨	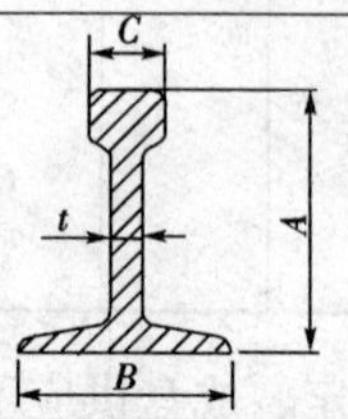	以每米公称重量表示，单位：kg/m。有 9、12、15、22、30 共 5 个型号。		

在建筑工程钢结构中应用较广泛的型钢主要是复杂截面的型钢。型钢与型钢之间的连接比较方便，可以通过焊接、铆接或螺栓连接，且形成的结构具有强度高、刚度大、承载力高等特点，因此采用型钢制成的钢结构主要应用于大跨度、重荷载的工业厂房、飞机库、铁路和公路桥梁等工程中。

本 章 小 结

1. 钢材是建筑工程中常用的建筑材料之一。建筑钢材主要包括各种型钢、钢筋、钢丝和钢绞线等。

2. 建筑钢材的主要性能包括力学性能、工艺性能和耐久性三个方面，其中力学性能和工艺性能是保证钢材使用的性能。

3. 建筑钢材所用的钢种包括碳素结构钢（非合金钢）、低合金高强度结构钢。其钢号表示方法各不相同，两种钢的用途也各不相同。

4. 建筑工程中常用的钢筋，主要包括热轧光圆钢筋、热轧带肋钢筋、低碳热轧圆盘条、冷轧带肋钢筋、冷拉钢筋和预应力混凝土用热处理钢筋等品种，其主要指标力学性能、工艺性能、化学成分等必须符合相应标准的规定。

5. 钢丝和钢绞线具有强度高、变形较小等特点，主要用作普通预应力混凝土结构及大跨度预应力结构的预应力筋。

6. 型钢在建筑工程中主要用于钢结构。本章只做简要介绍。

复习思考题

1. 建筑钢材的主要品种有哪些？

2. 钢按照化学成分分为哪几种？

3. 低碳钢拉伸的应力—应变图中，分为哪几个阶段？各阶段有何特点？低碳钢拉伸过程的强度指标和塑性指标有哪些？

4. 什么是钢材的冷弯性能？钢材冷弯试验的目的是什么？

5. 什么是钢材的冷加工和时效处理？

6. 碳素结构钢如何划分牌号？有哪些牌号？牌号与其性能的关系如何？

7. 说明下列碳素结构钢牌号的涵义：

Q235 - AF　　Q235—B　　Q215 - Bb

8. 低合金高强度结构钢的牌号如何表示？有哪些牌号？

9. 建筑工程中常用的钢筋品种有哪些？

10. 热轧光圆钢筋和带肋钢筋的牌号有哪些？各牌号钢筋的用途是什么？

11. 预应力混凝土用高强圆形钢丝如何分类？

12. 钢绞线的特点是什么？在工程中如何应用？

第七章 防 水 材 料

随着新型建筑防水材料的迅速发展，各类防水材料品种日益增多。用于屋面、地下工程及其他工程的防水材料，除常用的沥青类防水材料外，已向高聚物改性沥青、橡胶、合成高分子防水材料方向发展，并在工程应用中取得较好的防水效果。

第一节 沥青及其防水制品

一、沥青

沥青是一种有机胶凝材料，它是复杂的高分子碳氢化合物及非金属（氧、硫、氮等）衍生物的混合物。在常温下呈固体、半固体或液体状态。颜色由黑褐色至黑色，能溶于多种有机溶液中。具有不导电、不吸水、耐酸、耐碱、耐腐蚀等性能。在建筑工程中沥青主要作为防水、防潮、防腐蚀材料，用于屋面或地下防水工程、防腐蚀工程、铺筑道路以及贮水池、浴池及桥梁等防水防潮层，现已成为建筑中不可缺少的建筑材料。

沥青可分为地沥青和焦油沥青两大类：

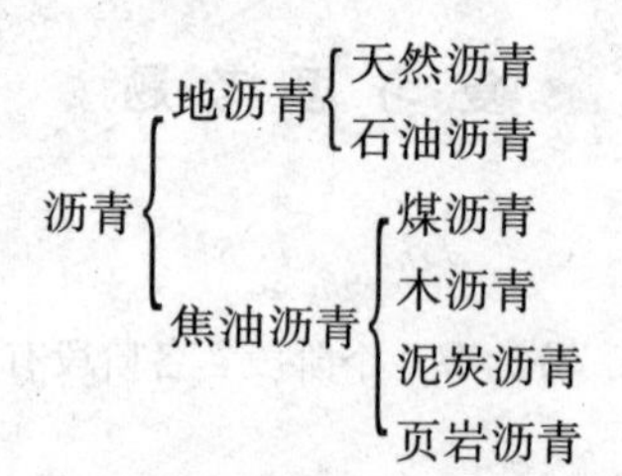

天然沥青是由沥青矿提炼而得，性能与石油沥青相似。在自然界中主要以沥青脉、沥青湖和浸泡在岩石或土壤中而存在。天然沥青中的沥青酸含量较高，具有高度的表面活性，能很好地黏着于矿物表面，一般用于涂料、染料、电气工业或作石油沥青的改性材料。

建筑工程中应用较广泛的沥青为石油沥青和改性沥青，煤沥青应用较少。

(一) 石油沥青

石油沥青是由石油原油或石油衍生物经过常压或减压蒸馏，提炼出汽油、煤油、柴油、润滑油等轻质油分后的残渣，经加工制成的一种产品，是建筑工程中常用沥青的主要品种。其成分与性能取决于原油的成分与性能。

1. 分类

石油沥青按用途分为建筑石油沥青，道路石油沥青、普通石油沥青和特种石油沥青，应用最普遍的为建筑石油沥青和道路石油沥青。建筑石油沥青具有黏性大、延伸性小、耐热性好的特点，分为10、30号两个牌号。

道路石油沥青具有黏性小、延伸性好、耐热度低的特点，分为200、180、140、100

甲、100乙、60甲、60乙等七个牌号。

普通石油沥青中含蜡量较高（一般大于5%，高者达20%），故又称多蜡沥青，其塑性、黏性、耐热性差，在建筑工程中一般很少直接使用。一般与建筑石油沥青掺配使用，也可掺入1%左右工业氯化锌，再经吹氧气2～4h后使用。这种掺配或用氯化锌处理的普通石油沥青，其低温柔性及抗老化等性能均优于其他类石油沥青，但由于使用较麻烦，目前也很少使用。

2. 技术性能

（1）黏性　指沥青在外力作用下抵抗变形的能力，在一定程度上表现为沥青与另一物体的黏结力。液体沥青的黏性用黏滞度表示，固态或半固态沥青用针入度表示。沥青的黏滞度越大、针入度越小，则黏性越大。

（2）塑性　指沥青在外力作用下变形能力的大小，用延伸度表示。延伸值越大，表示塑性越好，抵抗振动、冲击及基层开裂的能力越强。

（3）温度稳定性　指沥青的黏性和塑性随温度升降而变化的性能，用软化点表示。软化点越高，表示沥青的温度稳定性越好。

（4）大气稳定性　指沥青在大气作用下抵抗老化的性能，用加热后重量损失百分率和加热前后的针入度比值表示，加热损失百分率越小，针入度比值越大，表示沥青的大气稳定性越好。

3. 技术要求

建筑石油沥青的技术指标应符合GB 494—85的要求，见表7-1。道路石油沥青的技术指标应符合SHO522—92的要求，见表7-2。普通石油沥青的技术指标应符合SYB1655—77的要求，见表7-3。

4. 适用范围

石油沥青在建筑工程中主要用作防水、防潮、防腐蚀材料、胶结材料、涂料以及制造油毡、油纸和绝缘材料等，也用以铺筑车间、仓库的地面及道路等。

建筑石油沥青的技术要求　**表7-1**

项　　目	质量指标		试验方法
	10号	30号	
针入度（25℃，100g），1/10mm	10～25	25～40	GB 4509
延度（25℃），cm，不小于	1.5	3	GB 4508
软化点（环球法），℃，不低于	95	70	GB 4507
溶解度（三氯甲烷、三氯乙烯、四氯化碳或苯），%，不小于	99.5	99.5	SY2805
蒸发损失（160℃，5h），%，不大于	1	1	SY2808
蒸发后针入度比，%，不小于	65	65	注
闪点（开口），℃，不低于	230	230	GB 267
脆点，℃	报告	报告	GB 4510

注：测定蒸发损失后的针入度与原针入度之比乘以100后所得的百分比，称为蒸发后针入度比。

道路石油沥青的技术要求　表 7-2

项目	质量指标							试验方法
	200	180	140	100 甲	100 乙	60 甲	60 乙	
针入度（25℃，100g，1/10mm	201～300	161～200	121～160	91～120	81～120	51～80	41～80	GB/T 4509
延度（25℃），cm，不小于	—	100(1)	100(1)	90	60	70	40	GB/T 4508
软化点（环球法），℃，不低于	30～45	35～45	38～48	42～52	42～52	45～55	45～55	GB/T 4507
溶解度（三氯乙烯、三氯甲烷或苯），%，不小于	99	99	99	99	99	99	99	SY2805
蒸发后针入度比，%，不小于	50	60	60	65	65	70	70	注（2）
闪点（开口），℃，不低于	180	200	230	230	230	230	230	GB267
蒸发损失（160℃，5h），%，不大于	1	1	1	1	1	1	1	GB/T11964

注：①当 25℃延度达不到 100cm 时，如 15℃延度不小于 100cm 也认为是合格的。

②测定蒸发损失后的针入度之比乘以 100，即得出残留物针入度占原针入度的百分数，称为蒸发后针入度比。

普通石油沥青的技术要求　表 7-3

项目	质量指标		试验方法
	55 号	75 号	
针入度（25℃，100g）（1/10mm）不小于	55	75	GB4509
延度（25℃）（cm）不小于	1.0	2.0	GB4508
软化点（环球法）（℃）不低于	100	60	GB4507
溶解度（三氯乙烯，三氯甲烷或苯）（%）不小于	98	98	SY2805
闪点（开口）（℃）不低于	230	230	GB267

（二）焦油沥青

焦油沥青俗称柏油，它是在隔绝空气的情况下，干馏各种固体或液体燃料及其他有机材料所得的副产品。这一类沥青包括煤焦油蒸馏后的残余物即煤焦油沥青，木焦油蒸馏后的残余物即木焦沥青。这类沥青具有良好的防腐性能，具有特强的黏结性能，主要用于铺筑路面、制取染料、配制胶黏剂、制作涂料、嵌缝油膏和油毡等。

焦油沥青中的页岩沥青是由页岩提炼石油后的残渣经加工处理而制得的。就其性质而言，页岩沥青比石油沥青差，比煤沥青好。主要用于铺筑路面和制造油毡等。

二、沥青防水制品

（一）沥青玛瑞脂

沥青玛琋脂系在沥青中加入适量的粉状或纤维状填充料配制而成的一种胶结材料。它具有良好的耐热性、黏结力和柔韧性。其应用范围很广，普遍用于黏结防水卷材等。

(二) 冷底子油

冷底子油是由 30 号或 10 号建筑石油沥青或软化点为 50～70℃的焦油沥青加入溶剂（轻柴油、蒽油、煤油、汽油或苯等，但在焦油沥青冷底子油中，只能使用蒽油或苯）制成的溶液。冷底子油的流动性好，便于涂刷。它主要用于涂刷在水泥砂浆或混凝土基层，也可用于金属配件的基层处理，提高沥青类防水卷材与基层的黏结性能。

第二节 新型防水卷材

一、沥青防水卷材

目前，所用的防水卷材仍以沥青防水卷材为主，被广泛应用在地下、水工、工业及其他建筑和构筑物中。特别是屋面工程中仍被普遍采用。

沥青防水卷材种类较多，其分类见表 7-4。

沥青防水卷材的分类及品种 表 7-4

分类	品种
按生产工艺分	浸渍卷材（有胎）；辊压卷材（无胎）
按浸渍材料（沥青）品种分	石油沥青毡；煤沥青油毡；页岩沥青毡
按使用基胎分	纸胎（如油纸、毡）、布胎（玻璃布油毡、麻布油毡、矿棉布沥青油毡）聚酯纤维无纺布胎体油毡如 SBS 等
按面层隔离剂分	粉毡；片毡
按用途分	普通油毡；耐火油毡；耐热油毡；耐腐蚀油毡等

玻璃布胎沥青油毡（以下简称玻璃布油毡）是用石油沥青涂盖材料浸涂玻璃纤维织布的两面，再涂撒隔离材料所制成的一种以无机纤维为胎体的沥青防水卷材。按油毡幅宽可分为 900mm 和 1000mm 两个规格。玻璃布沥青油毡的技术性能应符合表 7-5 的规定。

玻璃布胎沥青油毡技术性能 表 7-5

项目名称	性能指标
单位面积浸涂材料质量（g/m^2），不小于	500
玻璃纤维布质量（g/m^2），不小于	103
抗剥离性（剥离面积），不小于	2/3
不透水性，压力（Pa），不小于	2.94×10^5
保持时间，(min) 不小于	15
吸水性（%），不小于	0.1
耐热度	在 85±2℃温度下受热 2h，涂盖层无滑动和集中性气泡
拉力（N）在 18±2℃时，纵向不小于	529
柔度（在 0℃时）	绕 ϕ20mm 圆棒无裂纹

玻璃布油毡的抗拉强度、耐久性等均较纸胎油毡好（抗拉强度高于500号纸胎石油沥青油毡，耐久性比纸胎石油沥青油毡提高一倍以上）、柔韧性好、耐腐蚀性强。适用于耐久性、耐蚀性、耐水性要求较高的工程（地下工程防水、防腐层，屋面防水以及金属管道，但热管道除外的防腐保护层等）。

二、橡胶防水卷材

随着科学技术的发展，除了传统的沥青防水卷材外，近几年研制出不少性能优良的新型防水卷材：如各种弹性或弹塑性的高分子防水卷材以及橡胶为主的新型防水材料，具有使用年限长、技术性能好、冷施工、操作简单、污染性低等特点。从我国防水材料的发展趋势看，沥青系油毡虽仍占主导地位，但目前对传统的沥青纸胎油毡已进行改革。这样可克服传统的纯沥青纸胎油毡低温柔性差、延伸率较低、拉伸强度及耐久性比较差等缺点，改善其各项技术性能，有效的提高了防水质量。

三、高聚物改性沥青防水卷材

近几年来高聚物改性沥青防水卷材的研制与应用发展比较迅速。

（一）SBS改性沥青柔性油毡

SBS（苯乙烯—丁二烯—苯乙烯三嵌段共聚物）改性沥青柔性油毡是以聚酯纤维无纺布为胎体。以SBS橡胶改性石油沥青为浸渍涂盖层（面层），以塑料薄膜为防黏隔离层或油毡表面带有砂粒的防水卷材。

SBS改性沥青柔性油毡的类型分为Ⅰ型、Ⅱ型、Ⅲ型。各类型油毡的规格及质量、技术性能见表7-6、表7-7。

SBS改性沥青柔性油毡的规格要求　　表7-6

类型	厚度（mm）		宽度（mm）		长度（mm）		每卷质量（kg）	
	基本尺寸	允许误差（%）	基本尺寸	允许误差（%）	基本尺寸	允许误差（%）	基本质量	允许误差（%）
Ⅰ型	1.0	±10	1000	±2	20	不得小于基本尺寸	20	±2
Ⅱ型	2.0	±10	1000	±2	10	不得小于基本尺寸	25	±2
Ⅲ型	3.0	±10	1000	±2	10	不得小于基本尺寸	40	±2

注：Ⅰ型表面带薄膜；Ⅱ、Ⅲ型表面带砂粒。

SBS改性沥青柔性油毡的技术性能　　表7-7

项　目	单　位	企业标准	实测数据		
			Ⅰ型	Ⅱ型	Ⅲ型
抗拉断裂强度	（MPa）	2.94	3.09	3.57	4.41
直角撕裂强度	（kN/m）	9.8	17.0	21.7	29.5
断裂伸长率	（%）	大于30	46.0	54.6	44.0
耐热度	80℃，45°角，受热5h	不流淌	涂盖层不流淌，无集中性气泡		
低温柔度	-20℃	无裂纹	绕ϕ20mm圆棒无裂纹		
不透水性	9.8×10^4Pa，30min	不透水	不透水		
紫外光老化	1000W，50±2℃	200h不龟裂	合　格		

注：Ⅰ、Ⅱ、Ⅲ型同表7-6。

SBS改性沥青柔软性油毡的配套材料见表7-8

SBS改性沥青柔性油毡配套材料　　表7-8

材料名称	用　途
氯丁黏结剂	卷材与基层、卷材与卷材的黏结
401胶	为加强卷材间的黏结，可在氯丁胶中掺入适量的401胶
汽　油	热熔施工时使用
二甲苯或甲苯	基层处理和做稀释剂用

热塑性丁苯橡胶（SBS）兼有橡胶和塑料的特性，常温下具有橡胶的弹性，高温下又具有塑料的可塑性。所以用SBS橡胶改性后的沥青油毡具有良好的弹性、耐疲劳、耐高温、耐低温等性能。它的价格较低，施工方便、可以冷粘贴，也可以热熔铺贴，具有较好的温度适应性和耐老化性能，是一种技术经济效果较好的中档新型防水材料。可用于屋面及地下室的防水工程。

（二）铝箔塑胶油毡

铝箔塑胶油毡（BW—A）是以聚酯纤维无纺布为胎体，以高分子聚合物（合成橡胶及塑料）改性沥青类材料为浸渍涂盖层，以塑料薄膜为底面防黏隔离层，以银白色软质铝箔为表面反光保护层而加工制成的新型防水材料。此油毡最适用于工业与民用建筑工程的屋面防水。

铝箔塑胶油毡的规格、质量应符合表7-9规定的要求。

铝箔塑胶油毡的规格要求　　表7-9

长　度（m）		宽　度（mm）		质　量（kg）	
基本尺寸	允许公差	基本尺寸	允许公差	基本质量	允许公差
15	±0.03	1250	±50	45	+3 -2
20	±0.03	1000	±40	50	+3 -2

铝箔塑胶油毡对阳光的反射率高，具有一定抗拉强度和延伸率，弹性好，低温柔性好，在-20~80℃温度范围内适应性较强，并且价格较低，是一种中档的新型防水材料。

（三）再生橡胶防水卷材

再生橡胶防水卷材（又称再生胶油毡）是由废橡胶粉掺入适量的石油沥青和化学助剂，进行高温高压脱硫处理后，再掺入一定数量的填充材料，经混炼、压延而成的无胎防水卷材。

再生橡胶防水卷材具有质地均匀、延伸性大、弹性好等优点，其抗腐蚀性强，不透水性、不透气性、低温柔韧性和抗拉强度均较高。

再生橡胶防水卷材，适用于屋面防水，尤其适用于有保护层的屋面。可用于基层沉降较大（包括不均匀沉降）的建筑物变形缝处的防水；地下结构（如地下室、深基础，贮水池等）的防水及作浴室、洗衣室、冷库等处的蒸汽隔离层。

再生橡胶防水卷材技术性能见表7-10

再生橡胶防水卷材技术性能 **表 7-10**

项 目 名 称	性 能 指 标
抗拉强度（MPa）20±2℃时纵向不小于	0.8
延伸率（%）20±2℃纵向不小于	120
低温柔性，-20℃时绕 ϕ1mm 金属丝对折	无裂缝
不透水性（MPa）动水压法，保持 90min，不小于	0.3
耐热度在 120℃，加热 5h	不起泡，不发黏
吸水性（%），18±2℃时，24h 不小于	0.5

（四）三元乙丙橡胶防水卷材

三元乙丙橡胶防水卷材，是由石油裂解生成的乙烯、丙烯和少量双环戊二烯（或乙叉降冰片烯）三种单体共聚合成的三元乙丙橡胶为主体，掺入适量的丁基橡胶、硫化剂、促进剂、软化剂、补强剂和填充剂等，经密炼、拉片、过滤、挤出（或压延）成型、硫化等工序加工制成。这是一种高弹性的新型防水材料。

三元乙丙橡胶防水卷材，与传统的沥青防水材料相比，具有防水性能优异、耐候性好、耐臭氧性、耐化学腐蚀性强、弹性和抗拉强度高，对基层材料的伸缩或开裂变形适应性强，质量轻、使用温度范围宽（-60℃～120℃）、使用年限长（30～50年）、可冷施工、施工成本低等优点。

合成高分子防水卷材规格 **表 7-11**

厚度（mm）	宽度（mm）	每卷长度（m）
1.0	不小于 1000	20.0
1.2	不小于 1000	20.0
1.5	不小于 1000	20.0
2.0	不小于 1000	10.0

三元乙丙橡胶防水卷材的规格见表 7-11。

三元乙丙橡胶防水卷材最适用于屋面工程作单层外露防水，也适用于有保护层的屋面或室内楼地面、厨房、厕所及地下室、贮水池、隧道等土木建筑工程防水。

第三节 嵌 缝 油 膏

建筑防水沥青嵌缝油膏是以石油沥青为基料，加入改性材料，稀释剂、填料等配制而成的黑色膏状嵌缝材料。该产品为冷施工型嵌缝膏，以橡胶粉、树脂、油脂类改性的沥青基嵌缝膏，均属此类产品。

油膏按耐热性和低温性分为 701、702、703 和 801、802、803 六个标号。建筑防水沥青嵌缝油膏的性能见表 7-12。

建筑防水沥青嵌缝油膏性能指标 **表 7-12**

项次	指 标		标号 701	702	703	801	802	803
1	耐热度	温度（℃）	70			80		
		下垂值，不大于（mm）	4					
2	黏结性，不小于，mm		15					
3	保油性	渗油幅度，不大于（mm）	5					
		渗油张数，不多于（张）	4					

续表

项次	指标		标号					
			701	702	703	801	802	803
4	挥发率，不大于（%）		2.8					
5	施工度，不小于（mm）		22					
6	低温柔性	温度（℃）	-10	-20	-30	-10	-20	-30
		黏结状况	合格					
7	浸水后黏结性，不小于（mm）		15					

此类油膏参照部颁标准JC207—76中技术要求与试验方法进行检验。此种嵌缝油膏适用于预制混凝土屋面板、墙板及各种轻板板缝的嵌填；桥梁涵洞的防水、防潮及防渗。

本 章 小 结

防水材料是建筑工程中重要的功能材料之一。本章主要讲述了石油沥青的组成、结构、技术性质、技术标准，以及石油沥青的改性方法。介绍了以改性石油沥青和合成高分子材料为基料，制成的各品种防水卷材、建筑涂料和密封材料。了解它们的组成、结构、技术性能及其相互之间的关系，对掌握以沥青及改性沥青为基料的新品种防水材料是必要的。由于防水材料品种较多，且更新速度较快，因此，应注意新开发的更有效的品种，以求提高和改进工程的防水质量。

复 习 思 考 题

1. 石油沥青有哪些主要技术性质？各用什么指标表示？
2. 石油沥青的组分比例改变对沥青的性质有何影响？
3. 石油沥青的牌号如何划分？牌号大小说明什么问题？
4. 沥青为什么会发生老化？如何延缓其老化？
5. 与传统的沥青防水卷材相比较，改性沥青防水卷材和合成高分子防水卷材有什么突出的优点？
6. 为满足防水要求，防水卷材应具有哪些技术性能？
7. 试述嵌缝油膏的性能要求和使用特点。

第八章　天　然　石　材

天然石材是采自地壳，经加工或不加工的岩石。

天然石材是最古老的建筑材料之一。意大利的比萨斜塔、古埃及的金字塔、太阳神庙，我国河北的赵洲桥、福建泉洲的洛阳桥等，均为著名的古代石结构建筑。天然石材具有较高的抗压强度，良好的耐久性和耐磨性，部分岩石品种经加工后还可以获得独特的装饰效果，且资源分布广，便于就地取材等优点而广泛应用。但石材脆性大、抗拉强度低、自重大，石结构的抗震性差，加之岩石开采加工较困难，价格高等因素，石材作为结构材料已逐渐被混凝土所取代。

第一节　天然岩石的种类

岩石是由各种不同地质作用所形成的天然固态矿物组成的集合体。组成岩石的矿物称为造岩矿物，目前发现的造岩矿物有 3 300 多种。由一种矿物构成的岩石称为单矿岩（如石灰岩），这种岩石的性质由其矿物成分及结构构造决定。由两种或更多种矿物构成的岩石称为多矿岩（如花岗岩）。

根据岩石成因，按地质分类法，天然岩石可分为岩浆岩、沉积岩、变质岩三大类。

一、岩浆岩

岩浆岩又称火成岩。它是地壳深处熔融的岩浆在地下或喷出地面后，经冷凝而成的岩石。岩浆岩是组成地壳的主要岩石，占地壳总量的 89%。根据岩浆冷却情况的不同，岩浆岩可分为深成岩、喷出岩和火山岩三种。

深成岩是岩浆在地壳深处受到上部较大的覆盖压力作用，缓慢且较均匀地冷却而成的岩石。其特点是体积密度大、孔隙率及吸水率小、抗压强度高、抗冻性及耐磨性好。建筑上常用的深成岩有花岗岩、正长岩、闪长岩等。

喷出岩是岩浆喷出地表时，在压力降低和迅速冷却的条件下而形成的岩石。建筑上常用的喷出岩有玄武岩、辉绿岩、安山岩等。玄武岩和辉绿岩十分坚硬，难以加工，常用做耐酸或耐热材料，也是制造铸石和岩棉的原料。

火山岩是火山爆发时，岩浆被喷射到空中，经急速冷却后落下而形成的岩石。建筑工程中常用的火山岩有火山灰、浮石、火山凝灰岩等。火山灰可做为生产水泥的混合材料及混凝土的掺合料；浮石可做为配制轻骨料混凝土的轻骨料。

二、沉积岩

沉积岩又称水成岩。它是由露出地表的各种岩石（母岩）经自然风化、风力搬迁、流水冲移等作用后，再沉积堆积在地表及离地表不太深处形成的岩石。沉积岩的体积密度小，密实度较差，吸水率较大，强度较低，耐久性也较差。但由于分布广，加工较容易，因此应用也比较广。

根据沉积岩的生成条件，可分为机械沉积岩、化学沉积岩和生物沉积岩三种。

机械沉积岩是由自然风化而逐渐破碎松散的岩石及砂等，经风、雨、冰川、沉积等机械作用而重新压实或胶结而成的岩石。建筑工程中常用的沉积岩为砂岩：硅质砂岩的性能接近于花岗岩，可用作纪念性建筑及耐酸工程；钙质砂岩的性质类似于石灰岩，较易加工，应用较广，可做基础、踏步、人行道等；而黏土质砂岩浸水易软化，工程中很少使用。

化学沉积岩是由溶解于水中的矿物质经聚积、反应、重结晶等形成的岩石，如石膏岩、白云岩等。

生物沉积岩是由各种有机体的残骸沉积而成的岩石。石灰岩是建筑工程中用途最广、用量最大的生物沉积岩，它不仅是制造石灰和水泥的主要原料，而且也是普通混凝土常用的骨料；石灰岩还可以砌筑基础、勒脚、拱、柱、路面、挡土墙等。

三、变质岩

变质岩是由原有岩石在地壳运动过程中，受到地壳内部高温、高压的作用，使岩石原有的结构发生变化，产生熔融再结晶作用而形成的岩石。根据变质岩的原有岩石的不同，可分为正变质岩和副变质岩两种。

正变质岩是由岩浆岩变质而成的岩石，如片麻岩等。工程中常用做碎石、块石及人行道石板等。副变质岩是由沉积岩变质而成的岩石，工程中常用的有大理石、石英石等。

第二节　建筑工程中常用的天然石材

建筑上常用的天然石材常加工为散粒状、块状、板材等类型的石制品。根据这些石制品的用途不同，可分为以下三类：

一、砌筑用石材

砌筑用石材分为毛石、料石两种。

毛石是在采石场爆破后直接得到的不规则形状的石块。按其表面的平整程度又分为乱毛石和平毛石两种。

乱毛石　其形状极不规则。

平毛石　是乱毛石略经加工而成的毛石，其形状较整齐，大致有上、下两个平行面。

毛石主要用于砌筑建筑物的基础、勒脚、墙身、挡土墙等，平毛石还用于铺筑园林中的小径石路，可形成不规则的拼缝图案，增加环境的自然美。

料石又称条石，是用毛石经人工斩凿或机械加工而成的石块。按料石表面加工的平整程度可分为以下四种：

(1) 毛料石。表面不经加工或稍加修整的料石。

(2) 粗料石。表面加工成凹凸深度不大于 20mm 的料石。

(3) 半细料石。表面加工成凹凸深度不大于 10mm 的料石。

(4) 细料石。表面加工成凹凸深度不大于 2mm 的料石。

料石一般是用较致密均匀的砂岩、石灰岩、花岗岩等开凿而成，制成条石、方料石或拱石，用于建筑物的基础、勒脚、地面等。

二、颗粒状石料

颗粒状石料主要用做配制混凝土的骨料，按其形状的不同，分为卵石、碎石和石渣等三种，其中卵石、碎石应用最多，具体内容见第四章有关内容。

三、装饰用板材

用于建筑装饰的天然石材品种很多，但按其基本属性可归为大理石和花岗石两大类。饰面板材要求耐久、耐磨、色泽美观、无裂缝。

大理石是指具有装饰功能，并可磨光、抛光的各种沉积岩和变质岩，其主要的化学成分为碳酸盐类（碳酸钙或碳酸镁）。从矿体开采出来的大理石荒料经锯切、研磨、抛光等加工而成为大理石装饰面板。主要用于建筑物的室内饰面，如墙面、地面、柱面、台面、栏杆、踏步等。当用于室外时，由于大理石抗风化能力差，易受空气中二氧化硫的腐蚀，而失去表面光泽，变色并逐渐破坏。因此，大理石板材除极少数品种如汉白玉外，一般不宜用于室外饰面。

花岗石是指具有装饰功能，并可磨光、抛光的各类岩浆岩及少量其他岩石，主要是岩浆岩中的深成岩和部分喷出岩以及变质岩。这类岩石的构造非常致密，矿物全部结晶，且晶粒粗大，呈块状结构或粗晶嵌入玻璃质结构中的斑状构造。它们经研磨、抛光后形成的镜面呈斑点状花纹。

按表面加工的粗细程度，又可分为三种：粗面板材（RU）（表面平整，但粗糙。具有较规则的加工纹理，如机刨板、剁斧板、锤击板等）、细面板材（RB）（表面平整且光滑）、镜面板材（PL）（表面平整，并具有镜面光泽）。磨光花岗石板材的装饰特点是华丽而庄重，粗面花岗石板材的装饰特点是凝重而粗犷。

花岗石板材主要用于建筑物的室内室外饰面，另外，花岗石板材也可用做重要的大型建筑物的基础、踏步、栏杆、堤坝、桥梁、街边石等。花岗石板材种类不同，其装饰效果不同，应根据不同的使用场合选择不同的板材。

本 章 小 结

在建筑工程中，天然石材因其可以就地取材而应用较广。但近年来发现，天然石材中的放射性物质含量超标会对人体健康产生危害，且大量开采也会对环境产生不利影响。为减轻建筑物的自重和保护环境，天然石材正逐渐更多的被人造石材所取代。

本章内容以建筑中常用的天然石材为重点，掌握建筑工程中常用天然石材的种类及其应用。

复 习 思 考 题

1. 天然岩石按其成因可分为哪几类？花岗岩和大理岩分别属于哪一类？

2. 建筑上常用的天然石材有哪几类？

3. 天然大理石板材和天然花岗石板材主要用于哪些装饰部位？为什么一般大理石板材不宜用于室外？

第九章　建　筑　木　材

木材具有很多优良的性能，如轻质高强，导电、导热性低，有较好的弹性和韧性，能承受冲击和振动，易于加工等。目前，木材较少用于外部结构材料，但由于它有美观的天然纹理，装饰效果较好，所以仍被广泛用做装饰与装修材料。但由于木材构造不均匀、各向异性、易吸湿变形、易腐易燃等缺点，且树木生长周期缓慢、成材不易等原因，因此在应用上也受到限制，所以对木材的节约使用和综合利用是十分重要的。

第一节　天　然　木　材

一、天然木材的技术性质

（一）木材的含水率

木材的含水率是木材一个很重要的物理性质，它的变化将直接影响木材的体积密度及强度等。

木材含水率是指木材所含水的质量与木材干燥质量之比。木材含水率与木材的含水状态有关。木材中的水分由两部分组成，一是存在于细胞腔内的自由水，另一部分是存在于细胞壁内的吸附水。当吸附水已达饱和状态而又无自由水存在时，木材的含水率称为该木材的纤维饱和点含水率。其值随树种而异，一般为25%～35%，平均值为30%。

木材的含水率与周围空气相对湿度达到平衡时，称为木材的平衡含水率。即当木材长时间处于一定温度和湿度的空气中，其水分的蒸发和吸收趋于平衡，含水率相对稳定，此时的含水率为平衡含水率。木材平衡含水率随大气的温度和相对湿度的变化而变化。

（二）木材的密度与体积密度

常用木材的密度平均值约为1 550kg/m^3，气干体积密度平均为500kg/m^3。木材体积密度的大小与其种类及含水率有关，如夏材含水量多其体积密度大；含水率变化，木材体积密度随之发生变化，确定木材体积密度时，要在标准含水率（15%）的条件下进行。

（三）木材的强度

木材是一种天然的、非匀质的各项异性材料，木材的强度主要有抗压、抗拉、抗剪及抗弯强度，而抗压、抗拉、抗剪强度又有顺纹、横纹之分。所谓顺纹，是指作用力方向与纤维方向平行；横纹是指作用力方向与纤维方向垂直。木材的顺纹与横纹强度有很大差别。

1. 抗压强度

木材顺纹抗压强度是木材各种力学性质中的基本指标，广泛用于受压构件中。如柱、桩、桁架中承压杆件等。横纹抗压强度又分弦向与径向两种。顺纹抗压强度比横纹弦向抗压强度大，而横纹径向抗压强度最小。

2. 抗拉强度

顺纹抗拉强度在木材强度中最大，而横纹抗拉强度最小。因此，使用时应尽量避免木材受横纹拉力。

3. 剪切和切断强度

木材的剪切有顺纹剪切、横纹剪切和横纹切断三种。

横纹切断强度大于顺纹剪切强度，顺纹剪切强度又大于横纹剪切强度，用于建筑工程中的木构件受剪情况比受压、受弯和受拉少得多。

4. 抗弯强度

木材具有较高的抗弯强度，因此在建筑中广泛用做受弯构件，如梁、桁架、脚手架、瓦条等。一般抗弯强度高于顺纹抗压强度 1.5～2.0 倍。木材种类不同，其抗弯强度也不同。木材各强度之间的关系见表 9-1。

木材各种强度间的关系 **表 9-1**

抗压		抗拉		抗弯	抗剪	
顺纹	横纹	顺纹	横纹		顺纹	横纹剪断
1	1/10～13	2～3	1/20～1/3	1.5～2	1/7～1/3	1/2～1

5. 木材缺陷对强度的影响

木材的强度除由本身组织构造及含水率、负荷持续时间、温度等因素决定外，还与木材的缺陷（木节、腐朽、裂纹、斜纹及虫蛀等）有很大关系。

节子：节子会破坏木材构造的均匀性和完整性，对顺纹抗拉强度的影响最大，其次是抗弯强度，特别是位于构造边缘的节子最明显。节子对顺纹抗压强度影响较小。节子能提高横纹抗压和顺纹抗剪强度。

腐朽：木材由于木腐菌的侵入，逐渐改变其颜色和结构，使细胞壁受到破坏，变得松软易碎，呈筛孔状或粉末状等形态，称为腐朽。腐朽严重影响木材的物理、力学性质，使其质量减轻、吸水性增大，强度、硬度降低。

裂纹：木材纤维与纤维之间的分离所形成的裂隙称为裂纹。裂纹，特别是贯通裂纹会破坏木材完整性、降低木材的强度，尤其是顺纹抗剪强度。

构造缺陷：凡是树干上由于正常的木材构造所形成的各种缺陷称为构造缺陷。各种构造缺陷，均会影响木材的力学性能。如斜纹、涡纹，会降低木材的顺纹抗拉、抗弯强度。应压木（偏宽年轮）的密度、硬度、顺纹抗压和抗弯强度均比正常木大，但抗拉强度及冲击韧性比正常木小，纵向干缩率大，因而翘曲和开裂严重。

二、天然木材的质量标准及应用

天然木材按其树种有针叶树木材和阔叶树木材两大类。按其用途和加工程度有原条、原木、锯材和枕木四类。

（一）天然木材的质量标准

1. 原木

原木系指已经除皮、根、树梢的木材，并按一定尺寸加工成规定直径和长度的木料。针叶树、阔叶树加工用原木适用于各种用途木材的加工，其质量标准见表 9-2。

2. 杉原条

凡经打枝、剥皮，没有加工选材的杉木伐倒木，称为杉原条。杉原条含水杉、柳杉原条，小径用于房屋桁条、门窗料、脚手架，中径及大径用于建筑结构料、模具、家具及通讯、输电线路维修用的支柱、支架。

针叶树（阔叶树）加工用原木的质量标准 **表 9-2**

缺陷名称	检量方法	限度		
		一等	二等	三等
活节、死节	最大尺寸不得超过检尺径的 任意材长 1m 范围内的个数不得超过	15%（20%） 5（2）	40% 10（4）	不限 不限
漏　节	在全材长范围的个数不得超过	不许有	1 个	2 个
边材腐朽	厚度不得超过检尺径的	不许有	10%	20%
心材腐朽	面积不得超过检尺径断面面积的	大头允许 1% 小头不允许	16%	36%
虫　眼	任意材长 1m 范围内的个数不得超过	不许有	20（5）	不限
纵裂、外夹皮	针叶树 长度不得超过检尺长的杉木 其他针叶树种	20% 10%	40%	不限
	阔叶树：长度不得超过检尺长的	20%	40%	不限
弯　曲	最大拱高不得超过该弯曲内曲水平长的	1.5%	3%	6%
扭转纹	小头 1m 长范围内的纹理倾斜高（宽度）不得超过检尺径的	20%	50%	不限
外伤、偏枯	深度不得超过检尺径的	20%	40%	不限

注：①本表未列缺陷不计。用作造纸、人造纤维的原料，其裂纹、夹皮、弯曲、扭转纹不计。

②作胶合板使用的原木为一、二等。

③乐器用料对质量有要求者，可由供需双方协商挑选。

④表中括号内数字为阔叶树锯材的指标，其他指标与针叶树锯材相同。

3. 锯材

针叶树、阔叶树普通锯材和特等锯材，其质量要求的规定见表 9-3。

针叶树（阔叶树）锯材的质量要求 **表 9-3**

缺陷名称	检量方法	允许限度			
		特等锯材	普通锯材		
			一等	二等	三等
活节、死节	最大尺寸不得超过材宽的 任意材长 1m 范围内的个数不得超过	10% 3（2）	20% 5（4）	40% 10（6）	不限
腐　朽	面积不得超过所在材面面积的	不许有	不许有	10%	25%
裂纹、夹皮	长度不得超过材长的	5%（10%）	10%（15%）	30%（40%）	不限
虫　害	任意材长 1m 范围内的个数不得超过	不许有	不许有	15（8）	不限
钝　棱	最严重缺角尺寸，不得超过材宽的	10%（15%）	25%	50%	80%

续表

缺陷名称	检量方法	允许限度			
		特等锯材	普通锯材		
			一等	二等	三等
弯　曲	横弯不得超过	0.3%（0.5%）	0.5%（1%）	2%	3%（4%）
	顺弯不得超过	1%	2%	3%	不限
斜　纹	斜纹倾斜高不得超过水平长的	5%	10%	20%	不限

注：①本表系根据 GB153.2—84 编制的。

②长度不足 2m 者不分等级，其缺陷允许限度不低于三等。

③表中括号内数字为阔叶树锯材的指标，其他指标与针叶树锯材相同。

(二) 天然木材的应用

天然木材在经济建设中有广泛应用。在建筑工程中木材主要用做木结构、模板、支架、墙板、吊顶、门窗、地板、家具及室内装修等。木材除以原木、锯材形式使用外，还可加工成木制品，广泛用于建筑工程及各行各业中。

第二节　人　造　板　材

人造板材是利用木材或含有一定量纤维的其他植物作原料，采用一般物理和化学方法加工而成的。其特点有：板面宽，表面平整光洁，没有节子、虫眼和各项异性等缺点，不翘曲、不开裂，经过加工处理还具有防火、防水、防腐、防酸等性能。

一、胶合板

胶合板一般多用单数层（3、5、7 层数）由原木旋切成的单板按木材纹理纵横向交错重叠黏合而成。

胶合板厚度为 2.7、3、3.5、4、5、5.5、6mm，自 6mm 起，按 1mm 递增。厚度自 4mm 以下为薄胶合板，3、3.5、4mm 厚的胶合板为常用规格。胶合板的幅面尺寸规定，见表 9-4。

胶合板的幅面尺寸（mm）　　**表 9-4**

宽　度	长　度				
	915	1 220	1 830	2 135	2 440
915	915	1 220	1 830	2 135	—
1 220	—	1 220	1 830	2 135	2 440

(一) 胶合板的分类

胶合板的分类见表 9-5。

胶 合 板 的 分 类　　**表 9-5**

序　号	分　　类	品　　种
1	按板的结构分	胶合板，夹心胶合板，复合胶合板
2	按胶粘性能分	室外用胶合板，室内用胶合板

续表

序号	分类	品种
3	按表面加工分	砂光胶合板，刮光胶合板，贴面胶合板，预饰面胶合板
4	按处理情况分	未处理过的胶合板，处理过的胶合板（如浸渍防腐剂）
5	按形状分	平面胶合板，成形胶合
6	按用途分	普通胶合板，特种胶合板

按树种不同，有阔叶材普通胶合板和松木普通胶合板。胶合板面板的树种为该胶合板的树种。按材质和加工工艺质量，普通胶合板分为Ⅰ、Ⅱ、Ⅲ、Ⅳ类。

（二）普通胶合板技术性质

普通胶合板的胶合强度指标，应符合相应指标的规定。

普通胶合板的胶种、特性及适用范围见表 9-6。

胶合板分类、特性及适用范围　　表 9-6

种类	分类	名称	胶种	特性	适用范围
阔叶树材普通胶合板	Ⅰ类	NQF（耐气候胶合板）	酚醛树脂胶或其他性能相当的胶	耐久、耐煮沸或蒸气处理、耐干热、抗菌	室外工程
	Ⅱ类	NS（耐水胶合板）	脲醛树脂或其他性能相当的胶	耐冷水浸泡及短时间热水浸泡、不耐煮沸	室外工程
	Ⅲ类	NC（耐潮胶合板）	血胶、带有多量填料的脲醛树脂胶或其他性能相当的胶	耐短期冷水浸泡	室内工程一般使用
	Ⅳ类	BNS（不耐潮胶合板）	豆胶或其他性能相当的胶	有一定胶合强度但不耐水	室内工程一般使用
松木普通胶合板	Ⅰ类	Ⅰ类胶合板	酚醛树脂胶或其他性能相当的合成树脂胶	耐水、耐热、抗真菌	室外长期使用工程
	Ⅱ类	Ⅱ类胶合板	脱水脲醛树脂胶、改性脲醛树脂胶或其他性能相当的合成树脂胶	耐水、抗真菌	潮湿环境下使用的工程
	Ⅲ类	Ⅲ类胶合板	血胶和加少量填料的脲醛树脂胶	耐潮	室内工程
	Ⅳ类	Ⅳ类胶合板	豆胶和加多量填料的脲醛树脂胶	不耐水、湿	室内工程（干燥环境下使用）

在建筑中胶合板可用作顶棚板、隔墙板、门心板及室内装修等。

二、硬质纤维板

以植物纤维为原料，加工成密度大于 $0.8g/cm^3$ 的纤维板，称为硬质纤维板。其规格尺寸，长度方向有 1 220、1 830、2 000、2 135、2 440mm；宽度有 610、915、1 000、

1 220mm；厚度有 2.50、3.00、3.20、4.00、5.00mm。

硬质纤维板按其处理方式分为特级纤维板和普通级纤维板两种；按物理力学性能又分为四个等级，即特级、一级、二级、三级。

硬质纤维板各技术性能指标应满足表 9-7 的规定。

硬质纤维板物理力学性能和外观质量等级 **表 9-7**

指标项目	单 位	特 级	一 级	二 级	三 级
密度大于	(g/cm^3)	0.80			
静曲强度	(MPa)	49.0	39.0	29.0	20.0
吸水率，不大于	(%)	15.0	20.0	30.0	35.0
含水率	(%)	3.0～10.0			

三、刨花板、木丝板

刨花板是利用施加或未加胶料的木质刨花或木质纤维材料（如木片、锯屑和亚麻等）压制的板材。

刨花板的规格尺寸，长度方向有 915、1 220、1 525、1 830、2 135mm，宽度有 915、1 000、1 220mm，厚度有 6、8、10（12）、13、16、19、22、25、30mm 等。

刨花板的分类见表 9-8。

刨花板分类及其品种 **表 9-8**

分 类	品 种
按制造方法分	平压刨花板 挤压刨花板（空心挤压刨花板、实心挤压刨花板）
按表面状况分	加压刨花板、砂光或刨光刨花板、饰面刨花板、单面刨花板
按形状分	平面刨花板、模压刨花板

刨花板具有隔声、绝热、防蛀及耐火等优点，可用作隔墙板、顶棚板等。木丝板是利用木材的短残料刨成木丝，再与水泥、水玻璃等搅拌在一起，加压凝固成形。木丝板规格：长度有 1 500、1 830mm，宽度有 500、600mm，厚度有 16～50mm。木丝板具有隔声、绝热、防蛀及耐火等优点，可用作隔墙板、顶棚板等。

本 章 小 结

1. 木材是传统的三大建筑材料（水泥、钢材、木材）之一。但由于木材生长周期长，大量砍伐对保持生态平衡不利，且因木材也存在易燃、易腐以及各向异性等缺点，所以在工程中应尽量以其他材料代替，以节省木材资源。

2. 木材因树种不同，取材位置不同而造成的材质不匀，以致使其各项性能相差悬殊。在同一木材中，不同方向的抗拉、抗压、抗剪强度也各不相同，这是由于木材的构造决定的。只有正确认识木材的这些特点，掌握木材的工程性能，才能在选材、制材和工程施工中扬长避短，做到物尽其用，杜绝浪费。

3. 除了直接使用木材制造构件和制品外，还应将采伐、制材和加工中的剩余物质或废弃物充分加以利用，发展人造板材。而且各类人造板材还具有幅面大、不翘曲、不易开裂等优点，是解决我国木材供应不足的重要途径之一。

复 习 思 考 题

1. 木材按树种分为哪几类？其特点和用途如何？
2. 木材从宏观构造观察有哪些主要组成部分？
3. 什么是木材的纤维饱和点、平衡含水率、标准含水率？各有什么实用意义？
4. 木材含水率的变化对其性能有什么影响？
5. 影响木材强度的因素有哪些？如何影响？
6. 简述木材的腐蚀原因及防腐方法。
7. 简述木材综合利用的方法和实际意义。

第十章　塑　料　建　材

第一节　概　　述

一、塑料建材概述

化学建材是继钢材、木材、水泥之后，当代新兴的第四大类新型建筑材料。化学建材在建筑工程、市政工程、村镇建设以及工业建设中用途十分广泛，大力开发和推广应用化学建材具有显著的经济效益和社会效益。

化学建材的品种繁多，主要包括塑料管、塑料门窗、建筑防水材料、密封材料、隔热保温材料、建筑涂料、装饰装修材料、建筑胶粘剂以及混凝土外加剂等。

塑料及其制品是建筑工程中应用最广泛的化学建材之一。塑料主要是指有机高分子化合物，如天然树脂、合成树脂为基础的材料。在19世纪末才开始萌芽，随后不断发展。目前，塑料在世界上的年产量已经超过了全部有色金属（如铜、铝、铅、锌等）年产量的总和，并以很快的速度发展着。塑料制品在国民经济各部门应用日趋广泛。在国防工业如航空及航天方面的应用也日益重要。塑料已成为人类科学事业及社会生产发展中一种不可缺少的材料。

塑料和合成树脂两个名词概念不同。合成树脂是指那些由人工合成的高分子聚合物或其预聚体。而塑料则是在合成树脂（大多数）中加入填料、增塑剂及其他添加剂，经过加工形成塑料材料或者固化交联形成刚性材料，统称为塑料。

塑料的品种繁多，数以百计。而且每一品种具有许多牌号，为了便于认识和研究，对塑料进行分类是必要的。其分类方法多种：

以所用的树脂生产时化学反应分为聚合类塑料、缩聚类塑料和改性的天然高分子化合物类的塑料。

以塑料的性能特点和实际应用情况分为通用塑料和工程塑料。

以塑料的受热行为分为热塑性塑料和热固性塑料。热塑性塑料在加热时变软，冷却后变硬，这个过程可以反复进行，如聚乙烯、聚丙烯、聚氯乙烯、聚苯乙烯、聚碳酸酯、聚酰胺、聚甲醛等。热固性塑料大多是以缩聚树脂为基础而制成的塑料，在受热时可稍微软化具有可塑性，继续加热，开始固化，一旦固化后再继续加热直至分解温度不会软化，同时也不能溶于溶剂中。

除上述几种分类方法外,国内外也有从塑料的分子结构上来划分的,如分为烯烃类、乙烯基类、聚醚类、交联型塑料(热固性塑料)等等。人们较常用的是以塑料受热行为来分类。

二、塑料的特点

塑料，即塑性材料，所谓“塑性”是指在加以外力情况下，出现像黏土那样的性能，可以改变形状，在加热时具有一定流动性，可以造形。因而能够在快而短的时间内（例如在几秒钟到几分钟内），利用注射、挤出、压制、冷压烧结、浇铸、真空成形、吹塑、冲压等方法加工成形。其制品可以是各种几何形状的，成形后不用加工即可使用。成形周期短，可以进行大量连续生产，这是塑料的共同性质。

（一）塑料的优点

塑料的品种甚多，其性能各具特色，如有的塑料具有金属的特点，有一定的强度和硬度，有的比金属轻而透明，有的耐腐蚀，耐磨损，有的像海绵那样的多孔。总之，不同品种的塑料具有不同的物理机械性能。与其他材料相比它具有轻质、比强度高、耐化学腐蚀性好、电绝缘性能好、耐磨性好、消声和减震效用好等优点，另外某些塑料还具有良好的透光性。

（二）塑料的缺点

塑料的耐热性低，如果长时期使用，一般只能在不超过100℃范围，只有少数的可以在200℃下使用。塑料的热膨胀系数很大，大多数热塑性塑料的线胀系数在 10×10^{-5} 左右，与金属相比，可以高达几倍，所以塑料制品带有金属嵌件者其嵌合性不甚理想。塑料的导热系数小，利用这个特点，可作为隔热材料，特别是泡沫塑料，其导热系数更小。

塑料在长期负荷作用下，即使在常温也会产生变形。此外，在日光、大气、长期机械应力或某些介质作用下，会发生老化现象，如变色、开裂、机械强度下降等。但这些缺点，通过科技人员的努力，正在逐步得到改善，或者在生产上取长补短，量材使用。

三、塑料的基本组成及其作用

塑料是指以有机合成树脂为主要成分、加入各种助剂而成的材料。这种材料在加热、加压等条件下可以塑制成形为一定外形的制品。有些塑料是一种单纯的合成树脂，这种树脂即为塑料。有些塑料除了合成树脂以外，还添加某些必要的填料和添加剂。塑料的性能主要取决于合成树脂的性质，加入添加剂的目的是为了改变某些性能。不加添加剂的塑料是很少的。塑料的组成大致如下：

（一）合成树脂

合成树脂是由许多原子相连而组成长链状的高分子化合物。构成树脂的主要元素有C、H、O、N等等。

塑料的主要性能取决于合成树脂。合成树脂与低分子物质极不相同，其分子量可达几万、几十万甚至高达百万以上。如低密度聚乙烯平均分子量为1.5~3.5万；高密度聚乙烯平均分子量为8~14万；而超高分子聚乙烯的平均分子量可超过一百万以上。

（二）添加剂

塑料中除合成树脂外，还加入一些添加剂。前已述及，它是塑料中的次要部分（亦称为助剂），在塑料中起一定的作用，对于塑料制品性能和用途有一定影响。有时，由于添加剂的加入可以改变塑料的耐老化性、成形加工性，提高合成树脂的实用价值。随着合成材料工业的发展，合成树脂的品种不断增加，而为了适应各种制品的不同性能要求，对添加剂的需求也在逐渐发展和扩大。在塑料中可供使用的添加剂主要品种有增塑剂、稳定剂、抗静电剂、阻燃剂、润滑剂、着色剂和其他添加剂。

第二节 常用塑料建材

一、UPVC塑料排水管

室内排水用UPVC管材是以聚氯乙烯树脂为主要原料加入稳定剂、改性剂、填充剂、颜料等助剂，经加热、混炼、塑化、挤出成形、冷却定型与锯切、检验等工序连续制造而成的硬质聚氯乙烯制品。

（一）规格型号

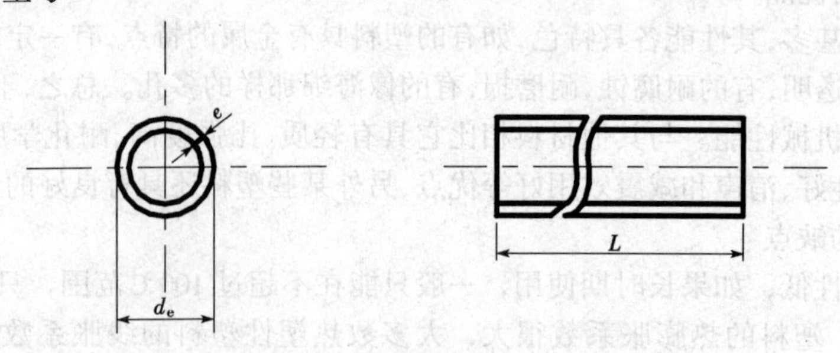

图 10-1　硬聚氯乙烯排水管

硬聚氯乙烯塑料排水管的规格型号如图 10-1 所示并见表 10-1。

（二）质量要求

1. 外观质量及允许尺寸偏差

外观与颜色：管材内外壁应光滑、平整，不允许有气泡裂口和明显的痕纹、凹陷、色泽不匀及分解变色线，颜色应均匀一致。

2. 规格尺寸偏差

管材平均外径、壁厚和长度极限偏差均应符合表 10-1 的规定，其平均外径与壁厚按 GB8806 的规定测量。

硬聚氯乙烯塑料排水管规格（mm）　　表 10-1

公称外径（d_e）	平均外径极限偏差	壁厚（e）		长度（L）	
		基本尺寸	极限偏差	基本尺寸	极限偏差
40	+0.3 0	2.0	+0.4 0	4 000 或 6 000	±10
50	+0.3 0	2.0	+0.4 0		
75	+0.3 0	2.3	+0.4 0		
90	+0.3 0	3.2	+0.6 0		
110	+0.4 0	3.2	+0.6 0		
125	+0.4 0	3.2	+0.6 0		
160	+0.5 0	4.0	+0.6 0		

注：长度亦可由供需双方协商确定。

3. 管材同一截面偏差

管材同一截面的壁厚偏差 e'。不得超过 14%。

4. 管材弯曲度

管材弯曲度应小于 1%，并按 GB8805 的规定测量。

5. 物理力学性能

管材物理力学性能应符合 GB/T5836.1—92 的规定。

（三）产品选用

1. 材料选择

选择硬聚氯乙烯塑料排水管时，应注意其密度是否在 1.38～1.5g/cm^2 范围内。密度过大的，填料多，其强度低。

另外，要注意管材的韧性，即其塑化情况，为此应检验其扁平度。寒冷地区使用的还应检验其低温抗冲击性。

2. 管径选择

一般 6 层住宅楼的主立管采用 110mm 管；厨厕分离式的厨房立管则用 75mm 管；埋地横管最大用 160mm 管。一般住宅建筑楼，每万平米建筑物需 UPVC 管材及管件用量合计平均为 2.5t，其中管材占 60%。

二、UPVC 塑料给水管

给水用 UPVC 管材是采用卫生级 PVC 树脂及无毒成分的稳定剂，用挤出成形法制成的管材。

给水用硬聚氯乙烯塑料管具有体轻、强度高、内表面光滑、不结垢、水流阻抗小、输水节能、安装方便等优点。特别是用于室外给水管道工程，与铸铁管比较，其总的工程造价可降低 20%～30%，推广使用具有重大经济意义。

用于给水管道的聚氯乙烯树脂及其配合料，均需符合无毒的卫生质量要求，不论原料生产或塑料加工均需严格遵守有关国家标准的规定。

（一）规格型号

给水用 UPVC 管材的公称、外径（d_e）及各级公称压力（P_N）下所需的管壁厚度（e）规定见表 10-2。

管材公称尺寸和规格尺寸 **表 10-2**

公称外径	公称压力（P_N）及壁厚（e）				
（de）	0.6MPa	0.8MPa	1.0MPa	1.25MPa	1.6MPa
20					
25					
32					
40					2.0
50		20	2.0	2.0	2.0
63	2.0	2.5	2.4	2.4	2.4
75	2.2	2.9	3.0	3.0	3.0
90	2.7	3.5	3.6	3.8	3.7
110	3.2	3.9	4.3	4.5	4.7
125	3.7	4.4	4.8	5.4	5.6
140	4.1	4.9	5.4	5.7	6.7
160	4.7	5.6	6.1	6.0	7.2
180	5.3	6.3	7.0	6.7	7.4
200	5.9	7.3	7.8	7.7	8.3
225	6.6	7.9	8.7	8.6	9.5
250	7.3	8.8	9.8	9.5	10.7
280	8.2	9.8	10.9	10.8	11.9
315	9.2	11.0	12.2	11.9	13.4

续表

公称外径 (*de*)	公称压力（P_N）及壁厚（*e*）				
	0.6MPa	0.8MPa	1.0MPa	1.25MPa	1.6MPa
355	9.4	12.5	13.7	13.4	14.8
400	10.6	14.0	14.8	15.0	16.6
450	12.0	15.8	15.3	16.9	18.7
500	13.3	16.8	17.2	19.1	21.1
560	14.9	17.2	19.1	21.5	23.7
630	16.7	19.3	21.4	23.9	26.7
710	18.9	22.0	24.1	26.7	29.7
800	21.2	24.8	27.2	30.0	
900	23.9	27.9	30.6		
1000	26.6	31.0			

公称压力系指管材在20℃条件下输送水的工作压力。若水温在25~45℃之间时，应按表10-3不同温度的下降系数（f_t）修正工作压力，即用下降系数乘以公称压力（P_N）得到最大工作压力。

不同温度的下降系数 **表 10-3**

温度 *t*（℃）	f_t	温度 *t*（℃）	f_t	温度 *t*（℃）	f_t
$0 < t \leqslant 25$	1	$25 < t \leqslant 35$	0.8	$35 < t \leqslant 45$	0.63

（二）质量要求

1. 外观质量及尺寸允许偏差

（1）外观

管材内外壁应光滑、清洁、没有划伤及其他缺陷，不允许有气泡、裂口及明显的凹陷、杂质、颜色不匀、分解变色等。管端头应切割平整，并与管的轴线垂直。

（2）规格尺寸偏差

管材长度一般为4、6、8、12m，也可由供需双方商定，长度不包括承口深度。

管材的平均外径及偏差及管材的不圆度应符合表10-4的规定。管材的不圆度系指管材同一截面上最大直径减最小直径的差值，公称压力为0.6MPa的管材，不要求不圆度，管材的弯曲应符合表10-5的规定。

平均外径及偏差、不圆度（mm） **表 10-4**

平均外径		不圆度	平均外径		不圆度
公称外径	允许偏差		公称外径	允许偏差	
20	+0.3 0	1.2	50	+0.3 0	1.4
25	+0.3 0	1.2	63	+0.3 0	1.5
32	+0.3 0	1.3	75	+0.3 0	1.6
40	+0.3 0	1.4	90	+0.3 0	1.8

续表

平均外径		不圆度	平均外径		不圆度
公称外径	允许偏差		公称外径	允许偏差	
110	+0.4 0	2.2	355	+1.1 0	8.6
125	+0.4 0	2.5	400	+1.2 0	9.6
140	+0.5 0	2.8	450	+1.4 0	10.8
160	+0.5 0	3.2	500	+1.6 0	12.0
180	+0.6 0	3.6	560	+1.7 0	13.5
200	+0.6 0	4.0	630	+1.9 0	15.2
225	+0.7 0	4.5	710	+2.0 0	17.1
250	+0.8 0	5.0	800	+2.0 0	19.2
280	+0.9 0	6.8	900	+2.0 0	21.6
315	+1.0 0	7.6	1 000	+2.0 0	24.0

管材的弯曲度 **表 10-5**

管材外径 d_e（mm）	不大于 32	40～200	不小于 225
弯曲度（%）	不规定	不大于 1.0	不大于 0.5

注：①弯曲度指同方向弯曲，不允许呈“S”形弯曲。

②按 GB8805 规定测定。

管材任一点的壁厚允许偏差及管材长度的偏差，均应符合 GB10002.1 的有关规定。

2. 物理性能、力学性能

管材物理性能、力学性能应符合 GB/T10002.1—1996 的规定。

3. 卫生性能

饮用水管材的卫生性能应符合表 10-6 的规定。

饮用水管材卫生性能 **表 10-6**

性能	指标	试验方法
铅的萃取值	第一次小于 1.0mg/L；第三次小于 0.3mg/L	GB9644
锡的萃取值	第三次小于 0.02mg/L	GB9644
镉的萃取值	三次萃取液的每次不大于 0.01mg/L	GB9644
汞的萃取值	三次萃取液的每次不大于 0.001mg/L	GB9644
氯乙烯单体含量	不大于 1.0mg/kg	GB4615

（三）产品选用

1. 供生活饮用水的 UPVC 塑料管道所选用的管材和管件均应具备卫生检验部门的检验报告或认证文件，以及工厂质检部门的质检合格证与产品标志牌。

2. 给水用 UPVC 管材的壁厚按承受内压力的大小分为五类，应按设计要求选用。但按照 CECS41：92《建筑给水硬聚氯乙烯管道设计与施工验收规程》中第三款 03 条的规定：“用在建筑物内部的供水管道一律采用 1.0MPa 等级的管材与管件”。

3. 国标规定管材依管端构造不同分为三类。但建筑物内部的给水管一般仅采用 ϕ110mm 以下的平头形管材。只有在长于 4m 的管线，且中间无接头的情况下才使用单承插形的管材，室内给水管一般不用弹性密封圈承插形管材。

本 章 小 结

本章主要介绍了以高分子化合物为基础的塑料化学建材，主要介绍了塑料的定义、基本组成、分类、特点及其作用，还重点介绍了 UPVC 塑料排水管、UPVC 塑料给水管等常用化学建材的规格型号、质量要求和应用。

复 习 思 考 题

1. 简述塑料的特性。
2. 简述塑料的基本组成及分类。
3. 为什么塑料能用做建筑材料？
4. 塑料异形材的类型、特点及用途是什么？
5. 塑料窗有哪些优点？
6. UPVC 塑料排水管的特点是什么？
7. UPVC 塑料给水管的特点是什么？

第十一章　建　筑　陶　瓷

第一节　概　　述

我国的建筑陶瓷历史源远流长，随着近代科学技术的发展和人民生活水平的提高，建筑陶瓷的应用更加广泛，其品种、花色和性能，也有了很大的变化。现代建筑装饰工程中应用的陶瓷制品，主要包括有陶瓷墙地砖、卫生陶瓷、园林陶瓷、琉璃陶瓷制品等，其中以陶瓷墙地砖用量最大。

陶瓷制品具有坚固耐用，色彩鲜艳的装饰效果，加之易清洗、防火、抗水、耐磨、耐腐蚀和维修费用低等特点，因此应用日益广泛。目前，除应用于卫生间、厨房和生活起居间等处外，还广泛用做公共建筑、办公楼、旅游建筑、医院等各类建筑物内外装饰。

传统的陶瓷产品如日用陶瓷、建筑陶瓷、电瓷等是用黏土类及其他天然矿物质原料经过粉碎加工、成形、煅烧等过程而制得的器皿。

陶瓷制品可分为陶质、瓷质和炻质三大类。陶质制品根据其原料土杂质含量的不同，又可分为粗陶和精陶两种。瓷制品按其原料的化学成分与工艺制作的不同，分为粗瓷和细瓷两种。瓷质制品多为日用餐茶具、陈设瓷、美术瓷、高压电瓷、高频装置瓷等。炻质制品是介于陶质和瓷质之间的一类陶瓷制品，也称半瓷，其构造比陶质致密，一般吸水率较小，但又不如瓷器那么洁白，其坯体多带有颜色，且无半透明性。炻器按其坯体的细密程度不同，又分为粗炻器和细炻器两种。

第二节　常 用 建 筑 陶 瓷

一、釉面砖

釉面砖是建筑物的饰面材料之一，它具有坚固耐用、色彩鲜艳、易于清洁、防火、抗水、耐磨、耐腐蚀等优点，因此，日益获得广泛的应用。

常用的釉面砖是精陶质的。它在较低温度下烧成。这样便于控制砖面平整和尺寸合格。产品具有一定的吸水率，有利于施工时采用水泥砂浆铺贴。目前，国内各厂生产的釉面砖的吸水率为16%～22%。用来装饰地下走廊、运输巷道及各种建筑物柱脚的釉面砖，其重要的要求是在大气和气体作用下性能稳定，因此其吸水率最好小于5%。

(一) 原料、生产工艺及种类

釉面砖是以难熔黏土为主要原料，再加入一定量非可塑性掺料和助熔剂，共同研磨成浆体，经榨泥、烘干成含一定水分的坯料后，通过模具压制成薄片坯体，再经烘干、素烧、施釉、釉烧等工序而制成。制釉原料常用高岭土、长石、石英、石灰石、滑石、氧化锌、硼砂等。

釉面砖表面所施釉料品种很多，有白色釉、彩色釉、光亮釉、珠光釉、结晶釉等。釉面砖主要种类及其特点见表 11-1。

釉面砖主要种类及特点　　表 11-1

种类		代号	特点
白色釉面砖		F，J	色纯白，釉面光亮，清洁大方
彩色釉面砖	有光彩色釉面砖	YG	釉面光亮晶莹，色彩丰富雅致
	无光彩色釉面砖	SHG	釉面半无光，不晃眼，色泽一致，柔和
装饰釉面砖	花釉砖	HY	系在同一砖上施以多种彩釉，经高温烧成。色釉互相渗透，花纹千姿百态，有良好的装饰效果
	结晶釉砖	JJ	晶花辉映，纹理多姿
	斑纹釉砖	BW	斑纹釉面。丰富多彩
	理石釉面	LSH	具有天然大理石花纹，颜色丰富，美观大方
图案砖	白地图案砖	BT	系在白色釉面砖上装饰各种图案，经高温烧成。纹样清晰，色彩明朗，清洁优美
	色地图案砖	YGT DYGT SHGT	系在有光（YG）或（SHG）彩色釉面砖上，装饰各种图案，经高温烧成。产生浮雕、缎光、绒毛、彩漆等效果
字画釉面砖	瓷砖画	—	以各种釉面砖拼成各种瓷砖画，或根据已有画稿烧制成釉面砖，拼装成各种瓷砖画，清醒优美，永不褪色
	色釉陶瓷字	—	以各种色釉、瓷土烧制而成，色彩丰富，光亮美观，永不褪色

（二）白色釉面砖等级、性能要求及规格

国家标准《白色陶质釉面砖》GB4100—83 规定，釉面砖按其外观质量分为一、二、三级共三级，共主要物理力学性能要求为：

吸水率：不大于 22%；

耐急冷急热：150℃至 19±1℃热交换一次不裂；

抗弯强度：平均不小于 17MPa；

白度：由供需双方商定，一般不低于 78%。

白色釉面砖分类及标定规格　　表 11-2

种类	名称	标定规格（mm） 长	宽	厚	圆弧半径（mm）	
正方形	平边	152	152	5	—	
		152	152	6	—	
	平边一边圆	152	152	5	8	
		152	152	6	12	
	平边两边圆	152	152	5	8	
		152	152	6	12	
	小圆边	152	152	5	5	
		152	152	6	7	
		108	108	5	5	
	小圆边一边圆	152	152	5	5	8
		152	152	6	7	12
		108	108	5	5	8
	小圆边两边圆	152	152	5	5	8
		152	152	6	7	12
		108	108	5	5	8

续表

种类	名称	标定规格（mm）			圆弧半径（mm）	
		长	宽	厚		
长方形	平边	152	75	5	—	
		152	75	6	—	
	长边圆	152	75	5	8	
		152	75	6	12	
	短边圆	152	75	5	8	
		152	75	6	12	
	左两边圆	152	75	5	8	
		152	75	6	12	
	右两边圆	152	75	5	8	
		152	75	6	12	
配件砖	压顶条	152	38	5、6	—	9
	压顶阳条	—	38	5、6	22	9
	阳角条	152	—	5、6	22	—
	压顶阴条	—	38	5、6	22	9
	阴角条	152	—	5、6	22	—
	阳角条一端圆	152	—	5、6	22	12
	阴角条一端圆	152	—	5、6	22	12
	阳角座	50	—	5、6	22	—
	阴角座	50	—	5、6	22	—
	阳三角	—	—	5、6	22	—
	阴三角	—	—	5、6	22	—
	腰线砖	152	25	5、6	22	—

白色釉面砖分类及标定规格见表 11-2。表中平边一边圆及两边圆、小圆边一边圆及两边圆、左两边圆和右两边圆等釉面砖，是指用于被饰面的边缘处或转角处的贴面砖。

（三）釉面砖的应用

釉面砖主要用做厨房、浴室、卫生间、实验室、精密仪器车间及医院等室内墙面、台面的饰面材料，其效果是既清洁卫生，又美观耐用。

通常釉面砖不宜用于室外，因釉面砖为多孔精陶坯体，吸水率较大，吸水后将产生湿胀，而其表面釉层的湿胀性很小。因此若用于室外，经常受到大气温、湿度影响及日晒雨淋作用，当砖坯体产生的湿胀应力超过了釉层本身的抗拉强度时，就会导致釉层发生裂纹或剥落，严重影响建筑物的饰面效果。

二、陶瓷墙地砖

墙地砖包括建筑物外墙装饰面用砖和室内、外地面装饰铺贴用砖，由于目前这类砖的发展趋势是墙面、地面两用砖，所以叫作墙地砖。

（一）原料、生产工艺及种类

墙地砖是以优质陶土为原料，加入其他材料配成生料，经半干压成形后于 1 100℃左右焙烧而成，分有釉和无釉两种。有釉的墙地砖是在已烧成的素坯上施釉，然后再经釉烧而成，近年来不断出现的墙地砖新产品，大多采用一次烧成的新工艺。墙地砖生产时，其背面均有各种凹凸条纹，用以增强面砖与基体的黏合力。

墙地砖按表面施釉的情况分为无釉砖和彩色釉面砖，也可以称为无光面砖和彩釉砖。墙地砖的颜色比较丰富，主要是由于常用的原料中含有的赤铁矿可自然着色。彩色墙地砖则是在基料中加入着色剂，采用的着色剂有 Cr_2O_3、CoO、Fe_2O_3、$K_2Cr_2O_7$ 等。

墙地砖的表面质感有多种多样，通过配料和改变制作工艺，可制成平面、麻面、毛面、磨光面、抛光面、级点面、仿花岗石表面、压花浮雕表面、无光釉面、金属光泽面、防滑面、耐磨面等，以及丝印刷、套色图案、单色、多色等多种制品。

（二）主要规格与质量要求

根据彩釉墙砖质量标准 GB11947—89 规定，彩釉砖的主要规格尺寸见表 11-3。

无釉墙地砖品种繁多，规格多样，至今尚无统一标准，其主要产品规格见表 11-4。

彩釉砖的主要规格（mm）　　表 11-3

100×100 150×150 200×200 250×250	300×300 400×400 150×75 200×100	200×150 250×150 300×150 300×200	115×60 240×60 130×65 260×65

无釉墙地砖主要规格（mm）　　表 11-4

100×100×8～9 100×200×8 150×200×8	200×200×8 200×300×9 300×300×9

此外，如需其他特异规格的产品，可以由供需双方协商办理。

彩釉砖质量标准规定，产品按外观质量和变形允许偏差分为优等品、一级品和合格品三级，其主要力学性能如下：

（1）吸水率不大于 10%；

（2）耐急冷急热性：经 3 次冷热循环不出现炸裂或裂纹；

（3）抗冻性：经 20 次冻融循环不出现破裂或裂纹；

（4）抗弯强度平均不低于 24.5MPa；

（5）耐磨性：仅指地砖，通常依据耐磨试验砖釉面出现磨损痕迹斑的研磨次数，将地砖耐磨性能分为四级；

（6）耐化学腐蚀性：根据耐酸、碱腐蚀试验分为 AA、A、B、C、D 五个等级。

无釉墙地砖的质量要求可参照以上标准执行，只是对砖的吸水率要求更高，通常为小于 6%，同时强度要求也更高。

三、陶瓷锦砖

陶瓷锦砖原沿用外语 Masaic 的音译“马赛克”，1975 年在统一建筑陶瓷产品名称时改用现名。陶瓷锦砖是由各种颜色、多种几何形状的小块瓷片（边长不大于 40mm）粘贴在牛皮纸上形成色彩丰富的装饰砖，故又称纸皮砖。

陶瓷锦砖采用优质黏土制成方形、长方形、六角形等薄片状小块瓷砖后，再通过铺贴盒将其按设计图案反贴在牛皮纸上，称作一联，每联为 305.5mm 见方，每 40 联为一箱，每箱约 3.7m^2。

陶瓷锦砖可制成多种色彩，但大多为白色砖。陶瓷锦砖的表面有无釉和施釉的两种，目前国内生产的多是无釉的。

（一）陶瓷锦砖的标定规格及技术要求

陶瓷锦砖的标定规格及技术要求见表 11-5。

（二）陶瓷锦砖的产品性能

陶瓷锦砖的产品性能见表 11-6。

（三）陶瓷锦砖的特点与应用

陶瓷锦砖具有色泽明净、图案美观、质地坚实、抗压强度高、耐污染、耐腐、耐磨、耐水、抗火、抗冻、不吸水、不滑、易清洗等特点，它坚固耐用，且造价较低。

陶瓷锦砖的标定规格及技术要求（摘自 JC201—75） **表 11-5**

项　　目	规格（mm）		允许公差（mm）		主要技术要求
			一　级　品	二　级　品	
单块锦砖	边　长	小于 25.0	±0.5	±0.5	1. 吸水率不大于 0.2% 2. 锦砖脱纸时间不大于 40min
		大于 25.0	±1.0	±1.0	
	厚　度	4.0 4.5	±0.2	±0.2	
每联锦砖	线　路	2.0	±0.5	±1.0	
	联　长	305.5	+2.5 −0.5	+3.5 −1.0	

陶瓷锦砖的产品技术性能 **表 11-6**

项　　目	单　　位	指　　标	项　　目	单　　位	指　　标
密　度	g/cm^3	2.3~2.4	耐酸度	%	大于 95
抗压强度	MPa	15~25	耐碱度	%	大于 84
吸水率	%	小于 4	莫式硬度	%	6~7
使用温度	℃	−20~100	耐磨值		小于 0.5

陶瓷锦砖主要用于室内地面，因为它块小，且不易破碎、易清洗。它适用于工业建筑的洁净车间、工作间、化验室以及民用建筑的卫生间、浴室及厨房等，也可用做建筑的外墙饰面。彩色陶瓷锦砖还可用来拼成壁画，其装饰性和艺术性均较好。用于拼贴壁画的锦砖，尺寸愈小，画面失真程度越小，则效果越好。

陶瓷锦砖铺贴施工时，将每联的纸面朝上，贴在 1:1.5 的水泥砂浆层上，随即用木拍板拍压，以使锦砖粘贴平实，30min 后洒水湿纸，待纸湿透后则揭去牛皮纸，则可显示出陶瓷锦砖镶拼图案的艺术魅力。陶瓷锦砖的基本形状和规格见表 11-7 所示。

陶瓷锦砖基本形状和规格 **表 11-7**

基本形状		（图：正方形，边长 a、b）				（图：长方形，a、b）	（图：对角形，a、b、c、d）	
名　称		正　　方				长　方（长　条）	对　　角	
		大方	中大方	中方	小方		大对角	小对角
规格（mm）	*a*	39.0	23.6	18.5	15.2	39.0	39.0	32.1
	b	39.0	23.6	18.5	15.2	18.5	19.2	15.9
	c	—	—	—	—	—	27.9	22.8
	d	—	—	—	—	—	—	—
	厚度	5.0	5.0	5.0	5.0	5.0	5.0	5.0

续表

名称		斜长条（斜角）	六角	半八角	长条对角
基本形状		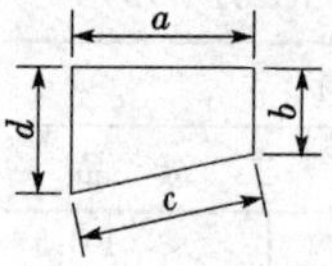	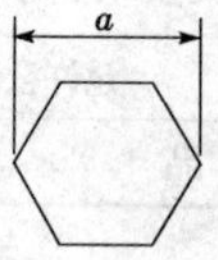	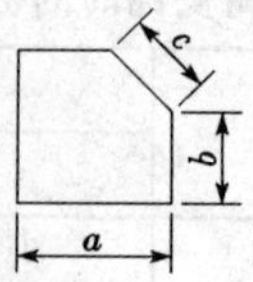	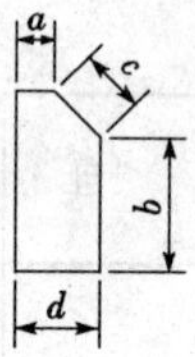
规格（mm）	a	36.4	25	15	7.5
	b	11.9	—	15	15
	c	37.9	—	18	18
	d	22.7	—	40	20
	厚度	5.0	5.0	5.0	5.0

第三节 卫生陶瓷

卫生洁具主要有洗面盆、大便器、小便器、净身盆、浴盆、水槽等以及安放漱口杯、牙刷、肥皂、卫生纸等的托架和悬挂毛巾、浴衣等的钩、梗等附件。它们属于精陶制品，系采用可塑性黏土、高岭土、长石和石英做为原料，坯体成形后经素烧和釉烧而成。

精陶卫生洁具颜色清澄，光泽可鉴，易于清洗，经久耐用。颜色原先以白色为主，现今产品红、蓝、黄、绿等各色俱全，且同一种颜色又有深浅不同的色调，颇受使用者欢迎，选用适当，能使浴室、盥洗室等装点得十分雅洁优美。

脸盆、马桶、坐浴盆和有关的附件，包括浴盆在内常装置在浴室中；小便斗，洗面盆和水槽常装置在盥洗室或厕所中；水槽则常装置在备餐室和厨房中。这些房间室内墙面通常采用釉面砖（铺设台度或满墙铺贴），地面则常采用陶瓷锦砖。卫生洁具应在给水（包括冷、热水管）排水管道安装妥贴之后分别装接在规定的位置上，然后铺设墙面和地面的装饰材料，这样才能获得平整完美的装饰效果。

一、陶瓷便器

（一）陶瓷大便器

陶瓷大便器的产品名称、规格与生产企业见表 11-8。

大便器的产品名称、规格与生产企业　　表 11-8

产品名称	规格（长×宽×高）（mm）	主要生产企业
福州式坐便器	460×350×360	唐山建筑陶瓷厂、唐山陶瓷厂、咸阳陶瓷厂、天津陶瓷厂、唐山越河陶瓷厂、博山陶瓷厂
儿童福州式坐便器	305×220×270	唐山建筑陶瓷厂、唐山陶瓷厂、唐山越河陶瓷厂、天津陶瓷厂
新天津直管坐便器	520×350×390	唐山建筑陶瓷厂、唐山陶瓷厂
直式坐便器 更进式坐便器	460×350×390	沈阳陶瓷厂
坐便器	660×360×370 610×360×360	博山陶瓷厂

续表

产品名称	规格（长×宽×高）(mm)	主要生产企业
坐便器	500×350×360	北京陶瓷厂
坐便器	460×350×360	咸阳陶瓷厂
蹲便器	610×280×220 610×260×200 610×230×200 480×220×155（儿童用）	沈阳陶瓷厂
和夹式蹲便器	610×280×200	唐山建筑陶瓷厂、石湾建筑陶瓷厂、唐山陶瓷厂、唐山越河陶瓷厂、北京陶瓷厂、天津陶瓷厂、博山陶瓷厂
平口和夹式蹲便器	610×260×200	唐山建筑陶瓷厂、唐山陶瓷厂、唐山越河陶瓷厂、北京陶瓷厂
大平蹲式蹲便器	670×340×300	唐山建筑陶瓷厂、唐山陶瓷厂、博山陶瓷厂
小平蹲式蹲便器	570×320×275	唐山建筑陶瓷厂、唐山陶瓷厂
沃力沙 A 式	600×430×285	唐山建筑陶瓷厂、唐山陶瓷厂
沃力沙 D 式蹲便器	610×430×200	唐山陶瓷厂
蹲便器	480×220×155 610×280×300 610×260×330	咸阳陶瓷厂
儿童蹲便器	470×210×290	博山陶瓷厂

（二）陶瓷小便器

陶瓷小便器的产品名称、规格与主要生产企业见表 11-9。

陶瓷小便器的产品名称、规格与主要生产企业　　表 11-9

产 品 名 称	规格（长×宽×高）(mm)	生 产 企 业
小便器	490×340×270	唐山建筑陶瓷厂、唐山陶瓷厂、沈阳陶瓷厂、唐山越河陶瓷厂、北京陶瓷厂、博山陶瓷厂、天津陶瓷厂
立式小便器	1 000×410×360	唐山建筑陶瓷厂、唐山越河陶瓷厂、博山陶瓷厂、唐山第六陶瓷厂
挂式小便器	615×330×310	唐山陶瓷厂
挂式小便器	660×410×330	沈阳陶瓷厂

二、陶瓷水箱

陶瓷水箱的产品名称、规格与主要生产企业见表 11-10。

陶瓷水箱的产品名称、规格与主要生产企业　　表 11-10

产品名称	规格（长×宽×高）(mm)	生 产 企 业
高水箱	420×240×280	唐山陶瓷厂、唐山建筑陶瓷厂、沈阳陶瓷厂、唐山越河陶瓷厂、咸阳陶瓷厂、北京陶瓷厂、天津陶瓷厂、博山陶瓷厂
211 新式低水箱	446×203×361	唐山建筑陶瓷厂、博山陶瓷厂
低水箱	480×215×365	唐山陶瓷厂、唐山越河陶瓷厂、咸阳陶瓷厂、天津陶瓷厂
更进式低水箱	490×190×395	沈阳陶瓷厂

续表

产品名称	规格（长×宽×高）（mm）	生　产　企　业
低水箱	400×180×340	唐山越河陶瓷厂
儿童低水箱	360×140×320	唐山越河陶瓷厂
B801 低水箱	418×180×360	北京陶瓷厂
B80—3 低水箱	410×195×330	博山陶瓷厂
低水箱	475×200×380	
低水箱	445×215×385	

三、陶瓷洗面器

洗面器的产品名称、规格与生产企业见表 11-11。

洗面器的产品名称、规格与生产企业　　**表 11-11**

产品名称	规格（长×宽×高）（mm）	生　产　企　业
22″港式	560×410×295	唐山建筑陶瓷厂、唐山陶瓷厂、唐山越河陶瓷厂、天津陶瓷厂、博山陶瓷厂
22″港式	560×410×295（暗三眼）	唐山建筑陶瓷厂
22″英式	560×410×270	唐山建筑陶瓷厂 唐山陶瓷厂
22″新式	560×410×215	唐山建筑陶瓷厂、沈阳陶瓷厂
20′英式	510×410×250	唐山建筑陶瓷厂 唐山陶瓷厂
22″×14″	510×360×250	唐山建筑陶瓷厂
22″×12″	510×310×250	
18″英式	455×310×212	
16″英式	410×310×200	唐山建筑陶瓷厂、唐山越河陶瓷厂、唐山第六陶瓷厂
洗面器	510×410×225	咸阳陶瓷厂
洗面器	560×410×200	
20″港式	510×410×280	唐山陶瓷厂、唐山越河陶瓷厂、北京陶瓷厂
20″港式	510×410×280	天津陶瓷厂、石湾建筑陶瓷厂、唐山第六陶瓷厂
14″英式	350×250×200	唐山建筑陶瓷厂
台　式	590×430×200	
台　式	510×435×195	唐山陶瓷厂
台　式	560×480×200	
角形（火车专用）	650×525×215	
角形（火车专用）	630×385×205	唐山陶瓷厂
洗面器	560×410×200	沈阳陶瓷厂
洗面器	560×410×240	
洗面器	560×460×220	
台式洗面器	540×380×190	
B—801 洗面器	410×370×190	北京陶瓷厂
12″洗面器	305×276×175	
20″洗面器 半圆洗面器	520×390×290	博山陶瓷厂

四、陶瓷洗涤槽

陶瓷洗涤槽的产品名称、规格与生产企业见表 11-12。

陶瓷洗涤槽的产品名称、规格与生产企业　　表 11-12

产品名称	规格（长×宽×高）(mm)	生产企业
卷式槽	610×460×204	唐山建筑陶瓷厂、唐山陶瓷厂、唐山越河陶瓷厂、唐山第六陶瓷厂
卷式槽	610×408×204	唐山建筑陶瓷厂、唐山陶瓷厂、唐山越河陶瓷厂、北京陶瓷厂、博山陶瓷厂、天津陶瓷厂
卷式槽	510×357×204	唐山建筑陶瓷厂、唐山陶瓷厂、唐山越河陶瓷厂、咸阳陶瓷厂、天津陶瓷厂、北京陶瓷厂、唐山第六陶瓷厂
台头化验槽	600×440×510	唐山建筑陶瓷厂、唐山陶瓷厂、唐山越河陶瓷厂、博山陶瓷厂

五、陶瓷返水弯及小件

陶瓷存水弯及小件的产品名称、规格与生产企业见表 11-13。

陶瓷存水弯及小件的产品名称、规格与生产企业　　表 11-13

产品名称	规格（长×宽×高）(mm)	生产企业
“S”形存水弯	435×110×215	唐山建筑陶瓷厂、北京陶瓷厂、咸阳陶瓷厂、沈阳陶瓷厂、博山陶瓷厂、天津陶瓷厂
“P”形存水弯	335×110×180	唐山建筑陶瓷厂
手纸盒	152×152×80	唐山建筑陶瓷厂、唐山陶瓷厂、北京陶瓷厂、博山陶瓷厂
无把大皂盒	305×152×80	唐山建筑陶瓷厂
带把大皂盒	305×152×80	唐山建筑陶瓷厂、唐山陶瓷厂
无把小皂盒	152×152×80	唐山建筑陶瓷厂、唐山陶瓷厂、唐山越河陶瓷厂、北京陶瓷厂
化妆板	600×140×50	唐山建筑陶瓷厂、唐山陶瓷厂
衣钩 毛巾杆架		博山陶瓷厂

本　章　小　结

1. 随着近代科学技术的发展和人民生活水平的提高，建筑陶瓷的应用更加广泛，其品种、花色和性能，也有了很大的变化。

2. 本章着重讲述了釉面砖、陶瓷墙地砖和陶瓷锦砖等常用建筑陶瓷的原料、生产工艺、种类、规格、技术性能、质量等级和应用，也介绍了陶瓷便器、陶瓷水箱、陶瓷洗面器、陶瓷洗涤槽、陶瓷返水弯等卫生陶瓷的产品名称、规格和生产厂家。

复习思考题

1. 陶瓷分为哪三类？如何区分？
2. 釉面砖的主要种类、特点及用途是什么？
3. 陶瓷锦砖的特点及用途有哪些？
4. 饰面陶瓷砖有哪几种？其性能、特点和用途各如何？
5. 简述陶瓷墙地砖的性能、特点和用途。
6. 简述卫生陶瓷的产品名称、规格和生产厂家。

第十二章 建筑装饰材料

第一节 概 述

建筑装饰装修材料一般是指主体结构工程完成后，进行室内外墙面、顶棚，地面的装饰和室内空间装饰装修所需要的材料，它是既起到装饰目的，又可满足一定使用要求的功能材料。

建筑装饰装修材料是集材性、工艺、造型设计、色彩、美学于一体的材料。一个时代的建筑很大程度上受到建筑材料，特别受到建筑装饰装修材料的制约。建筑装饰装修材料反映着时代的特征。因此，建筑装饰装修材料是建筑物的重要物质基础。

严格来讲，建筑装饰材料是以烘托建筑室内外的气氛和质感为主要功能，即具有装饰功能的材料；建筑装修材料是以保护结构材料为主要功能，或本身便是一种装修构件和部件，即主要具有使用功能和保护功能的材料；建筑装饰装修材料则是一种对建筑物既有装饰功能，又有使用功能和保护功能的材料。一般是指内墙、外墙、地面、顶棚、卫生间门窗及其他部位的装饰装修材料。建筑装饰装修是在结构工程完工后进行的，是建筑物不可缺少的重要组成部分。

建筑装饰装修材料在我国经历了几十年的发展历史，从低档到高档，从单一品种到多品种，从一般性能到多功能，在数量、品种、质量、性能上都有了长足的进步。随着建筑事业的飞速发展及建筑技术的进步，对建筑装饰装修材料提出了更新、更高的要求，因此可以说建筑装饰装修材料正处于发展的时期，其前景十分广阔。

第二节 常用装饰材料简介

一、墙面装饰涂料

（一）合成树脂乳液内墙涂料

合成树脂乳液内墙涂料俗称内乳胶漆，是以合成树脂乳液为基料，以水为分散介质，加入颜料、填料及各种助剂，经研磨而成的薄形内墙涂料。

合成树脂乳液内墙涂料主要以聚醋酸乙烯类乳胶涂料为主，适用的基料有聚醋酸乙烯乳液、EVA乳液（乙烯—醋酸乙烯共聚）、乙丙乳液（醋酸乙烯与丙烯酸共聚）等。近两年，室内高档乳胶涂料开始受到欢迎，主要原因以醋丙、苯丙及纯丙乳液为基料。

它适用于混凝土、水泥砂浆抹面，砖面、纸筋灰抹面，木质纤维板、石膏饰面板等多种基材。由于乳胶涂料具有透气性，能在稍潮湿的水泥或新老石灰墙壁体上施工。广泛用于宾馆、学校等公用建筑物及民用住宅，特别是住宅小区的内墙装修。

（二）合成树脂乳液外墙涂料

合成树脂乳液外墙涂料俗称外用乳胶漆。它是以合成树脂乳液为基料，以水为分散介质，加入颜料、填料及各种助剂制成的水溶型涂料。

合成树脂乳液外墙涂料，主要原料以苯丙乳胶涂料及纯丙乳胶涂料为主。适用的基料有苯丙乳液（苯乙烯—丙烯酸酯共聚乳液）、乙丙乳液（醋酸乙烯—丙烯酸酯共聚乳液）及氯偏乳液（氯乙烯—偏氯乙烯共聚乳液）、纯丙乳液。

合成树脂乳液外墙涂料适用于水泥砂浆、混凝土、砖面等各种基材，是公用和民用建筑，特别是住宅小区外墙装修的理想装饰装修材料。它既可单独使用也可作为复层涂料的罩面层。

二、壁纸、墙布

（一）聚氯乙烯壁纸

聚氯乙烯（以下简称 PVC）壁纸是以聚氯乙烯为面层，以纸或其他材料为底层的内墙面装饰材料的总称。

PVC 壁纸因生产工艺不同可分为 PVC 压花壁纸及 PVC 发泡壁纸。PVC 壁纸的特点决定了它较适用于空气流通性好或客流量大的公共场所。如客厅、会议室、商场及宾馆、游艺厅等。

（二）复合壁纸

复合壁纸是将两层纸（表纸 + 底纸）通过施胶、层压复合到一起后，再印刷、压花、涂布而成的一种室内装饰材料。由于复合壁纸的上下层均为纸也叫纸质壁纸。其主要规格为长 10.05m，宽 0.53m。

复合壁纸按压花深浅不同可分为浅压花与深压花壁纸；深压花壁纸按印花方式不同又可分为不同步印花与同步印刷压花两类。

复合壁纸的最大特点是透气性好，无异味，且具有一定的耐晒性与耐洗性。印刷与压花同步的复合壁纸有强烈的立体浮雕感，图案层次鲜明，色彩过渡自然，装饰效果可以与 PVC 发泡壁纸相媲美。复合壁纸也可制成装饰壁纸用以装饰墙面的不同部位。

复合壁纸透气性好，无异味的特点决定了它较适合于家庭居室及宾馆饭店的卧房使用，而不适用于污染程度较大的场所。

三、墙面装饰板

（一）全塑装饰板

全塑装饰板是以合成树脂（聚氯乙烯树脂、聚酯树脂）与稳定剂、色料等经捏和、混练、拉片、切粒、挤出或压延成形而成的一种高级装饰材料。

具有表面美观、光滑、色彩鲜艳、防水、耐腐蚀、耐污染等特点，聚酯装饰板还可以和胶合板、刨花板、中密度纤维板、水泥石棉板、金属板等制成复合板材。进一步改善其使用功能。这种装饰板材主要用于室内墙面、顶棚的装饰装修，也可以用于船舶、汽车、火车、飞机的内部装饰装修以及制作家具等。

（二）塑料贴面装饰板

由各种特制的纸印有各种色彩图案、浸以不同类型的热固性树脂溶液，经热压而成的装饰板材称为塑料贴面装饰板。

具有装饰性好、耐磨、耐湿、耐烫、耐燃、耐一般酸碱、油脂和酒精等溶剂浸蚀、耐擦洗的特点。

这种板材主要用于建筑室内及车辆、船舶、飞机等装饰装修也可用于家具制作。

（三）铝合金装饰板

铝合金装饰板自重轻（为钢材重的 1/3）。耐久性好，便于运输和施工，表面光亮可反射阳光，防潮、耐腐蚀，也可用化学或阳极化的方法着上各种所需的漂亮颜色。此种板多用于旅馆、饭店、商场等建筑的墙面和屋面装饰。

四、地面装饰材料

地面装饰材料主要包括塑料地板、地毯、地面涂料和木地板等。由于地面材料要承受人为的磨损和污染，其装饰效果会因此受到影响。地面的硬度、弹性、防滑性等使用性能关系到其使用效果的好坏，而居室、餐厅、办公室、商场、学校等不同功能的建筑物对地面材料的要求各不相同。因此，针对特定的使用要求，生产和选择适用的地面材料是提高地面装修水平的关键。

五、顶棚装饰板

（一）普通装饰石膏板

以建筑石膏为主要原料，掺入一定量的纤维增强材料和外加剂，经与水搅拌成均匀浆料，浇注成形，干燥等工艺制成不带护面纸的装饰板材。

（二）嵌装式装饰石膏板

以建筑石膏为主要原料，掺入一定量的纤维增强材料和外加剂，经与水搅拌成均匀浆料浇注成形后，干燥而成的不带护面纸的吊顶装饰板材，其板材背面四边加厚，带有嵌装企口，正面为平面可带孔，也可带有浮雕图案。

（三）矿棉装饰吸声板

以矿渣棉为主要原料，加入适量的粘接剂和添加剂、经成型、烘干、表面加工处理而成的新型顶棚材料。以此种板吊顶，装配化程度高，自重轻，具有吸声，阻燃及装饰等多种功能，是高层建筑和高级宾馆、饭店比较理想的顶棚材料。

（四）膨胀珍珠岩装饰吸声板

以膨胀珍珠岩（体积密度$\leqslant 80kg/m^3$）为集料，加入无机胶凝材料及外加剂而制成的板材。

膨胀珍珠岩装饰吸声板具有消声，降低噪声及装饰的功能，经防水材料处理可制成防潮型装饰吸声板。以珍珠岩与植物性纤维混合配料，搅拌均匀，用粘接材料压制成形，可制成珍珠岩复合装饰板材，此种板材可用于顶棚及墙面的装饰。

（五）轻质硅钙吊顶板

轻质硅钙吊顶板是以硅质材料和钙质材料经水热合成工艺，并掺入纤维材料增强，掺入轻集料降低密度而制成的一种新型纤维增强吊顶板，又称钙塑板。此种板具有质轻、强度高、不怕火、耐潮湿、不变形、声热性能优良等特点。此种吊顶板主要用于礼堂、影剧院、播音室、录相室、餐厅及会议室等公共建筑的室内吊顶，也可用于内墙装饰。

本 章 小 结

本章首先讲述了建筑装饰材料的基本功能与选用原则。然后从材料使用角度简要介绍了墙面装饰涂料、壁纸和墙布、墙面装饰板、地面装饰材料及顶棚装饰板等几种常用的建筑装饰材料。由于装饰材料发展快，品种繁多，产品良莠不齐，而且价格较为昂贵，故在选择使用时，还应进行市场调查和仔细了解所用产品的质量、性能、规格，避免伪劣低质产品影响装饰质量和浪费资金。

复习思考题

1. 装饰材料在建筑中起什么作用？有哪几大类？
2. 对装饰材料有哪些要求？在选用装饰材料时应注意些什么？
3. 内、外墙的饰面材料在性能要求上有无差别？为什么？
4. 对室内外的地面装饰材料的要求是否相同？为什么？适用于室外地面的装饰材料主要有哪些？
5. 饰面陶瓷砖有哪几种？各有哪些性能、特点和用途？
6. 常用的饰面板有哪些？适用于哪些部位？
7. 贴墙纸有哪些品种？有何特点？

建筑材料试验

试验一 水 泥 试 验

一、水泥试验的一般规定

1. 取样方法，以同一水泥厂、同品种、同强度等级、同期到达的水泥进行取样和编号。一般以不超过 100t 为一个取样单位，取样应具有代表性，可连续取，也可在 20 个以上不同部位抽取等量的样品，总量不少于 12kg。

2. 取的试样应充分拌匀，分成两份，其中一份密封保存 3 个月，试验前，将水泥通过 0.9mm 的方孔筛，并记录筛余百分率及筛余物情况。

3. 试验用水必须是洁净的淡水。

4. 试验室温度应为（20 ± 2)℃，相对湿度应不低于 50%；湿气养护箱温度为（20 ± 1)℃，相对湿度应不低于 90%；养护池水温为（20 ± 1)℃。

5. 水泥试样、标准砂、拌合水及仪器用具的温度应与试验室温度相同。

二、水泥细度检验

水泥细度检验分水筛法和负压筛法，如对两种方法检验的结果有争议时，以负压筛法为准。硅酸盐水泥的细度用比表面积表示，采用透气式比表面积仪测定。

（一）负压筛法

1. 主要仪器设备

负压筛析仪［由 0.045mm 方孔筛、筛座（图试 1-1)、负压源及收尘器组成］；天平（感量 0.1g)。

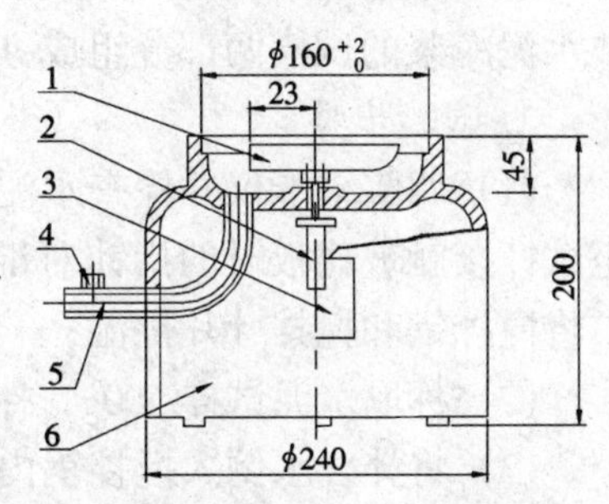

图试 1-1　负压筛析仪示意图

1—喷气嘴；2—微电机；3—控制板开口；4—负压表接口；5—负压源及收尘器接口；6—壳体

2. 试验步骤

（1）检查负压筛析仪系统，调节负压至 4000 ~ 6000Pa 范围内；

（2）称取水泥试样 25g，精确至 0.1g。置于负压筛中，盖上筛盖并放在筛座上；

（3）启动负压筛析仪，连续筛析 2min，在此间若有试样黏附于筛盖上，可轻轻敲击使试样落下；

（4）筛毕，取下筛子，到出筛余物，用天平称量筛余物的质量，精确至 0.1g。

3. 结果计算

以筛余物的质量克数除以水泥试样总质量的百分数，作为试验结果。本试验以一次试验结果作为检验结果。

（二）水筛法

1. 主要仪器设备

水筛及筛座［采用边长为0.080mm的方孔铜丝筛网制成，筛框内径125mm，高80mm（图试1-2）］；喷头［直径55mm，面上均匀分布90个孔，孔径0.5~0.7mm，喷头安装高度离筛网35~75mm为宜，（图试1-3）］；天平（称量为100g，感量为0.05g）；烘箱等。

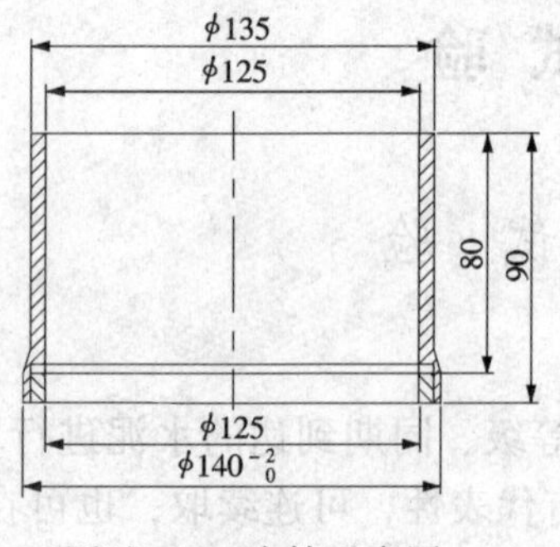

图试1-2 水筛示意图

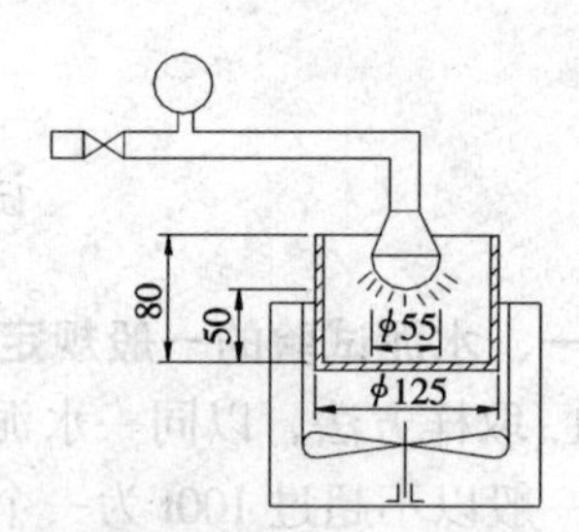

图试1-3 筛座示意图

2. 试验步骤

（1）称取水泥试样50g，倒入水筛内，立即用洁净的自来水冲至大部分细粉过筛，再将筛子置于筛座上，用水压0.03~0.07MPa的喷头连续冲洗3min；

（2）将筛余物冲到筛的一边，用少量的水将其全部冲至蒸发皿内，沉淀后将水倒出；

（3）将蒸发皿在烘箱中烘至恒重，称量筛余物，精确至0.1g。

3. 结果计算

以筛余物的质量克数除以水泥试样质量克数的百分数，作为试验结果。本试验以一次试验结果作为检验结果。

三、水泥标准稠度用水量测定（标准法）

1. 主要仪器设备

水泥净浆搅拌机（由主机、搅拌叶和搅拌锅组成）；标准法维卡仪［主要由试杆和盛装水泥净浆的试模两部分组成（图试1-4）］；天平、铲子、小刀、平板玻璃底板、量筒等。

2. 试验步骤

（1）调整维卡仪并检查水泥净浆搅拌机。使得维卡仪上的金属棒能自由滑动，并调整至试杆接触玻璃板时的指针对准零点，如图试1-4（*c*）所示。搅拌机运行正常，并用湿布将搅拌锅和搅拌叶片擦湿；

（2）称取水泥试样500g，拌和水量按经验确定并用量筒量好；

（3）将拌合水倒入搅拌锅内，然后在5~10s内将水泥试样加入水中。将搅拌锅放在锅座上，升至搅拌位，启动搅拌机，先低速搅拌120s，停15s，再快速搅拌120s，然后停机；

（4）拌合结束后，立即将水泥净浆装入已置于玻璃底板上的试模中，用小刀插捣，轻轻振动数次排出气泡，刮去多余净浆；抹平后迅速将试模和底板移到维卡仪上，调整试杆至与水泥净浆表面接触，拧紧螺钉，然后突然放松，试杆垂直自由地沉入水泥净浆中；

（5）在试杆停止沉入或释放试杆30s时记录试杆距底板之间的距离。整个操作应在搅拌后1.5min内完成。

3. 试验结果

以试杆沉入净浆并距底板6mm±1mm的水泥净浆为标准稠度水泥净浆。标准稠度用

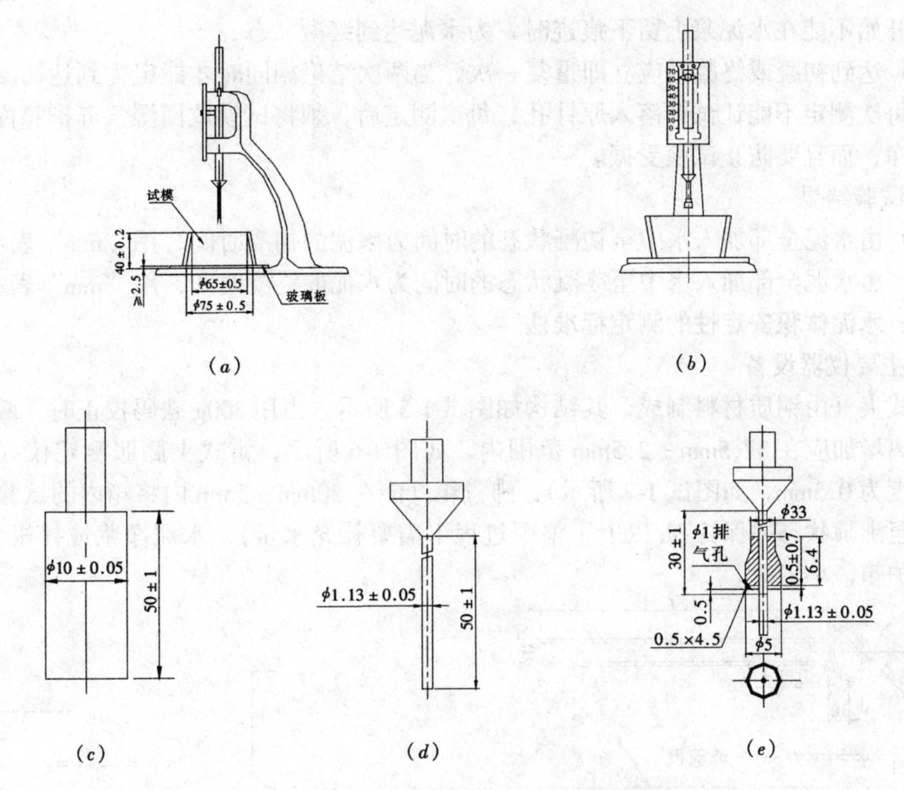

图试 1-4　测定水泥标准稠度和凝结时间用的维卡仪

(*a*) 初凝时间测定用立式试模的侧视图；(*b*) 终凝时间测定用反转试模的前视图；
(*c*) 标准稠度试杆；(*d*) 初凝用试针；(*e*) 终凝用试针

水量（P）以拌合标准稠度水泥净浆的水量除以水泥试样总质量的百分数为结果。

四、水泥净浆凝结时间测定

1. 主要仪器设备

标准法维卡仪［将试杆更换为试针，仪器主要由试针和试模两部分组成（图试 1-4）］；其他仪器设备同标准稠度测定。

2. 试验步骤

(1) 称取水泥试样 500g，按标准稠度用水量制备标准稠度水泥净浆，并一次装满试模，振动数次刮平，立即放入湿气养护箱中。记录水泥全部加入水中的时间作为凝结时间的起始时间；

(2) 初凝时间的测定。首先调整凝结时间测定仪，使其试针接触玻璃板时的指针为零，如图试 1-4（*d*）所示。试模在湿气养护箱中养护至加水后 30min 时进行第一次测定：将试模放在试针下，调整试针与水泥净浆表面接触，拧紧螺钉，然后突然放松，试针垂直自由地沉入水泥净浆。观察试针停止下沉或释放试针 30s 时指针的读数。临近初凝时，每隔 5min 测定一次，当试针沉至距底板 4mm ± 1mm 时为水泥达到初凝状态；

(3) 终凝时间的测定［为了准确观察试针沉入的状况，在试针上安装一个环形附件，如图 1-4（*e*）所示］。在完成水泥初凝时间测定后，立即将试模连同浆体以平移的方式从玻璃板取下，翻转 180°，直径大端向上，小端向下放在玻璃板上，再放入湿气养护箱中继续养护，临近终凝时间时每隔 15min 测定一次，当试针沉入水泥净浆只有 0.5mm 时，即环形附件开始不能在水泥浆上留下痕迹时，为水泥达到终凝状态；

(4) 达到初凝或终凝时应立即重复一次，当两次结论相同时才能定为到达初凝或终凝状态。每次测定不能让试针落入原针孔，每次测定后，须将试模放回湿气养护箱内，并将试针揉净，而且要防止试模受振。

3. 试验结果

(1) 由水泥全部加入水中至初凝状态的时间为水泥的初凝时间，用“min”表示。

(2) 由水泥全部加入水中至终凝状态的时间为水泥的终凝时间，用“min”表示。

五、水泥体积安定性的测定标准法

1. 主要仪器设备

雷式夹（由铜质材料制成，其结构如图试 1-5 所示，当用 300g 砝码校正时，两根针的针尖距离增加应在 17.5mm ± 2.5mm 范围内，如图 1-6 所示，雷式夹膨胀测定仪（其标尺最小刻度为 0.5mm，如图试 1-7 所示），沸煮箱（能在 30min ± 5min 内将箱内的试验用水由室温升至沸腾状态并保持 3h 以上，整个过程不需要补充水量），水泥净浆搅拌机，天平，湿气养护箱，小刀等。

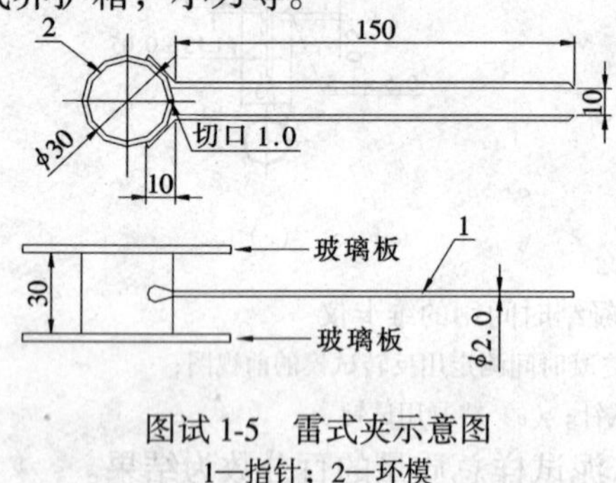

图试 1-5　雷式夹示意图

1—指针；2—环模

H

R

300g

图试 1-6　雷式夹校正图

2. 试验步骤

(1) 测定前准备工作：每个试样需成型两个试件，每个雷式夹需配备两块质量为 75g ~ 85g 的玻璃板，一垫一盖，并先在与水泥接触的玻璃板和雷式夹表面涂一层机油；

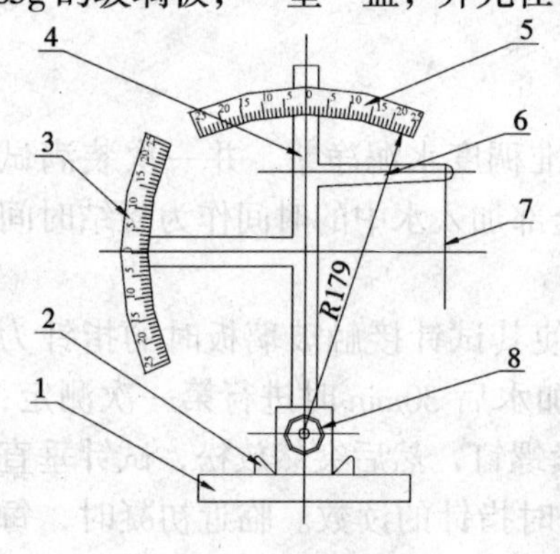

图试 1-7　雷式夹膨胀测定仪示意图

1—底座；2—模子座；3—测弹性标尺；4—立柱；5—测膨胀标尺；6—悬臂；7—悬丝；8—弹簧顶扭

(2) 将制备好的标准稠度水泥净浆立即一次装满雷式夹，用小刀插捣数次，抹平，并盖上涂油的玻璃板，然后将试件移至湿气养护箱内养护 24h ± 2h；

(3) 脱去玻璃板取下试件，先测量雷式夹指针尖的距离（A），精确至 0.5mm。然后将试件放入沸煮箱水中的试件架上，指针朝上，调好水位与水温，接通电源，在 30min ± 5min 之内加热至沸腾，并保持 3h ± 5min；

(4) 取出沸煮后冷却至室温的试件，用雷式夹膨胀测定仪测量试件雷式夹两指针尖的距离（C），精确至 0.5mm。

3. 试验结果

当两个试件沸煮后增加的距离（$C—A$）的平均值不大于 5.0mm 时，即认为水泥安定性合格。当两个试件的（$C—A$）值相差超过 4.0mm 时，应用同一样品立即重做一次试验。再如此，则认为该水泥为安定性不合格。

六、水泥胶砂强度检验

根据国家标准《硅酸盐水泥、普通硅酸盐水泥》（GB175—1999）和（GB/T17671—1999）《水泥胶砂强度检验方法（ISO 法）》的规定，测定水泥的强度，应按规定制作试件，养护，并测定其规定龄期的抗折强度和抗压强度值。

（一）主要仪器设备

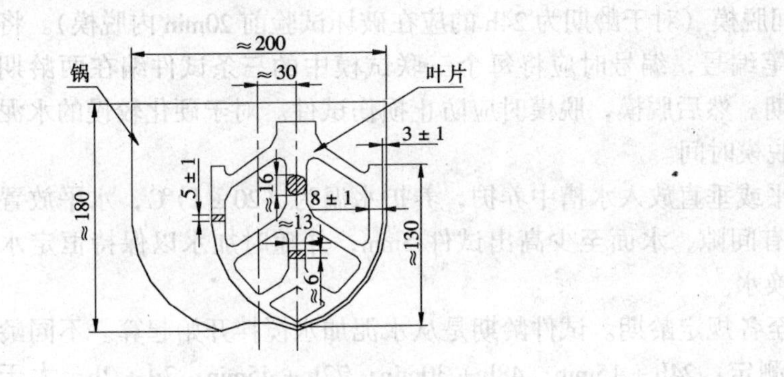

图试 1-8　胶砂搅拌机示意图

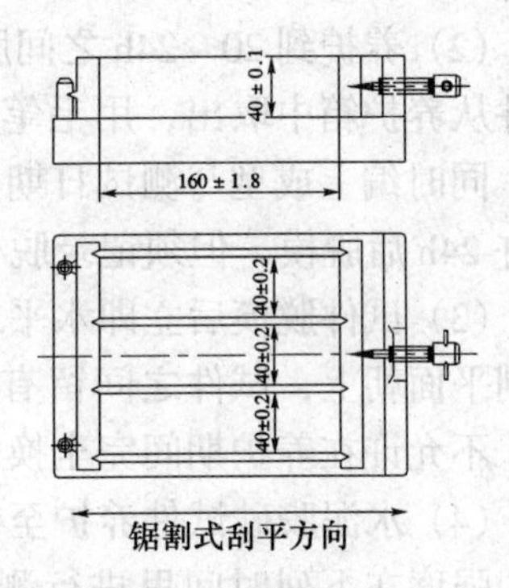

图试 1-9　典型水泥试模

行星式胶砂搅拌机（是搅拌叶片和搅拌锅相反方向转动的搅拌设备，如图 1-8 所示），胶砂试件成型振实台，试模（可装拆的三联试模，试模内腔尺寸为 40mm × 40mm × 160mm，如图试 1- 9 所示），水泥电动抗折试验机，抗压试验机，抗压夹具（图试 1-10）套模，两个播料器，刮平直尺，标准养护箱等。

图试 1-10　典型抗压夹具

（二）试验步骤

1. 制作水泥胶砂试件

（1）水泥胶砂试件是由水泥、中国 ISO 标准砂、拌合用水按 1∶3∶0.5 的比例拌制而成。一锅胶砂可成型三条试体，每锅材料用量见表试 1-1。按规定称量好各种材料。

（2）将水加入胶砂搅拌锅内，再加入水泥，把锅放在固定架上，升至固定位置，然后启动机器，低速搅拌 30s，在第二个 30s 开始时，同时均匀的加入标准砂。再高速搅拌 30s。停 90s，在第一个 15s 内用一胶皮刮具将叶片上和锅壁上的胶砂刮入锅内，在调整下继续高速搅拌 60s。胶砂搅拌完成。各阶段的搅拌时间误差应在 ± 1s 内。

每锅胶砂的材料用量　　**表试 1-1**

材　　料	水　　泥	中国 ISO 标准砂	水
用量（g）	450 ± 2	1350 ± 5	225 ± 1

（3）将试模内壁均匀涂刷一层机油，并将空试模和套模固定在振实台上。

（4）用勺子将搅拌锅内的水泥胶砂分两次装模。装第一层时，每个槽里先放入 300g 胶砂，并用大播料器刮平，接着振动 60 次，再装第二层胶砂，用小播料器刮平，再振动

60次。

(5) 移走套模，取下试模，用金属直尺以近视90°的角度架在试模模顶一端，沿试模长度方向做锯割动作慢慢向另一端移动，一次将超过试模部分的胶砂刮去，并用同一直尺以近视水平的情况将试件表面抹平。

2. 水泥胶砂试件的养护

(1) 将成型好的试件连同试模一起放入标准养护箱内，在温度 (20±1)℃，相对湿度不低于90%的条件下养护。

(2) 养护到20~24h之间脱模（对于龄期为24h的应在破坏试验前20min内脱模）。将试件从养护箱中取出，用毛笔编号，编号时应将每个三联试模中的三条试件编在两龄期内，同时编上成型与测试日期。然后脱模，脱模时应防止损伤试件。对于硬化较慢的水泥允许24h后脱模，但须记录脱模时间。

(3) 试件脱模后立即水平或垂直放入水槽中养护，养护水温为 (20±1)℃，水平放置时刮平面朝上，试件之间留有间隙，水面至少高出试件5mm，并随时加水以保持恒定水位，不允许在养护期间完全换水。

(4) 水泥胶砂试件养护至各规定龄期。试件龄期是从水泥加水搅拌开始起算。不同龄期的强度在下列时间里进行测定：24h±15min；48h±30min；72h±45min；7d±2h；大于28d±8h。

3. 水泥胶砂试件的强度测定

水泥胶砂试件在破坏试验前15min从水中取出。揩去试件表面的沉积物，并用湿布覆盖至试验为止。先用抗折试验机以中心加荷法测定抗折强度；然后将折断的试件进行抗压试验测定抗压强度。

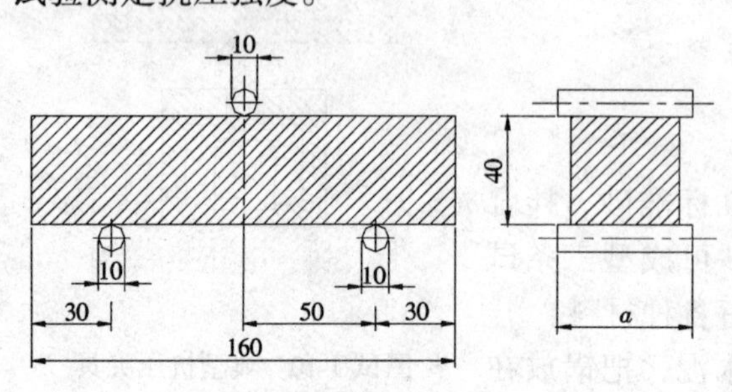

图试 1-11　抗折强度测定示意图

(1) 抗折强度试验

将试件安放在抗折夹具内，试件的侧面与试验机的支撑圆柱接触，试件长轴垂直于支撑圆柱，如图试1-11所示。启动试验机，以 (50±10) N/s的速度均匀地加荷直至试体断裂。记录最大抗折破坏荷载 (N)。

(2) 抗压强度试验

抗折强度试验后的六个断块试件保持潮湿状态，并立即进行抗压试验。将断块试件放入抗压夹具（图试1-10）内，并以试件的侧面作为受压面。启动试验机，以 (2.4±0.2) kN/s的速度进行加荷，直至试件破坏。记录最大抗压破坏荷载 (N)。

(三) 结果评定

1. 抗折强度

(1) 每个试件的抗折强度 $f_{ce,m}$ 按下式计算（精确至0.1MPa）：

$$f_{ce,m} = \frac{3FL}{2b^3} = 0.00234F$$

式中　F——折断时施加于棱柱体中部的荷载，N；

L——支撑圆柱体之间的距离 (mm) $L=100$mm；

b——棱柱体截面正方形的边长（mm）$b = 40$mm。

（2）以一组三个试件抗折结果的平均值作为试验结果。当三个强度值中有超出平均值±10%时，应剔除后再取平均值作为抗折强度试验结果。试验结果，精确至0.1MPa。

2. 抗压强度

（1）每个试件的抗压强度 $f_{ce,c}$ 按下式计算（MPa，精确至0.1MPa）：

$$f_{ce,c} = \frac{F}{A} = 0.000625F$$

式中 F——试件破坏时的最大抗压荷载，N；

A——受压部分面积，mm^2（$40mm \times 40mm = 1600mm^2$）。

（2）以一组三个棱柱体上得到的六个抗压强度测定值的算术平均值作为试验结果。如六个测定值中有一个超出六个平均值的±10%，就应剔除这个结果，而以剩下五个的平均值作为结果。如果五个测定值中再有超过它们平均值±10%的，则此组结果作废。试验结果精确至0.1MPa。

试验二　普通混凝土骨料试验

一、砂表观密度试验（标准方法）

（一）主要仪器设备

天平（称量1000g，感量1g）；容量瓶（500mL）；烧杯（500mL）；试验筛（孔径为4.75mm）；干燥器、烘箱（能使温度控制在105℃±5℃）、铝制料勺、温度计、带盖容器、搪瓷盘、刷子和毛巾等。

（二）试样制备

将缩分至660g左右的试样，在温度为（105±5）℃的烘箱中烘干至恒量，待冷却至室温后，分成大致相等的两份备用。

（三）试验步骤

（1）称取烘干试样 $m_0 = 300$g，精确至1g。将试样装入容量瓶，注入冷开水至接近500mL刻度处，用手摇动容量瓶，使砂样充分摇动，排出气泡，塞紧瓶盖，静置24h。

（2）用滴管小心加水至容量瓶500mL刻度处，塞紧瓶塞，擦干瓶外水分，称出其质量 m_1，精确至1g。

（3）倒出瓶内水和试样，洗净容量瓶，再向瓶内注入水温相差不超过2℃的冷开水至500mL刻度处。塞紧瓶塞，擦干瓶外水分，称其质量 m_2，精确至1g。

（四）结果评定

1. 砂表观密度 ρ_s，按下式计算（精确至10kg/m³）：

$$\rho_s = \left(\frac{m_0}{m_0 + m_2 - m_1}\right) \times 1000$$

式中 m_0——试样的烘干质量，g；

m_1——试样、水及容量瓶总质量，g；

m_2——水及容量瓶总质量，g。

2. 砂的表观密度均以两次试验结果的算术平均值作为测定值，精确至10kg/m³；如两

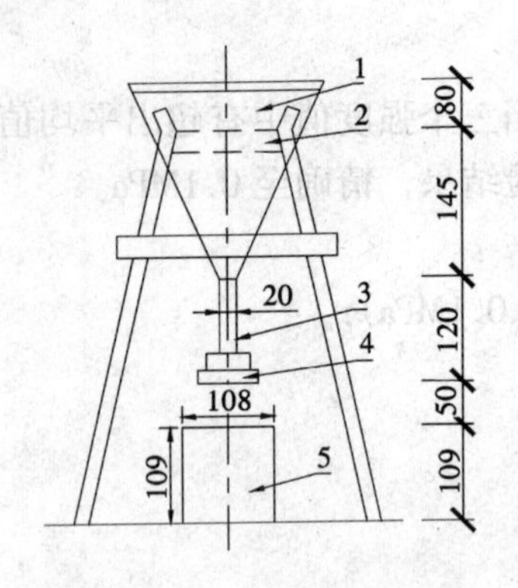

图试 2-1　标准漏斗

1—漏斗；2—筛；3—ϕ20 管子；4—活动门；5—金属量筒

次试验结果之差大于 20kg/m^3 时，应重新取样进行试验。

二、砂堆积密度试验

（一）主要仪器设备

烘箱［能使温度控制在（105±5）℃］；天平（称量 10kg，感量 1g）；容量筒（内径 108mm，净高 109mm，筒底厚约 5mm，容积为 1L）；方孔筛（孔径为 4.75mm 筛一只）；垫棒（直径 10mm，长 500mm 的圆钢）；直尺、漏斗（图试 2-1）或铝制料勺、搪瓷盘、毛刷等。

（二）试样制备

用搪瓷盘装取试样约 3L，放在烘箱中于温度为（105±5）℃下烘干至恒量，待冷却至室温后，筛除大于 4.75mm 的颗粒，分成大致相等的两份备用。

（三）试验步骤

1. 松散堆积密度

取试样一份，砂用漏斗或铝制料勺，用漏斗或料勺将试样从容量筒中心上方 50mm 处徐徐倒入，让试样以自由落体落下，当容量筒上部试样呈锥体，且容量筒四周溢满时，即停止加料。然后，用直尺沿筒口中心线向两边刮平（试验过程中应防止触动容量筒），称出试样和容量筒总质量 m_2，精确至 1g。倒出试样，称取空容量筒质量 m_1，精确至 1g。

2. 紧密堆积密度

取试样一份，分两次装入容量筒。装完第一层后，在筒底垫放一根一定直径为 10mm 的垫棒，左右交替击地面各 25 次，然后装入第二层，第二层装满后用同样方法颠实（但筒底所垫钢筋的方向与第一层时的方向垂直），加试样直至超过筒口，然后用直尺沿筒口中心线向两边刮平，称出试样和容量筒总质量 m_2，精确至 1g。

3. 容重筒容积的校正方法

以温度为 20±2℃的饮用水装满容量筒，用玻璃板沿筒口滑移，使其紧贴水面。擦干筒外壁水分，然后称出其质量，砂容量筒精确至 1g，石子容量筒精确至 10g。用下式计算筒的容积（mL，精确至 1mL）：

$$V = m'_2 - m'_1$$

式中　m'_2——容量筒、玻璃板和水总质量，g；

m'_1——容量筒和玻璃板质量，g。

（四）结果评定

1. 松散堆积密度 ρ'_0 和紧密堆积密度 ρ'_1

按下式计算（kg/m^3，精确至 10kg/m^3）：

$$\rho'_0(\rho'_1) = \frac{m_2 - m_1}{V} \times 1000$$

式中　m_2——试样和容量筒总质量，kg；

m_1——容量筒质量，kg；

V——容量筒的容积，L。

以两次试验结果的算术平均值作为测定值。

2. 松散堆积密度空隙率 P' 和紧密堆积密度空隙率 P'_1

这两种空隙率按下式计算（精确至1%）：

$$P' = \left(1 - \frac{\rho'_0}{\rho'}\right) \times 100\% \qquad P'_1 = \left(1 - \frac{\rho'_1}{\rho'}\right) \times 100\%$$

式中 ρ'_0——松散堆积密度，kg/m^3；

ρ'_1——紧密堆积密度，kg/m^3；

ρ'——表观密度，kg/m^3。

三、砂的筛分析试验

（一）主要仪器设备

电热鼓风干燥箱［能使温度控制在（105±5）℃］；方孔筛（孔径为150、300、600μm和1.18、2.36、4.75、9.50mm的筛各一只，并附有筛底和筛盖）；天平（称量1000g，感量1g）；摇筛机、搪瓷盘、毛刷等。

（二）试样制备

按规定方法取样约1100g，放入电热鼓风干燥箱内于（105±5）℃下烘干至恒量，待冷却至室温后，筛除大于9.50mm的颗粒，记录筛余百分数；将过筛的砂分成两份备用。

注：恒量系指试样在烘干1h~3h的情况下，其前后两次质量之差不大于该项试验所要求的称量精度。

（三）试验步骤

(1) 称取试样500g，精确至1g。将试样倒入按孔径从大到小顺序排列、有筛底的套筛上，然后进行筛分。

(2) 将套筛置于摇筛机上，筛分10min；取下套筛，按孔径大小顺序再逐个手筛，筛至每分钟通过量小于试验总量的0.1%为止。通过筛的试样并入下一号筛中，并和下一号筛中的试样一起筛分；依次按顺序进行，直至各号筛全部筛完为止。

(3) 称取各号筛的筛余量，精确至1g。试样在各号筛上的筛余量不得超过按下式计算出的质量。超过时应按下列方法之一处理：

$$G = \frac{A \cdot d^{\frac{1}{2}}}{200}$$

式中 G——在一个筛上的筛余量，g；

A——筛面面积，mm^2；

d——筛孔尺寸，mm。

1）将该粒级试样分成少于按上式计算出的量，分别筛分，并以筛余量之和作为该号筛的筛余量。

2）将该粒级及以下各粒级的筛余混合均匀，称出其质量，精确至1g。再用四分法缩分为大致相等的两份，取其中一份，称出其质量，精确至1g，继续筛分。计算该粒级及以下各粒级的分计筛余量时，应根据缩分比例进行修正。

（四）结果评定

(1) 计算分计筛余率　以各号筛筛余量占筛分试样总质量百分率表示，精确至0.1%。

(2) 计算累计筛余率　累计未通过某号筛的颗粒质量占筛分试样总质量的百分率，精确至0.1%。如各号筛的筛余量同筛底的剩余量之和，与原试样质量之差超过1%时，须重新试验。

(3) 砂的细度模数按下式计算（精确至0.01）

$$M_x = \frac{(A_2 + A_3 + A_4 + A_5 + A_6) - 5A_1}{100 - A_1}$$

式中 M_x——细度模数；

A_1、A_2、A_3、A_4、A_5、A_6——分别为4.75mm、2.36mm、1.18mm、0.60mm、0.30mm、0.15mm筛的累计筛余百分率。

(4) 累计筛余百分率取两次试验结果的算术平均值，精确至0.1%。细度模数取两次试验结果的算术平均值，精确至0.1；如两次试验细度模数之差超过0.20时，须重做试验。

四、石子的筛分析试验

(一) 主要仪器设备

电热鼓风干燥箱［能使温度控制在（105±5)℃］；方孔筛［孔径为2.36、4.75、9.50、16.0、19.0、26.5、31.5、37.5、53.0、63.0、75.0mm及90mm筛各一只，并附有筛底和筛盖（筛框内径为300mm)］；台秤（称量10kg，感量1g)；摇筛机、搪瓷盘、毛刷等。

(二) 试样制备

按规定方法取样，并将试样缩分至略大于表试2-1规定的数量，烘干或风干后备用。

颗粒级配所需试样数量 **表试2-1**

最大粒径，mm	9.5	16.0	19.0	26.5	31.5	37.5	63.0	75.0
最少试样质量，kg	1.9	3.2	3.8	5.0	6.3	7.5	12.6	16.0

(三) 试验步骤

(1) 称取按表试2-1规定数量的试样一份，精确至1g。将试样倒入按孔径大小从上到下组合、附底筛的套筛上进行筛分。

(2) 将套筛置于摇筛机上，筛分10min；取下套筛，按筛孔尺寸大小顺序逐个手筛，筛至每分钟通过量小于试样总质量的0.1%为止。通过的颗粒并入下一号筛中，并和下一号筛中的试样一起过筛，按此顺序进行，直至各号筛全部筛完为止。

注：当筛余颗粒的粒径大于19.00mm时，在筛分过程中，允许用手指拨动颗粒。

(3) 称出各号筛的筛余量，精确至1g。

(四) 结果评定

(1) 计算分计筛余百分率　以各号筛的筛余量占试样总质量的百分率表示，计算精确至0.1%。

(2) 计算累计筛余百分率　该号筛的分计筛余百分率加上该号筛以上各分计筛余百分率之和，精确至1%。筛分后，如每号筛的筛余量与筛底的筛余量之和，与原试样质量之差超过1%时，需重新试验。

(3) 根据各号筛的累计筛余百分率，评定该试样的颗粒级配。

试验三　普通混凝土拌合物试验

一、混凝土拌合物取样及试样制备

（一）一般规定

(1) 混凝土拌合物试验用料应根据不同要求，从同一盘或同一车运送的混凝土中取出，或在试验室用机械或人工单独拌制。取样方法和原则按《混凝土结构工程施工质量验收规范》(GB50204—2002)及《混凝土强度检验评定标准》(GBJ 107—87)有关规定进行。

(2) 在试验室拌制混凝土进行试验时，拌合用的骨料应提前运入室内。拌合时试验室的温度应保持在（20±5)℃。

(3) 材料用量以质量计，称量的精确度：骨料为±1%；水、水泥和外加剂均为±0.5%。混凝土试配时的最小搅拌量为：当骨料最大粒径小于30mm时，拌制数量为15L；最大粒径为40mm时，拌制数量为25L。搅拌量不应小于搅拌机额定搅拌量的$\frac{1}{4}$。

（二）主要仪器设备

搅拌机（容量75~100L，转速18~22r/min)；磅秤（称量50kg，感量50g)；天平（称量5kg，感量1g)；量筒（200mL、100mL各一只)；拌板（1.5m×2.0m左右)；拌铲、盛器、抹布等。

（三）拌合方法

1. 人工拌合

(1) 按所定配合比备料，以全干状态为准。

(2) 将拌板和拌铲用湿布润湿后，将砂倒在拌板上，然后加入水泥，用铲自拌板一端翻拌至另一端，然后再翻拌回来，如此重复直至颜色混合均匀，再加入石子翻拌至混合均匀为止。

(3) 将干混合料堆成堆，在中间做一凹槽，将已称量好的水，倒入一半左右在凹槽中(勿使水流出)，然后仔细翻拌，并徐徐加入剩余的水，继续翻拌。每翻拌一次，用铲在混合料上铲切一次，直至拌合均匀为止。

(4) 拌合时力求动作敏捷，拌合时间从加水时算起，应大致符合以下规定：

拌合物体积为30L以下时为4~5min；拌合物体积为30~50L时为5~9min；拌合物体积为51~75L时为9~12min。

(5) 拌好后，根据试验要求，即可做拌合物的各项性能试验或成型试件。从开始加水时至全部操作完必须在30min内完成。

2. 机械搅拌

(1) 按所定配合比备料，以全干状态为准。

(2) 预拌一次，即用按配合比的水泥、砂和水组成的砂浆和少量石子，在搅拌机中涮膛，然后倒出多余的砂浆，其目的是使水泥砂浆先粘附满搅拌机的筒壁，以免正式拌合时影响混凝土的配合比。

(3) 开动搅拌机，将石子、砂和水泥依次加入搅拌机内，干拌均匀，再将水徐徐加入。全部加料时间不得超过2min。水全部加入后，继续拌合2min。

（4）将拌合物从搅拌机中卸出，倒在拌板上，再经人工拌合1～2min，即可做拌合物的各项性能试验或成型试件。从开始加水时算起，全部操作必须在30min内完成。

二、混凝土拌合物性能试验

（一）和易性（坍落度）试验

采取定量测定流动性，根据直观经验判定黏聚性和保水性的原则，来评定混凝土拌合物的和易性。定量测定流动性的方法有坍落度法和维勃稠度法两种。坍落度法适合于坍落度值不小于10mm的塑性拌合物；维勃稠度法适合于维勃稠度在5～30s之间的干硬性混凝土拌合物。要求骨料的最大粒径均不得大于40mm。本试验只介绍坍落度法。

1. 主要仪器设备

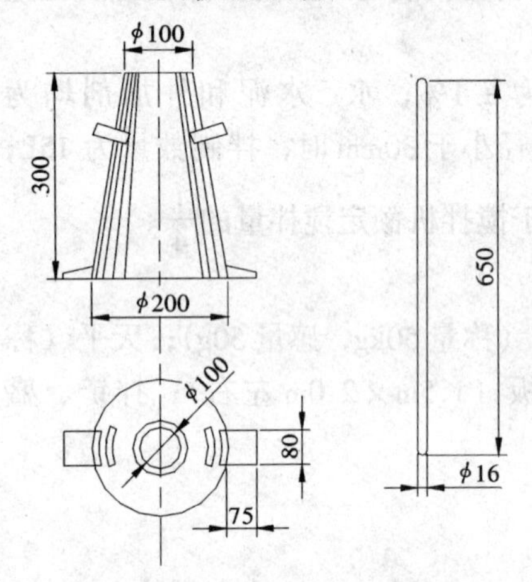

图试3-1 坍落度筒及捣棒

坍落度筒（截头圆锥形，由薄钢板或其他金属板制成，形状和尺寸如图试3-1所示）；捣棒（端部应磨圆，直径16mm，长度650mm）；装料漏斗、小铁铲、钢直尺、抹刀等。

2. 试验步骤

（1）湿润坍落度筒及其他用具，并把筒放在不吸水的刚性水平底板上，然后用脚踩住两边的踏脚板，使坍落度筒在装料时保持位置固定。

（2）把按要求取得的混凝土试样用小铲分三层均匀地装入坍落度筒内，使捣实后每层高度为筒高的1/3左右。每层用捣棒插捣25次、插捣应沿螺旋方向由外向中心进行，每次插捣应在截面上均匀分布。插捣筒边混凝土时，捣棒可以稍稍倾斜。插捣底层时，捣棒应贯穿整个深度；插捣第二层或顶层时，捣棒应插透本层至下一层的表面。

浇灌顶层时，混凝土应灌到高出筒口。插捣过程中，如混凝土沉落到低于筒口，则应随时添加。顶层插捣完后，刮去多余的混凝土，并用抹刀抹平。

（3）清除筒边底板上的混凝土后，垂直平稳地提起坍落度筒，应在5～10s内完成；从开始装料至提起坍落度筒的整个过程应不间断地进行，并应在150s内完成。

（4）提起坍落度筒后，量测筒高与坍落后混凝土试体最高点之间的高度差，即为该混凝土拌合物的坍落度值（以毫米为单位，读数精确至5mm）。如混凝土发生崩坍或一边剪坏的现象，则应重新取样进行测定。如第二次试验仍出现上述现象，则表示该混凝土和易性不好，应予以记录备查，如图试3-2所示。

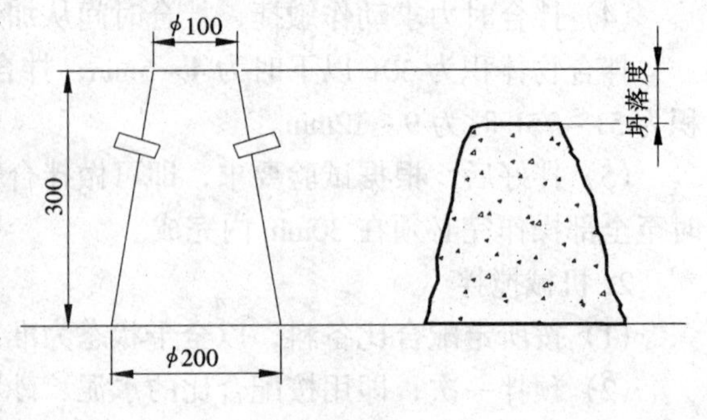

图试3-2 坍落度试验示意图（mm）

（5）测定坍落度后，观察拌合物的下述性质，并记录：

黏聚性 用捣棒在已坍落的混凝土锥体侧面轻轻敲打，如果锥体逐渐下沉，表示黏聚性良好；如果锥体坍塌、部分崩裂或出现离析现象，表示黏聚性不好。

保水性　坍落度筒提起后如有较多的稀浆从底部析出，锥体部分的混凝土也因失浆而骨料外露，则表明保水性不好；如无稀浆或只有少量稀浆自底部析出，则表明保水性良好。

（6）坍落度的调整

1）在按初步配合比计算好试拌材料的同时，内外还须备好两份为调整坍落度用的水泥和水。备用水泥和水的比例符合原定水灰比，其用量可为原计算用量的5%和10%。

2）当测得的坍落度小于规定要求时，可掺入备用的水泥或水，掺量可根据坍落度相差的大小确定；当坍落度过大，黏聚性和保水性较差时，可保持砂率一定，适当增加砂和石子的用量。如保水性较差，可适当增大砂率，即其他材料不变，适当增加砂的用量。

（二）混凝土拌合物体积密度试验

1. 主要仪器设备

容量筒（骨料最大粒径不大于40mm时，容积为5L；当粒径大于40mm时，容量筒内径与高均应大于骨料最大粒径的4倍）；台秤（称量50kg，感量50g）；振动台（频率3000±200次/min，空载振幅为0.5±0.1mm）。

2. 试验步骤

（1）润湿容量筒，称其质量 m_1（kg），精确至50g。

（2）将配制好的混凝土拌合物装入容量筒并使其密实。当拌合物坍落度不大于70mm时，可用振实台振实，大于70mm时用捣棒振实。

（3）用振动台振实时，将拌合物一次装满，振动时随时准备添料，振至表面出现水泥浆，没有气泡向上冒为止。用捣棒捣实时，混凝土分两层装入，每层插捣25次（对5L容量筒），每一层插捣完后可把捣棒垫在筒底，用双手扶筒左右交替颠击15次，使拌合物布满插孔。

（4）用刮尺齐筒口将多余的混凝土拌合物刮去，表面如有凹陷应予填平。将容量筒外壁擦净，称出拌合物与筒总质量 m_2（kg）。

3. 结果评定

（1）混凝土拌合物的体积密度 ρ_{c0} 按下式计算（kg/m^3，精确至 $10kg/m^3$）：

$$\rho_{c0} = \frac{m_2 - m_1}{V_0} \times 1000$$

式中　m_1——容量筒质量，kg；

m_2——拌合物与筒总质量，kg；

V_0——容量筒体积，L；可按试验二中的方法校正。

试验四　普通混凝土抗压强度试验

（一）主要仪器设备

压力试验机（精度不低于±2%，试验时有试件最大荷载选择压力机量程。使试件破坏时的荷载位于全量程的20%～80%范围内）；振动台［频率（50±3）Hz，空载振幅约为0.5mm］；搅拌机、试模、捣棒、抹刀等。

（二）试件制作与养护

（1）混凝土立方体抗压强度测定，以三个试件为一组。每组试件所用的拌合物的取样或拌制方法按试验三的方法进行。

（2）混凝土试件的尺寸按集料最大粒径选定，见表试 4-1。

混凝土试件的尺寸 **表试 4-1**

粗集料最大粒径（mm）	试件尺寸（mm）	结果乘以换算系数	粗集料最大粒径（mm）	试件尺寸（mm）	结果乘以换算系数
31.5	100×100×100	0.95	60	200×200×200	1.05
40	150×150×150	1.00			

（3）制作试件前，应将试模擦干净并在试模内表面涂一层脱模剂，再将混凝土拌合物装入试模成型。

（4）对于坍落度不大于 70mm 的混凝土拌合物，将其一次装入试模并高出试模表面，将试件移至振动台上，开动振动台振至混凝土表面出现水泥浆并无气泡向上冒时为止。振动时应防止试模在振动台上跳动。刮去多余的混凝土，用抹刀抹平。记录振动时间。

对于坍落度大于 70mm 的混凝土拌合物，将其分两层装入试模，每层厚度大约相等。用捣棒按螺旋方向从边缘向中心均匀插捣，次数一般每 100cm^2 应不少于 12 次。用抹刀沿试模内壁插入数次，最后刮去多余混凝土并抹平。

（5）养护　按照试验目的不同，试件可采用标准养护或与构件同条件养护。采用标准养护的试件成型后表面应覆盖，以防止水分蒸发，并在（20±5）℃的条件下静置 1～2 昼夜，然后编号拆模。拆模后的试件立即放入温度为（20±2）℃，湿度为 95%以上的标准养护室进行养护，直至试验龄期 28d。在标准养护室内试件应搁放在架上，彼此间隔为 10～20mm，避免用水直接冲淋试件。当无标准养护室时，混凝土试件可在温度为20±2℃的不流动的 $Ca(OH)_2$ 饱和溶液中养护。

（三）试验步骤

（1）试件从养护室取出后尽快试验。将试件擦拭干净，测量其尺寸（精确至 1mm），据此计算出试件的受压面积。如实测尺寸与公称尺寸之差不超过 1mm，则按公称尺寸计算。

（2）将试件安放在试验机的下压板上，试件的承压面与成型面垂直。开动试验机，当上压板与试件接近时，调整球座，使其接触均匀。

（3）加荷时应连续而均匀，加荷速度为：当混凝土强度等级低于 C30 时，取（0.3～0.5）MPa/s；高于或等于 C30 时，取（0.5～0.8）MPa/s。当试件接近破坏而开始迅速变形时，停止调整试验机油门，直至试件破坏，记录破坏荷载 P（N）。

（四）结果评定

（1）混凝土立方体抗压强度 f_{cu}按下式计算（MPa，精确至 0.01MPa）：

$$f_{cu} = \frac{P}{A}$$

式中　f_{cu}——混凝土立方体试件抗压强度，MPa；

P——破坏荷载，N；

A——试件受压面积，mm^2。

（2）取标准试件 150mm×150mm×150mm 的抗压强度值为标准，对于非标准试件 100mm×100mm×100mm 和 200mm×200mm×200mm 的试件，须将计算结果乘以相应的换算系数换算为标准强度。换算系数见表试 4-1。

(3) 以三个试件强度值的算术平均值作为该组试件的抗压强度代表值（精确至 0.1MPa）。三个测值中的最大值或最小值与中间值之差超过中间值的 15%时，取中间值作为该组试件的抗压强度代表值；如最大值和最小值与中间值之差均超过中间值的 15%时，则该组试件的试验结果无效。

试验五　建筑砂浆试验

一、砂浆的稠度试验

（一）主要设备

砂浆稠度测定仪（图试 5-1)；捣棒、台秤、拌锅、拌板、量筒、秒表等。

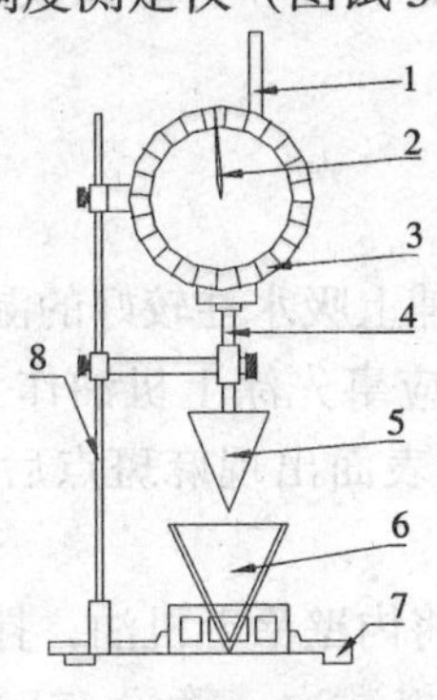

图试 5-1　砂浆稠度测定仪

1—齿条测杆；2—指针；3—刻度盘；4—滑杆；5—圆锥体；6—圆锥筒；7—底座；8—支架

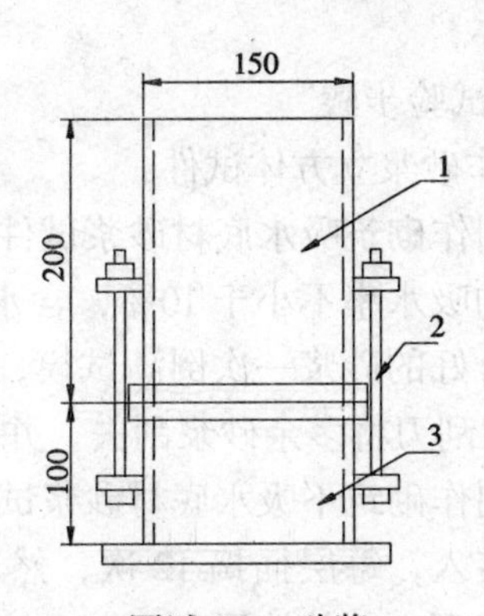

图试 5-2　砂浆分层度测定仪

1—无底圆筒；2—连接螺栓；3—有底圆筒

（二）试验步骤

(1) 将拌合好的砂浆一次装入圆锥筒内，装至距筒口约 10mm 为止，用捣棒插捣 25 次，并将筒体振动 5~6 次，使表面平整，然后移至稠度测定仪底座上。

(2) 放松制动螺钉，调整圆锥体，使得试锥尖端与砂浆表面接触，拧紧制动螺钉，调整齿条测杆，使齿条测杆的下端刚好与滑杆上端接触，并将指针对准零点。

(3) 松开制动螺钉，圆锥体自动沉入砂浆中，同时记时，到 10 秒时固定螺钉。然后从刻度盘上读出下沉深度（精确至 1mm)。

（三）结果评定

以两次测定结果的平均值作为砂浆稠度测定结果。如果两次测定值之差大于 20mm，应重新拌合砂浆测定。

二、砂浆分层度试验

（一）主要仪器设备

分层度测定仪（即分层度筒，见图试 5-2)；其他用具同砂浆稠度试验。

（二）试验步骤

(1) 将拌合好的砂浆，先进行稠度试验；然后将砂浆从圆锥筒中到出，重新拌合均匀，一次注满分层度筒。用木锤在筒周围大致相等的四个不同地方轻敲1~2次，装满，并用抹刀抹平。

(2) 静置30min，去掉上层200mm的砂浆。取出底层100mm的砂浆重新拌合均匀，再测定一次砂浆稠度。

(3) 取两次砂浆稠度的差值作为砂浆的分层度（以毫米为单位）。

（三）试验结果

以两次试验的平均值作为该砂浆的分层度值。若两次分层度值之差大于20mm，则应重新做试验。

三、砂浆抗压强度试验

（一）主要设备

压力试验机，试模（70.7mm×70.7mm×70.7mm，有无底试模和有底试模两种）；捣棒，垫板等。

（二）试验步骤

1. 制作砂浆立方体试件

(1) 制作砌筑吸水底材砂浆试件。将无底试模放在预先铺上吸水性较好的湿纸的普通砖上，砖的吸水率不小于10%，含水率小于2%。试模内壁应事先涂上机油作为隔离剂。然后将拌合好的砂浆一次倒满试模，并用捣棒插捣，当砂浆表面出现麻斑点后（约15~30min），用刮刀将多余砂浆刮去，并抹平。

(2) 制作砌筑不吸水底材砂浆试件。采用有底试模，先将内壁涂上机油，拌合好的砂浆分两层装入，每层插捣12次，然后用刮刀沿试模内壁插捣数次，静置15~30min后，将多余砂浆刮去，并抹平。

(3) 试模成型后，在20℃±5℃环境下养护24h±2h即可脱模。

2. 养护

(1) 自然养护。放在室内空气中进行养护，混合砂浆在相对湿度60%~80%、常温条件下养护；水泥砂浆放在常温条件下并保持试件表面处于湿润状态下（如湿砂堆中）养护。

(2) 标准养护。混合砂浆在20℃±3℃，相对湿度为60%~80%的条件下养护；水泥砂浆在20℃±3℃，相对湿度为90%以上的条件下养护。

3. 抗压强度测定

取出经28d养护的立方体试件，先将试件擦干净，然后将试件放在压力试验机的上下压板之间，开动压力机，连续均匀地加荷（加荷速度为0.5~1.5kN/s），直至试件破坏，记录破坏荷载。

（三）结果评定

(1) 按下式计算砂浆的抗压强度$f_{m,cu}$（MPa，精确至0.1MPa）：

$$f_{m,cu}=\frac{P}{A}$$

式中 P——试件的破坏荷载，N；

A——试件的受压面积，mm^2。

(2) 以六个试件测值的算术平均值作为该组试件的抗压强度值，精确至0.1MPa。当六个试件强度的最大值或最小值与平均值之差超过平均值的20%时，以中间四个试件强度的平均值作为该组试件的抗压强度值。

试验六　烧结普通砖抗压强度试验

（一）取样、试样制备

1. 取样

验收检验砖样的抽取应在供方堆场上，由供需双方人员会同进行。强度等级试验抽取砖样 10 块。砖垛中的抽样位置可按随机码数确定，具体方法见《砌墙砖检验规则》（JC466—96）。

2. 试样制备

（1）将砖样切断或锯成两个半截砖，断开的半截砖长不得小于 100mm，见图试 6-1 所示。如果不足 100mm，应另取备用试样补足。

（2）在试样制备平台上，将已断开的半截砖放入室温的净水中浸 10 ~ 20min 后取出，并以断口相反方向叠放，两者中间用厚度不超过 5mm 的水泥净浆粘结。水泥净浆采用强度等级为 32.5MPa 的普通硅酸盐水泥调制，要求稠度适宜。上下两面用厚度不超过 3mm 的同种水泥净浆抹平。制成的试件上下两面须互相平行，并垂直于侧面，如图试 6-2 所示。

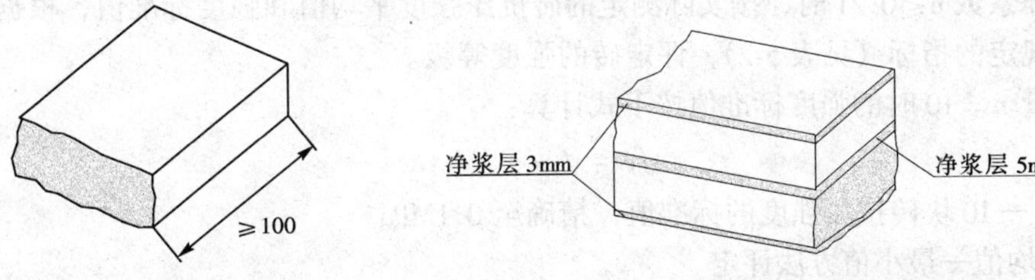

图试 6-1　半截砖尺寸要求　　图试 6-2　砖抗压试件示意图

（二）主要仪器设备

（1）材料试验机　试验机的示值误差不大于 ± 1%，其下加压板应为球绞支座，预期最大破坏荷载应在量程的 20% ~ 80%之间。

（2）抗压试件制备平台　试件制备平台必须平整水平，可用金属或其他材料制作。

（3）水平尺　规格为 250 ~ 300mm。

（4）钢直尺　分度值为 1mm。

（三）试验步骤

（1）测量每个试件连接面或受压面的长、宽尺寸各两个，分别取其平均值，精确至 1mm。

（2）分别将 10 块试件平放在加压板的中央，垂直于受压面加荷，应均匀平稳，不得发生冲击或振动。加荷速度为（5 ± 0.5）kN/s，直至试件破坏为止，分别记录最大破坏荷载 F（单位为 N）。

（四）试验结果评定

（1）按照以下公式分别计算 10 块砖的抗压强度值，精确至 0.1MPa。

$$f_{mc} = \frac{F}{LB}$$

式中 f_{mc}——抗压强度（MPa）；

F——最大破坏荷载（N）；

L——受压面（连接面）的长度（mm）；

B——受压面（连接面）的宽度（mm）。

（2）按以下公式计算 10 块砖强度变异系数、抗压强度的平均值和标准值。

$$\delta = \frac{s}{\bar{f}_{mc}}$$

$$\bar{f}_{mc} = \sum_{i=1}^{10} f_{mc,i}$$

$$s = \sqrt{\frac{1}{9}\sum_{i=1}^{10}(f_{mc,i} - \bar{f}_{mc})^2}$$

式中 δ——砖强度变异系数，精确至 0.01MPa；

$\bar{f}_{mc}$——10 块砖抗压强度的平均值，精确至 0.1MPa；

s——10 块砖抗压强度的标准差，精确至 0.01MPa；

$f_{mc,i}$——分别为 10 块砖的抗压强度值（$i = 1 \sim 10$），精确至 0.1MPa。

（3）强度等级评定。

1）平均值—标准值方法评定

当变异系数 $\delta \leqslant 0.21$ 时，按实际测定的砖抗压强度平均值和强度标准值，根据标准中强度等级规定的指标（见表 5-2），评定砖的强度等级。

样本量 $n = 10$ 时的强度标准值按下式计算：

$$f_k = \bar{f}_{mc} - 1.8s$$

式中 f_k——10 块砖抗压强度的标准值，精确至 0.1MPa。

2）平均值—最小值方法评定

当变异系数 $\delta > 0.21$ 时，按抗压强度平均值、单块最小值评定砖的强度等级（见表 5.2）。单块抗压强度最小值精确至 0.1MPa。

试验七 钢 筋 试 验

一、钢筋试验一般规定

（1）钢筋混凝土用热轧钢筋，同一公称直径和同一炉罐号组成的钢筋应分批检查和验收，每批质量不大于 60t。

（2）钢筋应有出厂证明，或试验报告单。验收时应抽样作机械性能试验：拉伸试验和冷弯试验。钢筋在使用中若有脆断、焊接性能不良或机械性能显著不正常时，还应进行化学成分分析。验收时包括尺寸、表面及质量偏差等检验项目。

（3）钢筋拉伸及冷弯使用的试样不允许进行车削加工。试验应在 20±10℃的温度下进行，否则应在报告中注明。

（4）验收取样时，自每批钢筋中任取两根截取拉伸试样，任取两根截取冷弯试样。在拉伸试验的试件中，若有一根试件的屈服点、抗拉强度和伸长率三个指标中有一个达不到标准中的规定值，或冷弯试验中有一根试件不符合标准要求，则在同一批钢筋中再抽取双倍数量的试件进行该不合格项目的复验，复验结果中只要有一个指标不合格，则该试验项目判定为不合格，整批不得交货。

(5) 拉伸和冷弯试件的长度 L，分别按下式计算后截取：

拉伸试件：$L = L_0 + 2h + 2h_1$；冷弯试件：$L_w = 5a + 150$

式中 L、L_w——分别为拉伸试件和冷弯试件的长度 (mm)；

L_0——拉伸试件的标距，$L_0 = 5a$ 或 $L_0 = 10a$ (mm)；

h、h_1——分别为夹具长度和预留长度 (mm)，$h_1 =$ (0.5～1) a，见图试 7-1；

a——钢筋的公称直径 (mm)。

二、钢筋拉伸试验

(一) 试验目的

测定钢筋的屈服点、抗拉强度和伸长率，评定钢筋的强度等级。

(二) 主要仪器设备

(1) 万能材料试验机　示值误差不大于 1%。量程的选择：试验时达到最大荷载时，指针最好在第三象限 (180°～270°) 内，或者数显破坏荷载在量程的 50%～75%之间。

(2) 钢筋打点机或划线机、游标卡尺 (精度为 0.1mm) 等。

(三) 试样制备

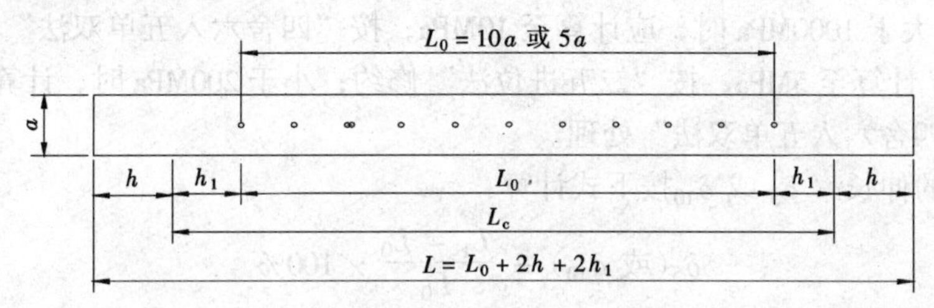

图试 7-1　钢筋拉伸试验试件

a—试样原始直径；L_0—标距长度；h_1—取 (0.5～1) a；h—夹具长度

拉伸试验用钢筋试件不得进行车削加工，可以用两个或一系列等分小冲点或细划线标出试件原始标距，测量标距长度 L_0，精确至 0.1mm，如图试 7-1 所示。根据钢筋的公称直径按表 6-6 选取公称横截面积 (mm^2)。

(四) 试验步骤

(1) 将试件上端固定在试验机上夹具内，调整试验机零点，装好描绘器、纸、笔等，再用下夹具固定试件下端。

(2) 开动试验机进行拉伸，拉伸速度为：屈服前应力增加速度为 10MPa/s；屈服后试验机活动夹头在荷载下移动速度不大于 $0.5L_c$/min，直至试件拉断。

(3) 拉伸过程中，测力度盘指针停止转动时的恒定荷载，或第一次回转时的最小荷

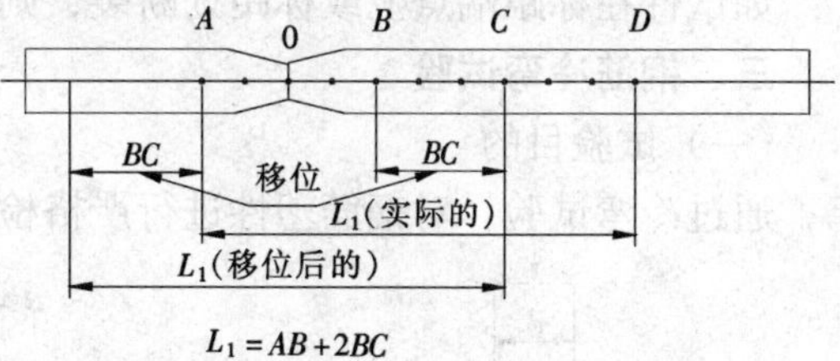

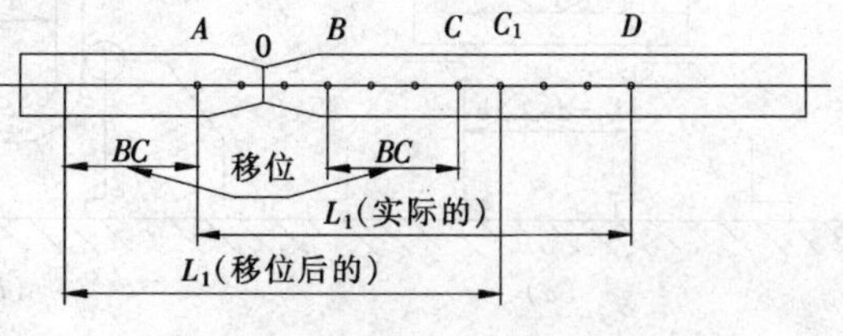

图试 7-2　用移位法计算标距

载，即为屈服荷载 F_s（N）。向试件继续加荷直至试件拉断，读出最大荷载 F_b（N）。

(4) 测量试件拉断后的标距长度 L_1。将已拉断的试件两端在断裂处对齐，尽量使其轴线位于同一条直线上。

如拉断处距离邻近标距端点大于 $L_0/3$ 时，可用游标卡尺直接量出 L_1。如拉断处距离邻近标距端点小于或等于 $L_0/3$ 时，可按下述移位法确定 L_1：在长段上自断点起，取等于短段格数得 B 点，再取等于长段所余格数［偶数如图试 7-2（a）］之半的 C 点；或者取所余格数［奇数如图试 7-2（b）］减 1 与加 1 之半的 C 与 C_1 点。则移位后的 L_1 分别为 $AB+2BC$ 或 $AB+BC+BC_1$。

如果直接测量所求得的伸长率能达到技术条件要求的规定值，则可不采用移位法。

（五）结果评定

(1) 钢筋的屈服点 σ_s 和抗拉强度 σ_b 按下式计算：

$$\sigma_s=\frac{F_s}{A}\quad \sigma_b=\frac{F_b}{A}$$

式中 σ_s、σ_b——分别为钢筋的屈服点和抗拉强度（MPa）；

F_s、F_b——分别为钢筋的屈服荷载和最大荷载（N）；

A——试件的公称横截面积（mm^2）。

当 σ_s、σ_b 大于 1000MPa 时，应计算至 10MPa，按“四舍六入五单双法”修约；为 200～1000MPa 时，计算至 5MPa，按“二五进位法”修约；小于 200MPa 时，计算至 1MPa，小数点数字按“四舍六入五单双法”处理。

(2) 钢筋的伸长率 δ_5 或 δ_{10} 按下式计算：

$$\delta_5(\text{或}\ \delta_{10})=\frac{L_1-L_0}{L_0}\times 100\%$$

式中 δ_5、δ_{10}——分别为 $L_0=5a$ 或 $L_0=10a$ 时的伸长率（精确至 1%）；

L_0——原标距长度 $5a$ 或 $10a$（mm）；

L_1——试件拉断后直接量出或按移位法的标距长度（mm，精确至 0.1mm）。

如试件在标距端点上或标距处断裂，则试验结果无效，应重做试验。

三、钢筋冷弯试验

（一）试验目的

通过冷弯试验，对钢筋塑性进行严格检验，也间接测定钢筋内部的缺陷及可焊性。

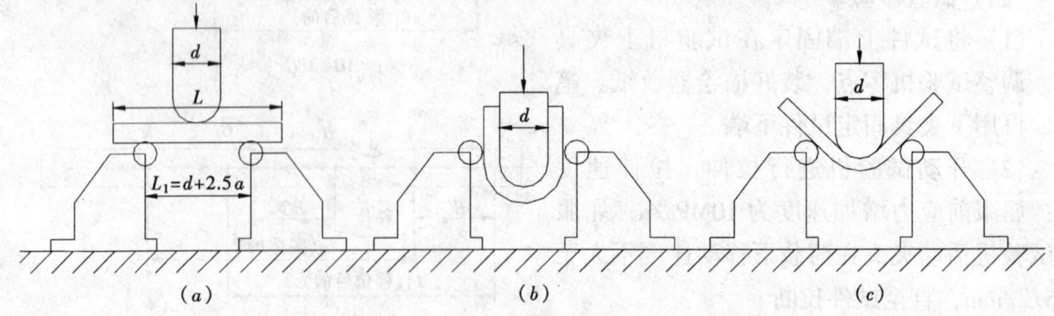

图试 7-3 钢筋冷弯试验装置示意图

（a）冷弯试件和支座；（b）弯曲 180°；（c）弯曲 90°

（二）主要仪器设备

万能材料试验机、具有一定弯心直径的冷弯冲头等。

（三）试验步骤

（1）按图试 7-3（*a*）调整试验机各种平台上支辊距离 L_1。d 为冷弯冲头直径，$d=na$，n 为自然数，其值大小根据钢筋级别确定。

（2）将试件按图试 7-3（*a*）安放好后，平稳地加荷，钢筋弯曲至规定角度（90°或 180°）后，停止冷弯，如图试 7-3（*b*）、（*c*）所示。

（四）结果评定

在常温下，在规定的弯心直径和弯曲角度下对钢筋进行弯曲，检测两根弯曲钢筋的外表面，若无裂纹、断裂或起层，即判定钢筋的冷弯合格，否则冷弯不合格。

试验八　石 油 沥 青 试 验

一、针入度测定

（一）主要仪器设备

（1）针入度仪　针连杆质量为（47.5±0.05）g，针和针连杆组合件的总质量为（50±0.05）g。

（2）标准针　由硬化回火的不锈钢制成，洛氏硬度 54～60，尺寸要求见图试 8-1。

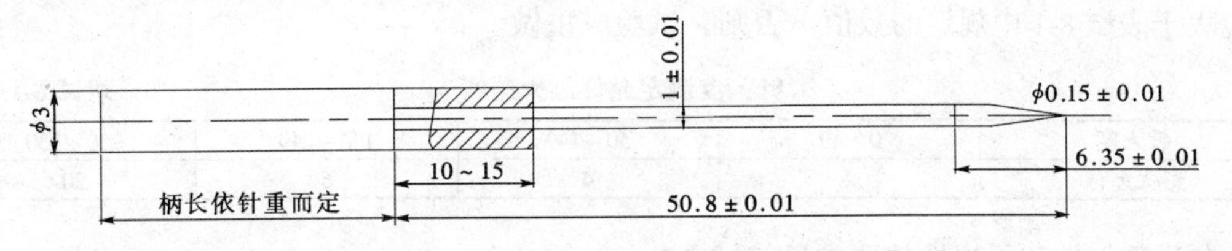

图试 8-1　标准钢针的形状及尺寸

（3）试样皿　为金属圆柱形平底容器：针入度小于 200 时，内径为 55mm，内部深度 35mm；针入度在 200～350 时，内径 70mm，内部深度为 45mm。

（4）恒温水浴　容量不小于 10L，能保持温度在试验温度的±0.1℃范围内。水中应备有一个带孔的支架，位于水面下不少于 100mm，距浴底不少于 50mm 处。

（5）平底玻璃皿、秒表、温度计、金属皿或瓷柄皿、筛、砂浴或可控制温度的密闭电炉等。

（二）试样制备

（1）将预先除去水分的沥青试样在砂浴或密闭电炉上小心加热，不断搅拌以防止局部过热，加热温度不得超过试样估计软化点 100℃。加热时间不得超过 30min，用筛过滤除去杂质。加热搅拌过程中避免试样中混入空气。

（2）将试样倒入预先选好的试样皿中，试样深度应大于预计穿入深度 10mm。

（3）试样皿在 15～30℃的空气中冷却 1～1.5h（小试样皿）或 1.5～2h（大试样皿），防止灰尘落入试样皿。软化将试样皿移入保持规定试验温度的恒温水浴中。小试验皿恒温 1～1.5h，大试验皿恒温 1.5～2h。

（三）试验步骤

(1) 调节针入度仪的水平，检查针连杆和导轨，以确认无水和其他外来物，无明显磨擦。用甲苯或其他合适的溶剂清洗针，用干净布将其擦干，把针插入针连杆中固定。按试验条件放好砝码。

(2) 从恒温水浴中取出试验皿，放入水温控制在试验温度的平底玻璃皿中的三腿支架上，试样表面以上的水层高度应不小于10mm，将平底玻璃皿置于针入度仪的平台上。

(3) 慢慢放下针连杆，使针尖刚好与试样接触。必要时用放置在合适位置的光源反射来观察。拉下活杆，使其与针杆顶端接触，调节针入度仪读数为零。

(4) 用手紧压按钮，同时启动秒表，使标准针自由下落穿入沥青试样，到规定时间停压按钮，使针停止移动。

(5) 拉下活杆与针连杆顶端接触，此时的读数即为试样的针入度。

(6) 同一试样至少重复测定三次，测定点之间及测定点与试样皿之间距离不应小于10mm。每次测定前应将平底玻璃皿放入恒温水浴。每次测定换一根干净的针或取下针用甲苯或其他溶剂擦干净，再用干净布擦干。

(7) 测定针入度大于200的沥青试样时，至少用三根针，每次测定后将针留在试样中，直至三次测定完成后，才能把针从试样中取出。

（四）结果评定

(1) 取三次测定针入度的平均值，取至整数作为试验结果。三次测定的针入度值相差不应大于表试8-1中规定的数值。否则，试验应重做。

针入度测定允许最大差值　　　　表试8-1

针入度	0～49	50～149	150～249	250～350
最大差值	2	4	6	20

(2) 重复性和再现性的要求见表试8-2。

针入度测定的重复性与再现性要求　　　　表试8-2

试样针入度，25℃	重　复　性	再　现　性
小于50	不超过2单位	不超过4单位
50及大于50	不超过平均值的4%	不超过平均值的8%

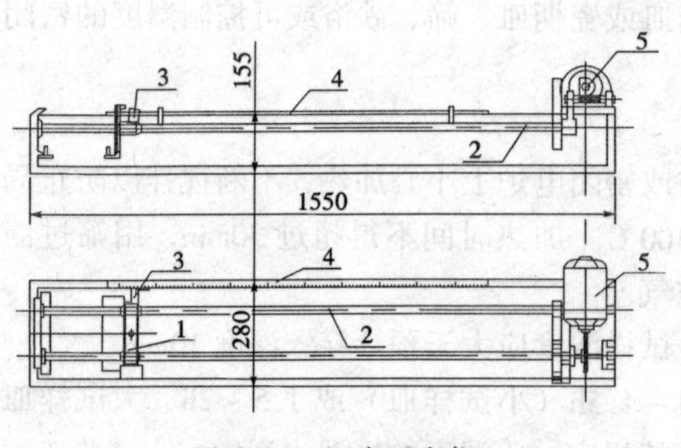

图试8-2　沥青延度仪

1—滑动器；2—螺旋杆；3—指针；4—标尺；5—电动机

二、延度测定

（一）主要仪器设备

(1) 延度仪　见图试8-2。

(2) 试件模具　由两个端模和两个侧模组成，形状及尺寸见图试8-3。

(3) 恒温水浴　容量不小于10L，能保持温度在试验温度的±0.1℃范围内。水中应备有一个带孔的支架，位于水面下不少于100mm，距浴底不少于50mm处。

(4) 温度计（0～50℃，分度0.1℃

和0.5℃各一支）、金属皿或瓷皿、筛、砂浴或可控制温度的密闭电炉等。

（二）试样制备

（1）将甘油滑石粉隔离剂（甘油：滑石粉＝2:1，以质量计）拌合均匀，涂于磨光的金属板上。

（2）将除去水分的试样在砂浴上小心加热，防止局部过热，加热温度不得超过试样估计软化点100℃。用筛过滤，充分搅拌，避免试样中混入空气。然后将试样呈细流状，自模的一端至另一端往返倒入，使试样略高于模具。

（3）试样在15～30℃的空气中冷却30min，然后放入（25±0.1）℃的水浴中，保持30min后取出，用热刀将高出模具的沥青刮去，使沥青面于模具面平齐。沥青的刮法应自模的中间向两边，表面应十分光滑。将试件连同金属板再浸入（25±0.1）℃的水浴中恒温1～1.5h。

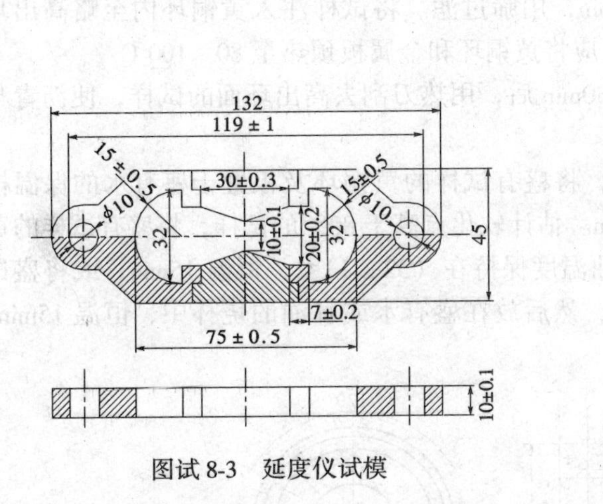

图试8-3　延度仪试模

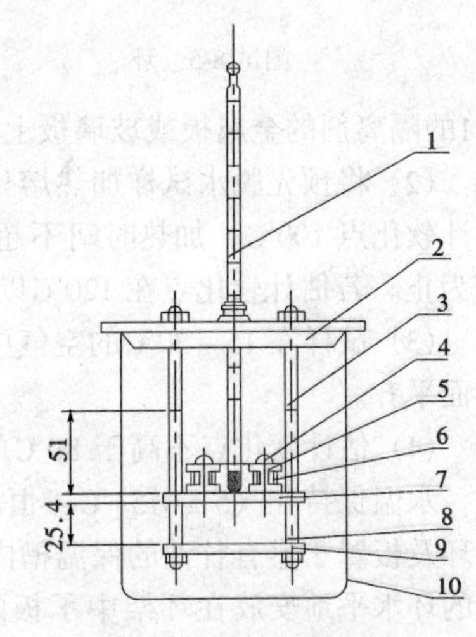

图试8-4　沥青软化点测定器

1—温度计；2—上承板；3—枢轴；4—钢球；5—环套；6—环；7—中承板；8—支承座；9—下承板；10—烧杯

（三）试验步骤

（1）检查延度仪的拉伸速度是否符合要求，然后移动滑板使其指针正对标尺的零点，保持水槽中水温为（25±0.5）℃。

（2）将试件移至延伸仪的水槽中，模具两端的孔分别套在滑板及槽端的金属柱上，水面距试件表面应不小于25mm，然后去掉侧模。

（3）确认延度仪水槽中水温为（25±0.5）℃时，开动延度仪，此时仪器不得有振动。观察沥青的拉伸情况。在测定时，如发现沥青细丝浮于水面或沉入槽底时，则应在水中加入食盐水调整水的密度，至与试样的密度相近后，再进行测定。

（4）试件拉断时指针所指标尺上的读数，即为试样的延度，以cm表示。在正常情况下，应将试样拉伸成锥尖状，在断裂时实际横断面为零。如不能得到上述结果，则应报告在此条件下无测定结果。

（四）结果评定

（1）取平行测定三个结果的算术平均值作为测定结果。若三次测定值不在平均值的5%以内，但其中两个较高值在平均值的5%以内，则舍去最低测定值，取两个较高值的平均值作为测定结果。

（2）两次测定结果之差，不应超过：重复性平均值的10%，再现性平均值的20%。

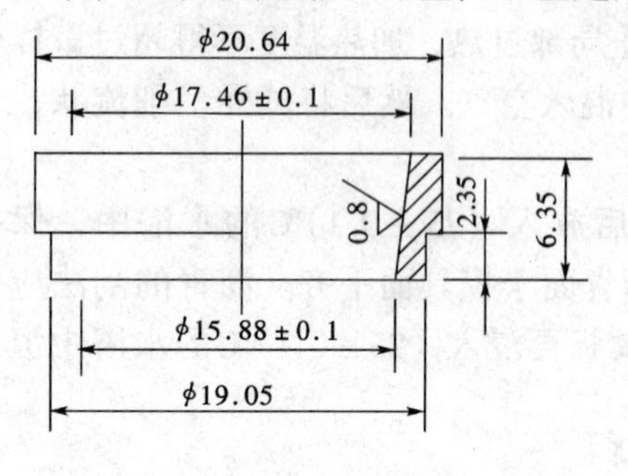

图试 8-5　环

三、软化点测定（环球法）

（一）主要仪器设备

（1）沥青软化点测定器（图试 8-4），包括钢球、试样环（图试 8-5）、钢球定位器（图试 8-6）、支架、温度计等。

（2）电炉及其他加热器。

（3）金属板或玻璃板、刀、筛等。

（二）试样制备

（1）将黄铜环置于涂有甘油滑石粉质量比为2:1的隔离剂的金属板或玻璃板上。

（2）将预先脱水试样加热熔化，不断搅拌，以防止局部过热，加热温度不得高于试样估计软化点100℃，加热时间不超过30min，用筛过滤。将试样注入黄铜环内至略高出环面为止。若估计软化点在120℃以上时，应将黄铜环和金属板预热至80～100℃。

（3）试样在15～30℃的空气中冷却30min后，用热刀刮去高出环面的试样，使沥青与环面平齐。

（4）估计软化点不高于80℃的试样，将盛有试样的黄铜环及板置于盛有水的保温槽内，水温保持在（5±0.5）℃，恒温15min。估计软化点高于80℃的试样，将盛有试样的黄铜环及板置于盛有甘油的保温槽内，甘油温度保持在（32±1）℃，恒温15min，或将盛试样的环水平地安放在环架中承板的孔内，然后放在盛有水或甘油的烧杯中，恒温15min，温度要求同保温槽。

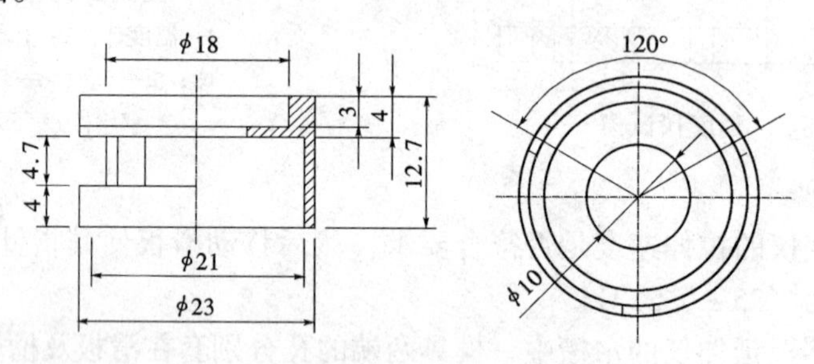

图试 8-6　钢球定位器

（5）烧杯内注入新煮沸并冷却至5℃的蒸馏水（估计软化点不高于80℃的试样），或注入预先加热至约32℃的甘油（估计软化点高于80℃的试样），使水平面或甘油面略低于环架连杆上的深度标记。

（三）试验步骤

（1）从水或甘油中取出盛有试样的黄铜环放置在环架中承板的圆孔中，套上钢球定位器，把整个环架放入烧杯内，调整水面或甘油液面至深度标记，环架上任何部分不得有气泡。将温度计由上层板中心孔垂直插入，使水银球底部与铜环下面平齐。

（2）将烧杯移至有石棉网的三角架上或电炉上，然后将钢球放在试样上（须使各环的平面在全部加热时间内处于水平状态），立即加热，使烧杯内水或甘油温度在 3min 保持每分钟上升（5±0.5）℃，在整个测定过程中如温度的上升速度超出此范围时，则试验应重做。

（3）试验受热软化下坠至与下承板面接触时的温度，即为试样的软化点。

（四）结果评定

（1）取平行测定两个结果的算术平均值作为测定结果。

（2）精密度：重复测定两个结果间的温度差不得超过表试 8-3 的规定；同一试样由两个试验室各自提供的试验结果之差不应超过 5.5℃。

软化点测定的重复性要求 **表试 8-3**

软化点，℃	小于 80	80～100	100～140
允许差数，℃	1	2	3

参　考　文　献

1　现行建筑材料规范大全．北京：中国建筑工业出版社，1995

2　现行建筑材料规范大全（增补本）．北京：中国建筑工业出版社，2000

3　建筑工程检测标准大全（上、下册）．北京：中国建筑工业出版社，2000

4　赵述智，王忠德编著．实用建筑材料试验手册．北京：中国建筑工业出版社，1997

5　刘祥顺主编．祁世勋主审．建筑材料．北京：中国建筑工业出版社，1996

6　符芳主编．建筑材料（第二版）．南京：东南大学出版社，2001

7　高琼英主编．建筑材料（第2版）．武汉：武汉理工大学出版社，2002

8　陕西省建筑设计院编．建筑材料手册．北京：中国建筑工业出版社，1994

9　王世芳主编．建筑材料．武汉：武汉大学出版社，1992

10　李业兰编．建筑材料．北京：中国建筑工业出版社，2003